JN013239

# ごみ減量政策

## 自治体ごみ減量手法のフロンティア

山谷 修作 著

丸善出版

# まえがき

　プラスチックごみによる海洋汚染や多量に発生する食品ロスへの関心が国際的に高まってきた．国は，プラスチックごみ対策としてプラスチック資源循環戦略の策定やレジ袋有料化義務づけの法整備，また食品ロスの削減を狙いとした食品ロス削減推進法の制定とこれに基づく基本方針の策定を行った．

　一般廃棄物の処理を担う地方自治体はこれまで，プラスチックごみの発生抑制については買い物袋持参運動（マイバッグ・キャンペーン），販売店と連携した容器類店頭回収の奨励などに取り組み，食品ロス削減については広報や環境イベントでの啓発普及や，飲食店との連携に取り組んできた．これらの取り組みの枠組みとして，エコショップ制度や食べきり協力店制度が活用されてきた．

　レジ袋有料化義務づけのもとでのマイバッグ持参の啓発事業は効果的とみられる．また食品ロス対策についても，国の基本方針を受けて各自治体が策定する食品ロス削減推進計画のもとで，有効性の高い啓発事業が展開されることになると見込まれる．自治体によるごみ減量の取り組みが，今後さらに強化されることは必至である．

　市民や事業者のごみに対する意識と行動を変え，ごみ減量の成果を上げるため，自治体の政策として，奨励的手法，経済的手法，規制的手法などさまざまなタイプのプログラム（事業）が運用されてきた．だが，その全体像を把握することは至難の業である．著者は 2016 ～ 2018 年度の 3 カ年にわたり，国の JSPS 科研費の助成（基礎研究〔C〕〔一般〕課題番号 16K00684）を受けて①奨励的プログラム，②家庭ごみ有料化，③事業系ごみ対策について全国の地方自治体を対象としたアンケート調査を実施し，その集計結果をとりまとめることができた．これにより，全国の自治体が運用するごみ減量プログラムについて，その運用状況や課題，成果等を幅広く把握する機会に恵まれた．

　そこで本書では，アンケート調査の集計結果をベースとして，補足的に各自治体のホームページの確認，各自治体への電話による問い合わせ，必要に応じて訪問ヒアリングを行って，そして著者が審議会委員を務めた複数の自治体の資料も参考にして，市民・事業者のごみに対する意識と行動にインパクトを与えることができる自治体のごみ減量プログラムの実施状況や運用上の課題，その効果について体系的に整理することとした．

　自治体の各種ごみ減量プログラムの体系的な整理にあたっては，ごみ減量政策の体系が，市民・事業者の行動を直接的に制約する規制的手法，市民・事業者による自主的な取り組みの枠組みを提供する奨励的手法，価格メカニズムを活用する経済的手法などを組み合わせて構築されていることに着目した．

　その代表例として，事業系ごみ減量対策の分野をみてみよう．自治体の政策として，事業系ごみ処理手数料の水準を処理原価がより反映されるように引き上げること（経済的手法），収集運搬許可事業者や自己搬入排出事業者の搬入ごみを検査し指導すること（規制的手法），優良な取り組みを行う排出事業所を表彰・認定してごみ減量意識の向上を図ること（奨励的手法）など，各種手法を適切に組み合わせた総合的な施策の組み立てがなされると，事業系ごみの減量を効果的に推進できる．

　自治体ごみ減量政策の制度設計や運用において，規制的手法と，奨励的手法や経済的手法を組み合わせた，ポリシーミックスによる総合的なプログラム展開が，今後重要性を増していくものと思われる．

　本書は4部で構成され，各部の内容は次の通りである．

　第Ⅰ部で取り上げた奨励的プログラムについては，まずその実施状況について実施市区数の多いプログラムが買い物袋持参運動，エコショップ制度，生ごみ水切り用具配布，フリーマーケット支援，雑がみ回収袋配布の順であること，近年における買い物袋持参運動のレジ袋有料化協定への重点シフト，エコショップ制度の形骸化，食品ロス対策としての食べきり協力店制度や雑がみ回収袋配布への関心の高まりなどの傾向がみられること，などを把握できた．また奨励的プログラムの利点と限界・問題点についての自治体担当者の受け止めを確認し，プログラムの実効性向上策について担当者の意見を整理することができた．

　第Ⅱ部では，ごみ減量施策における代表的な経済的手法としての家庭ごみ有料化の減量効果と意識改革効果を考察した．全国の家庭ごみ有料化都市に対して著者が2017年度末に実施した調査の結果から，2000年以降に単純従量制で有料化を実施した155市について，有料化導入後の原単位ベースでの減量効果を手数料水準別に解析した．有料化導入翌年度，5年目の年度とも，どの価格帯についても減量効果が出ており，価格帯が高いと減量率も概ね高くなる傾向が認められた．この調査では，有料化の意識改革効果の実証分析も試みた．意識改革効果の検証方法は，有料化実施後における手数料引き下げがごみ排出量の増加を誘発する効果の確認作業である．その結果，値下げしても直ちにごみ排出量の増加に結びつ

くとは限らず，実質無料化しても有料化前の水準に戻ることがなかった．有料化の価格インセンティブと啓発活動の相乗効果により，ごみ減量の意識や行動が住民のライフスタイルに組み込まれた結果，値下げ後の減量効果維持につながったと推定される．

　第Ⅲ部では，2018年度末に実施した事業系ごみ対策調査の結果をもとに，多量排出事業者指導や搬入ごみ検査などの規制的プログラム，および認定や表彰など奨励的プログラムの実施状況や運用課題の把握，それに処理手数料の改定に伴うごみ減量効果の分析を実施した．手数料値上げの効果については，値上げ率が大きいと減量効果が大きくなること，また併用して搬入ごみの展開検査，大規模事業所指導など規制的プログラムの強化に取り組むと減量の効果が大きく出ることを確認した．

　第Ⅳ部では，市民生活に身近な収集運搬システムの見直しをごみ処理効率化やごみ減量，収集サービスの向上につなげる施策について考察した．収集システム効率化については事例研究として，収集頻度見直しによる資源物収集の効率化，位置情報システム導入による収集効率化を取り上げた．また，ごみ管理を「自分ごと」として排出マナーを改善でき，高齢化する市民にきめ細かなサービスを提供できる戸別収集への収集方式切り替えの論点を整理した．

　著者は科研費調査のとりまとめ結果に基づく論考を月刊専門誌『都市と廃棄物』に2018年1月号から休載月を挟んで2020年3月号まで24回にわたって連載してきた．その中の20回分（本書第1〜20章を構成），それに雑誌『生活と環境』2019年3月号に掲載した論考（本書第21章を構成）が本書のベースとなっている．連載の機会を与えていただいた環境産業新聞社社長　松澤　淳氏に心から御礼申し上げたい．また，本書の刊行にあたっては，丸善出版（株）企画・編集部第二部長　小林秀一郎氏と編集担当の藤村斉輝氏に大変お世話になった．

　地域の住民や事業者の皆さんがごみ減量について情報収集されるとき，また自治体担当者の皆さんがごみ減量プログラムの制度設計や運用に取り組まれる際に，この小著を役立てていただければ幸いである．

　2020年8月

　　　　　　　　　　　　　　　　　　　山　谷　修　作

# 目　次

序章

# ごみ減量政策のフロンティア

## 1. 最近のトピックスに見るごみ対策

### (1) SDGs に掲げられたごみ対策

2015 年 9 月に国連総会で採択された「持続可能な開発のための 2030 アジェンダ」には，2030 年までに国際社会が共に取り組むべき目標が記載されている．環境を守りながらの持続可能な経済発展をはじめ，貧困の撲滅や多様な価値観の容認，平和と公正の確保など，経済・社会・生物圏領域にわたる幅広い課題について，17 の主目標（ゴール）と，これを達成するための 169 の具体的な達成基準（ターゲット）が設定されている．これが SDGs（エスディージーズ：Sustainable Development Goals），すなわち持続可能な開発目標である（SDGs のウェディングケーキモデルを示した**図 0-1** 参照）．

そのゴール 12「持続可能な生産・消費方法を確保する」には，食品ロス削減とごみ減量の達成基準が設定されている．ターゲット 12.3 には「2030 年までに，小売・消費段階における世界全体の 1 人あたりの食料の廃棄を半減させ，収穫後損失などの生産・サプライチェーンにおける食料の損失を減少させる」とある．またターゲット 12.5 には「2030 年までに，廃棄物の発生防止，削減，再生利用および再使用により，廃棄物の発生を大幅に削減する」としるされている．

さらに，ゴール 14「持続可能な開発のために海洋と海洋資源を保全し，持続可能な形で利用する」には，達成基準としてターゲット 14.1「2025 年までに海洋堆積物や富栄養化を含む，特に陸上活動による汚染など，あらゆる種類の海洋汚染を防止し，大幅に削減する」が設定され，プラスチックごみ対策への取り組みを求めている[1]．

---

1) SDGs 総研のホームページを参照した．

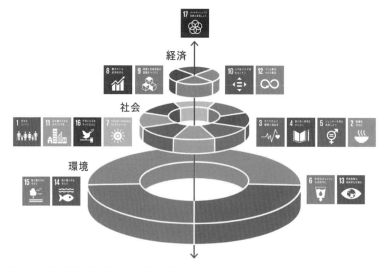

［出典：一般社団法人渋谷区 SDGs 協会「SDGs について」http://sdgs-shibuyaku.com/sdgs/］
**図 0-1　SDGs（持続可能な開発目標）のウェディングケーキモデル**


(2)　**食品ロス対策**

　本来なら食べられたはずの食品の廃棄（食品ロス）については，日本国内で食品ロス量が年間 612 万 t（2017 年度推計）発生しており，そのうち事業系が 328 万 t，家庭系が 284 万 t である[2]．事業系では食品製造業や外食産業，小売業からの発生量が多くを占め，外食産業では作りすぎや食べ残し，小売業では売れ残りが主な発生要因として指摘されている．また家庭系では，過剰除去，食べ残し，買いすぎや冷蔵庫の不適切管理による直接廃棄が主因となっている．

　家庭系可燃ごみに占める食品ロスの比率はどれくらいだろうか．福井県が2017 年に環境省のモデル事業として県内地区ごとの食品ロス発生量の実態調査を行った．県全体でみると，家庭系可燃ごみに占める食品廃棄物の比率は39.5％，その中の食品ロス 13.5％であった[3]．食品ロスの内訳は，手つかず食品 6 割，食べ残し 4 割とされている．また，台東区が 2019 年に実施した組成調査では，家庭系可燃ごみに占める食品廃棄物の比率は 33.2％，その中の食品ロス 9.9％で

---

2)　農林水産省「食品ロス量（2017 年度推計）」，同省ホームページに掲載．

3)　福井県循環社会推進課資料．

あった[4]．注意を要するのは，組成調査では，手つかず食品（直接廃棄）と食べ残しの量は把握できるものの，量的に多い調理くず中の過剰除去分の特定が難しいことである．こうした組成調査の限界を踏まえれば，可燃ごみに占める食品ロスの比率は 10 数％程度と推定される．

こうした状況に対応し，食品ロスを削減することを狙いとして，国は食品ロス削減推進法を制定し，2019 年 10 月に施行した．この法律のもとで，国は 2020 年 2 月に基本方針を策定した．今後，これを受けて，地方自治体が組成調査の結果を踏まえ，また地域の特性に応じて，食品ロス削減推進計画を策定することになる．国の基本方針には，住民啓発の強化や食べきり協力店制度などにより，自治体が積極的に食品ロス削減に取り組むことへの期待が込められているようにみえる．

### (3)　プラスチックごみ対策

最近，プラスチックごみによる海洋汚染問題が話題になっている．世界全体で 900 万 t ものプラスチックごみが海に流れ込んでいると推定されている．その大部分は発展途上国の河川からの流出とみられるが，日本からも用水路に不法投棄されたプラスチック容器やレジ袋などが海に流れ込んでいると指摘されている．海洋に漂うプラスチックごみは紫外線で劣化し，マイクロプラスチックと呼ばれる細かな破片となり，有害物質を吸着する．これを飲み込んだ生物，それを食するヒトへの影響が懸念されている．

廃プラスチックの排出量と処理の状況を確認しておこう．日本では 2018 年に，一般廃棄物系 429 万 t，産業廃棄物系 462 万 t の合計 891 万 t の廃プラスチックが排出されている．そのうち，84％がサーマルリサイクル，マテリアルリサイクル，ケミカルリサイクルとして有効利用され，16％が単純焼却または埋立処分される「未利用の廃プラ」である．廃プラの有効利用率はこの 10 年間に，2008 年の 73％から 2018 年の 84％へと着実に向上している[5]．

プラスチックは，軽量性，可塑性，低廉性，透明性等のすぐれた性質から，あらゆる製品に使用され，家庭生活や産業活動に利便性と恩恵をもたらしてきた．その一方で，過剰な使用や不適正な処理に起因する陸上から海洋へのプラスチックごみの流失による環境汚染が国際的な問題とされている．

---

4)　『2019 年度台東区廃棄物排出実態調査』2020 年 2 月．

5)　プラスチック循環利用協会「プラスチックリサイクルデータブック 2019」．

そこで国は，第四次循環型社会形成推進基本計画に基づいて，2019 年 5 月に「プラスチック資源循環戦略」を策定した[6]．この戦略では，次のような期限付の達成目標（マイルストーン）が設定されている．

■リデュース

・2030 年までに，ワンウェイプラスチックを累積で 25％排出抑制．

■リユース・リサイクル

・2025 年までに，プラ容器のデザインをリユース・リサイクル可能なものに．

・2030 年までに，プラスチック容器包装の 6 割をリユース・リサイクル．

・2035 年までに，使用済みプラスチックを 100％リユース・リサイクル等で有効利用．

■再生利用・バイオマスプラスチック

・2030 年までに，プラスチックの再生利用（再生素材の利用）を倍増．

・2030 年までに，バイオマスプラスチックを最大限（約 200 万 t）導入．

プラスチックのリデュース対策の重点戦略として，レジ袋有料化義務づけにより消費者のライフスタイルの変革を促すことも盛り込まれた．今後，この戦略に基づき，関係府省庁が連携して，国としてあらゆる施策を速やかに総動員してプラスチックの資源循環を進めるとしている．

2019 年 6 月，大阪で開催された 20 カ国・地域首脳会議（G20 大阪サミット）では海洋プラ汚染問題が主要議題の一つとなり，「2050 年までに新たな汚染ゼロ」を目標として設定することで各国が合意した．この目標に向けて，各国が行動計画を策定し，毎年進捗状況を報告することになる．

2020 年 7 月から，容器包装リサイクル法の省令改正により，すべての小売店を対象として，商品販売に用いるプラスチック製レジ袋の有料化が義務づけられた．ただし，①プラスチック・フィルムの厚さが 50 マイクロメートル以上のもの，②海洋生分解性プラスチックの配合率が 100％のもの，③バイオマス素材の配合率が 25％以上のもの，については必要な表示を付ければ義務づけの対象から除外されている[7]．①は繰り返し使えることを評価したものであり，②と③については新しい技術の開発・普及を奨励することで，プラスチック資源循環戦略がマイルストーンに掲げる「2030 年までに，バイオマスプラスチックを最大限（約

6)　消費者庁他 9 省庁「プラスチック資源循環戦略」，2019 年 5 月.

7)　経済産業省・環境省「プラスチック製買物袋有料化実施ガイドライン」，2019 年 12 月.

200万t）導入」を促進する狙いとみられる．

### ⑷　なぜごみ減量か

以上，最近注目されている分野のごみ問題とその対策を取り上げたが，なぜごみ減量が必要かを考えるとき，日本の地域社会がこれまで直面してきたごみ処理にかかわる深刻な諸問題から目をそらすことはできない．ごみの処理に伴う環境負荷の発生，ごみ処理施設の建設に対する周辺住民の反対運動，ごみ処理費用による自治体財政の圧迫などがそれである．

一般廃棄物の処理を担う自治体として，ごみを減量することにより，地域と地球の環境負荷低減，近隣住民に迷惑となるごみ処理施設の縮小または不要化，地方自治体のごみ処理費用縮減につなげる必要がある．

## 2.　近年のごみ・資源の排出状況

2018年度のごみ総排出量は4,272万tで，環境省の資料には東京ドーム約115杯分に相当するとある[8]．この「ごみ総排出量」は一般廃棄物の排出量であり，計画収集量＋直接搬入量＋集団回収量の合計量，つまり集団回収を含めた家庭系ごみと事業系ごみの総量である[9]．これを1人1日あたりにすると918gになる．ごみ総排出量，1人1日あたりのごみ排出量とも2000年度にピークに達し，それ以降ほぼ一貫して減少傾向をたどってきた．**図0-2**はこの10年間の推移を示す．

ごみ総排出量の内訳は，生活系ごみ（家庭系ごみ）が2,967t，事業系ごみが1,304tで，生活系ごみが全体の7割を占めている．家庭系ごみの中身について，環境省の調査から引いて主要ごみ品目を湿重量比率で示したのが**図0-3**である．厨芥ごみ（生ごみ）と紙類がともに32.7％と最大の比率を占め，プラスチック類が

---

8)　環境省「一般廃棄物処理事業実態調査の結果（2018年度）について」，同省ホームページに2020年3月掲載．

9)　廃棄物は廃棄物処理法により一般廃棄物と産業廃棄物に区分されているが，本書で取り上げるのは，市区町村が行政サービスとして処理を行う一般廃棄物である．一般廃棄物は家庭系廃棄物と事業系一般廃棄物からなる．事業系廃棄物には一般廃棄物と産業廃棄物がある．産業廃棄物は「事業活動に伴って生じた廃棄物で，法令で定められた20種類のもの」，事業系一般廃棄物は「事業活動に伴って生じた廃棄物で産業廃棄物以外のもの」とされている．その上で，産業廃棄物に該当するかどうかは，廃棄物の種類ごとに「あらゆる事業活動に伴うもの」と「排出される業種等が限定されるもの」に分けられている．このことから，事業所から排出される廃棄物についての産業廃棄物と一般廃棄物の区分は，ごみ種別業指定の有無により異なる．法令による業指定のない廃プラスチックについては事業活動から生じたものはすべて産業廃棄物とされ，業指定のある食品廃棄物（動植物性残渣）については指定業種（食品製造業など）から排出されると産業廃棄物となり，指定外の小売業や外食産業からの排出は一般廃棄物とされる．

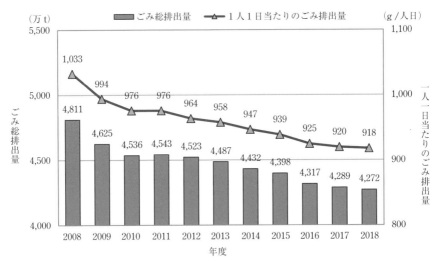

注）2012 年度以降の１人１日当たりのごみ排出量は外国人を含む.

[出典：環境省「一般廃棄物処置事業実態調査の結果」各年度より作成]

**図 0-2　ごみ総排出量の推移**

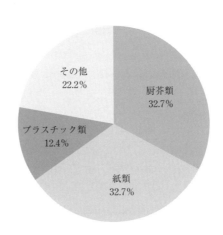

注）調査対象：全国 8 都市のごみ集積所に排出された家庭ごみ.

[出典：環境省「容器包装廃棄物の使用・排出実態調査」（2019 年度）より作成]

**図 0-3　家庭系ごみの組成（湿重量比率）**

12.4％で続いている．そのあとに続く木・竹・草，金属類，ガラス類，繊維類などのごみ品目の比率はいずれも一桁％にとどまる．

　**図 0-4** により総資源化量とリサイクル率も確認しておこう．この 10 年間，総資源化量は減少傾向をたどり，リサイクル率は 20％程度でほぼ横ばいである．総資源化量の内訳をみると，中間処理後再生利用量がほぼ横ばいであるのに対し，直接資源化量と集団回収量が減少傾向をたどっている．中間処理後再生利用量は，容器包装廃棄物の選別・圧縮・梱包，不燃ごみの選別，固形燃料化，溶融スラグ化などの処理による資源物の回収量である．

　直接資源化量は，古紙や古布などのように，資源化等を行う施設を経ずに直接再生業者に引き渡される資源物の量を指す．集団回収は，市町村に登録された住民団体が民間の資源回収業者と引き取り契約を結んで，家庭から回収した資源物（古紙が大部分を占める）を資源化ルートに乗せる活動である．市町村から補助金の交付を受けて実施することが多い．

　直接資源化量と集団回収量の大部分を占める新聞や雑誌など古紙の量が近年減少している．その背景には，新聞・雑誌購読部数の減少，新聞販売店による自主回収の普及，住民の高齢化による集団回収活動の後退などがある．

［出典：環境省「一般廃棄物処置事業実態調査の結果」各年度より作成］

**図 0-4　総資源化量とリサイクル率**

　ごみ総排出量が減少傾向をたどっていることの背景として，ごみ減量への取り組みの理念や方針を示した循環型社会形成推進基本法の制定をはじめ，取り組みの枠組みを定めた個別リサイクル法の制定や数次にわたる廃棄物処理法の改正など法的な基盤が整備されてきたこと，また地方自治体による住民啓発や各種奨励的プログラムの実施，家庭ごみ有料化や事業系ごみ搬入手数料の引き上げなど経済的手法の活用などが一定の効果をもたらしたこと，そしてそれらの施策により市民や事業者の間に 3R（リデュース，リユース，リサイクル）の意識と行動が浸透してきたこと，が挙げられる．

## 3. ごみ減量の政策手法

　地方自治体のごみ減量政策は，従来からの規制的手法や計画的手法をベースとしながら，各経済主体の自主的な取り組みの促進を狙いとした奨励的手法や，価格メカニズムを活用して各経済主体の減量への意識と行動を引き起こす経済的手法なども新たに採り入れて，多様化・総合化する傾向がみられる．本書では，全国規模の自治体アンケート調査や先進自治体での聞き取り調査などを通じて得られた知見をもとに，ごみ減量プログラムの新展開と直面する課題について考察する．

　規制的手法は法令を根拠として市民や事業者の行動を直接的に制約するものである．法令に基づく規制的手法といっても，強制的なものだけでなく，努力義務や役割分担の明確化にとどまるものもある．

　3R の取り組みの基本的な理念や枠組みを定めた循環型社会形成推進基本法の下位に位置づけられ，より実務的な観点からごみの処理や減量の分野の政策的な枠組みを定める廃棄物処理法では，ごみの適正処理を確保するための規制措置として廃棄物処理基準に従った処理の義務づけや不法投棄の禁止などの規定を設け，また国民，事業者それぞれの責務として減量の取り組みや国・自治体の減量施策への協力などを求め，自治体に対しては一般廃棄物処理計画の策定などを義務づけている．

　また，各種リサイクル法においても，国民や事業者に対して減量やリサイクルの義務を課する措置が講じられている．基本法に基づく基本計画，個別法に基づく基本方針は法の政策目的を実現するための具体的な政策や取組事項を盛り込んでいる．地方自治体においては，これら法令等の趣旨を踏まえ，ごみ処理や減量施策の基本的事項を定めた廃棄物処理条例を制定し，またごみ処理基本計画を策

定している．こうしてみると，法令に基づく規制的手法は，目的実現の具体的な手段として計画的な手法を用いていることを確認できる．そして，自治体のごみ処理基本計画には，ごみ減量目標と，それを実現するための奨励的手法や経済的手法にカテゴライズされるさまざまなごみ減量プログラムが盛り込まれている．

　ごみ処理基本計画が多様な政策手法を取り込むのにはわけがある．ごみ減量への取り組みには，価値観の異なる多数の市民の協力が不可欠であるし，市民，事業者と行政の連携も必要とされることから，柔軟性に欠ける規制的手法だけでは限界があり，多様な政策手法の活用が求められているからである．市民・事業者による自主的な取り組みを促すプログラムや，経済的インセンティブを活用するプログラムは，規制的手法とは異なり選択の自由を確保できる点で柔軟性に富み，ごみ減量意識の改革効果も期待できると考えられる．そこで近年，市民や事業者からの受容性が高く，行政と市民・事業者の連携による運用が可能な奨励的手法や，基本的に価格メカニズムを活用する経済的手法への関心が高まってきた．

　奨励的手法は，ごみ減量・リサイクル推進の取り組みを支援する枠組みの提供を通じて，自治体による市民や事業者の自主的な取り組みを促す．そうした手法を用いたプログラムに，マイバッグ持参推進運動，エコショップ制度の運用，雑がみ回収袋の配布，フリーマーケット開催支援などがある．

　こうした奨励的手法のメリットとして，①市民・事業者の意識を高め，環境配慮行動を促進できる，②任意参加を基本とするので市民・事業者のプログラムに対する受容性が高い，③プログラムの制度設計や運用に自治体の創意工夫を活かせる，④市民，事業者と行政が連携しながらプログラムを推進できる，などが挙げられる．しかし，プログラムへの参加者がもともと環境意識の高い層に限定されがちであるなど，奨励的手法単独で市民や事業者の自主的な取り組みを促すことには限界があるかもしれない．

　政策の実効性を高めるためには，他の手法と組み合わせることも選択されてよい．たとえば，規制的手法の枠組みの中で，市民や事業者の役割や責務を明確に位置づけたうえで，奨励的プログラムを運用し，ごみ減量など環境配慮行動への自主的な取り組みを促進するのである．また，価格メカニズムを通じて環境配慮行動を誘発することを狙いとした経済的手法と組み合わせ，市民や事業者の取組意欲を高めることも効果的と考えられる．

　経済的手法は，経済的なインセンティブの提供により，価格メカニズムを通じて市民・事業者の行動を政策が意図する環境配慮の実践に導く．経済的手法の強

みは，基本的にすべての市民を対象とすることから，奨励的プログラムに参加せず，啓発情報が届きにくい層に対しても環境配慮行動を誘発できるところにある．その代表例が家庭ごみ有料化である．

ごみ有料化も実は総合的な政策手法に他ならない．有料化は価格メカニズムを活用して市民の「ごみ減量」という合理的な選択行動を引き出すことから経済的手法として位置づけられているが，有料化実施には廃棄物処理条例の改正により手数料規定を設け，有料指定袋以外でのごみ排出を禁じることからすれば規制的手法の性格を具備するし，実施前には集中的に説明会を開催して制度変更の説明やごみ適正排出の啓発に取り組むことからすると啓発的な手法も援用する．また，集団回収や生ごみ自家処理の普及促進事業についても，参加者に補助金を提供することから経済的手法を活用した奨励的手法とみることができる．

ごみ減量施策の策定や運用において，規制的手法と，奨励的手法や経済的手法を組み合わせた，ポリシーミックスによる総合的なプログラム展開が，今後重要性を増していくものと思われる．**図 0-5** にそのイメージを示した．地方自治体によるこうした総合的なプログラムは，市民・事業者との連携のもとに，地域の特性に応じて展開され，着実にごみ減量の成果を上げてきており，「ごみ減量政策のフロンティア」を形成している．

**図 0-5　ごみ減量手法の総合的展開**

第 I 部

# 奨励的プログラム

# 第1章

# 奨励的プログラムの展開

## 1. 奨励的プログラムとは何か

　奨励的プログラムとは，自治体が市民・事業者に対して環境配慮行動への自主的な取り組みのための枠組みを設定し，啓発用具や場の提供，広報などを通じて取り組みを支援する事業のことである．従来からの規制的手法について，意識改革の効果が期待できないなどその限界が指摘される中で，市民・事業者の意識高揚を図り，自主的な取り組みを促進する奨励的手法型のプログラムへの関心が高まっている．

　典型的な奨励的ごみ減量プログラムは，買い物袋持参運動とエコショップ制度である．買い物袋持参運動はマイバッグ・キャンペーンとも呼ばれ，マイバッグ配布などの啓発プログラムやポイント制などによるインセンティブプログラム導入の働きかけ，さらには行政・市民と事業者間のレジ袋有料化協定などを事業内容としている．2020年7月からは国の施策として，全国すべての小売店舗においてレジ袋が有料化されることになり，レジ袋辞退率の向上が見込まれるが，自治体による買い物袋持参の啓発活動は引き続き重要な役割を担うものとみられる．

　エコショップ制度は，自治体がごみ減量など環境に配慮した取り組みを行う小売店を「エコショップ」として認定または登録することにより，消費者と小売店双方の環境配慮行動を誘導するものである．この制度には，自治体ごとにリサイクル協力店，ごみ減量協力店，エコストアなどさまざまな名称が付けられている．エコショップには，小売店に対してトレイやペットボトルなど容器包装の回収やレジ袋削減など環境配慮行動の取り組みを奨励するための制度として機能し，また市民に対して日常の買い物において環境配慮行動に参加するきっかけを提供することが期待されている．

　著者が実施した自治体アンケート調査での「エコショップ制度」は，エコショップ認定・登録制度だけでなく，オフィスなどの事業所を対象としたエコ事業所制度も包摂している．エコ事業所については，比較的簡易な環境マネジメントシステムの枠組みを自治体が提供し，事業所に対して環境配慮行動に取り組んでもらうことを狙いとしている．

　この制度を運用するために自治体は，制度の目的や認定条件などを規定した実施要綱を定める．認定の要件は，ごみ減量やリサイクル，そのほか環境配慮行動に関する複数の取組項目（例えば，包装の簡易化推進，買い物袋持参の奨励，再生品の販売など）のうち，一定数の項目を実施することとされる場合が多い．

　エコショップ制度のフローを**図 1-1** に示す．認定を希望する小売店は，自治体に申請書を提出し，審査を受ける．申請書は，取組項目と，具体的な取組活動を記載する様式のものが一般的である．申請書を受理した自治体では，庁内に設けた認定委員会で審査のうえ，協力店として認定することになる．認定審査にあたって現地調査を行うことが多い．認定が決まると，協力店に認定証と標示板（またはステッカー）が交付される．協力店は，標示板を店舗の入口ドアに，また認定証を店舗内の見やすい場所に掲示する．

　協力店はその責務として，認定を受けた条件を遵守し，環境に配慮した活動に努めることを求められるが，地域の消費者に対して環境配慮を実践していることをアピールできる．消費者の方も，認定店での買い物を通じて，環境配慮行動に参加できる．

　エコショップ制度をはじめとした奨励的プログラムは，住民に最も身近な行政

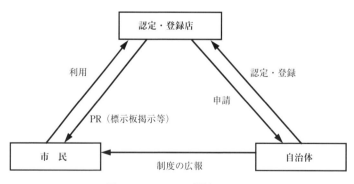

**図 1-1　エコショップ制度のフロー**

としての市町村が実施することが多いが，中小規模の市町村の中にはスタッフ・予算・ノウハウ面での制約から単独の実施が難しい場合が多く，また広域的にチェーン展開する小売事業者への対応の側面からも，市町村の取り組みを支援する上位団体としての都道府県も，県内自治体と連携してさまざまな奨励的プログラムを実施している．

## 2. 都道府県奨励的プログラムの実施状況

2016年12月に47都道府県を対象として著者が実施した調査の集計結果に基づいて，県別にみた奨励的プログラム実施状況を**表1-1**に示す．回答はすべての都道府県から得ることができた．県内市町におけるレジ袋無料配布中止協定の普及を受けて買い物袋持参運動を終了した三重県を除く都道府県が何らかの奨励的プログラムを実施している．エコショップ，買い物袋持参，フリーマーケット，雑がみ回収袋配布の主要4プログラムをすべて実施しているのは，リサイクル率の底上げやごみ減量に積極的に取り組む青森県と福井県である．

**表1-1　都道府県奨励的プログラムの実施状況**

| 県名 | エコショップ制度 | 買い物袋持参運動 | フリーマーケット支援 | 雑がみ袋等配布 | その他のプログラム |
|---|---|---|---|---|---|
| 北海道 | ○ | | | | |
| 青森 | ○ | ○ | ○ | ○雑がみ袋<br>○水切り用具 | |
| 岩手 | ○ | | | | |
| 宮城 | | ○ | | | |
| 秋田 | | ○ | | | |
| 山形 | | ○ | | | |
| 福島 | | ○ | | | |
| 茨城 | ○ | ○ | | | |
| 栃木 | | ○ | | | |
| 群馬 | ○ | ○ | | | ぐんまちゃんの食べきり協力店* |
| 埼玉 | ○ | ○ | ○ | | フードバンク・フードドライブ支援 |
| 千葉 | ○ | ○ | | | ちばマイボトル・マイカップ協力事業者* |
| 東京 | | | | | 九都県市容器包装ダイエット宣言<br>「持続可能な資源利用」に向けたモデル事業 |
| 神奈川 | ○ | ○ | | | |
| 新潟 | | ○ | | | |

| | | | | | |
|---|---|---|---|---|---|
| 富山 | ○ | ○ | | | |
| 石川 | | ○ | | | |
| 福井 | ○ | ○ | ○ | ○雑がみ袋 | 雑がみ回収ボックス設置補助<br>おもちゃの病院開催支援<br>おもちゃドクター養成講座 |
| 山梨 | | ○ | | | |
| 長野 | ○ | ○ | | | |
| 岐阜 | | ○ | | | |
| 静岡 | ○ | ○ | | | 食べきり協力店* |
| 愛知 | | ○ | | | |
| 三重 | | | | | （備考）レジ袋無料配布中止協定<br>の普及を受けて買い物袋持参運動<br>終了 |
| 滋賀 | ○ | ○ | | | （「三方よしフードエコ推奨店」2017 追記） |
| 京都 | ○ | ○ | | | （「食べ残しゼロ推進店舗」2017 追記） |
| 大阪 | | ○ | | | |
| 兵庫 | ○ | ○ | | | |
| 奈良 | | ○ | | | |
| 和歌山 | | ○ | | | |
| 鳥取 | ○ | ○ | | | |
| 島根 | ○ | ○ | | | |
| 岡山 | ○ | ○ | | | |
| 広島 | | ○ | | | |
| 山口 | ○ | ○ | | | |
| 徳島 | ○ | ○ | | | 食品ロスの削減啓発 |
| 香川 | | ○ | | | |
| 愛媛 | ○ | ○ | | | |
| 高知 | ○ | ○ | | | |
| 福岡 | ○ | ○ | | | 九州たべきり協力店* |
| 佐賀 | ○ | ○ | | | 九州たべきり協力店* |
| 長崎 | ○ | ○ | | | 九州たべきり協力店* |
| 熊本 | ○ | ○ | | | 九州たべきり協力店* |
| 大分 | ○ | ○ | | | 九州まちの修理屋さん*（262 店登録）<br>九州たべきり協力店* |
| 宮崎 | ○ | | | | 九州たべきり協力店* |
| 鹿児島 | ○ | ○ | | | 九州まちの修理屋さん*（129 店登録） |
| 沖縄 | | ○ | | | |

注）＊印は，「エコショップ制度」欄以外のエコショップ制度

［出典：都道府県奨励的手法アンケート調査（2016 年 12 月，著者実施）の回答とりまとめ］

　主要プログラム別の実施状況は，**図 1-2** の通りである．最も多くの県が実施しているのは買い物袋持参運動で 42 県が実施，次いでエコショップ（エコ事業所を含む）制度（認定または登録）を 29 県が実施し，複数の分野のエコショップ制度を運用する県も 10 県存在する．複数のエコショップ制度を運用するのは群馬県，千葉県，静岡県，それに九州の 7 県である．九州 7 県は共同して「九州まちの修理屋さん」と「九州たべきり協力店」の登録制度を運用している．複数制度を運用する 10 県は，食品ロス削減を狙いとした登録制度を運用する点で共通している．

　フリーマーケット支援，雑がみ回収袋の作製配布，生ごみ水切り用具の配布については，実施する県は少数にとどまっている．近年，古紙資源化推進方策として注目されるようになった雑がみ回収袋の作製配布を実施するのは，青森県と福井県である．

　青森県は全国下位レベルに低迷するリサイクル率の改善を図るための重点的な取り組みとして雑がみの資源化を推進しており，2015 年度から年間 75,000 枚の回収袋を作製し、県内市町村と連携して小学校の環境教育の一環として生徒に配布，家庭での資源化の取り組みを支援している．

　福井県は，2012 年度のモデル事業として 52,000 枚の回収袋を作製し，県内 2 市と連携して全戸配布を実施した．県が一括して回収袋を作製することで，1 枚

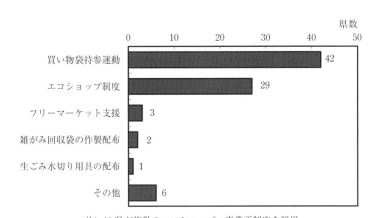

注）10 県が複数のエコショップ・事業所制度を運用

［出典：都道府県奨励的手法アンケート調査（2016 年 12 月，著者実施）の回答とりまとめ］

**図 1-2　プログラム別の都道府県奨励的プログラム実施状況**

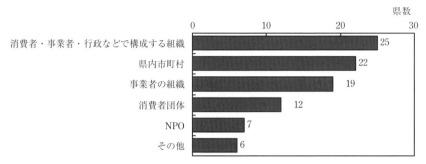

［出典：都道府県奨励的手法アンケート調査（2016 年 12 月，著者実施）の回答とりまとめ］

**図 1-3　都道府県奨励的プログラムの連携組織**

あたり作製経費を 11 円に抑えている．回収効果については，両県とも「かなり」
の効果があったと評価している．

　奨励的プログラムの実施にあたって連携している組織について**図 1-3** に示す．
最も多いのは「消費者・事業者・行政などで構成する組織」，次いで「県内市町
村」，以下「事業者の組織」，「消費者団体」，「NPO」の順となっている．県の環
境行政と日頃協力して活動する協議会等の組織や，住民と最も近い立場の行政と
しての県内市町村との連携のもとで，奨励的プログラムが実施されていることを
確認できた．

## 3.　全国市区奨励的プログラムの実施状況

　2016 年 12 月に 814 市区を対象として著者が実施した調査の集計結果に基づい
て，全国市区の奨励的プログラム実施状況を**表 1-2** に示す．508 市区から回答を
得たが，回答総数の 78％にあたる 391 市区が何らかのプログラムを実施，プロ
グラムなしは 117 市区にとどまった．都市の人口規模別では，人口規模が大きく
なるほど実施率が高まる．小規模な自治体では予算や人員，ノウハウの不足など
によりプログラムを実施する余力がないことを，プログラムなし自治体の回答か
ら確認できた．

　市区別の主要な奨励的プログラムの実施状況は，買い物袋持参以外のプログラ
ムについて**表 1-3** にリストアップして示した．実施市区数が多数に及ぶ買い物袋
持参プログラムについては，第 2 章の表 2-1 に示した．両表の集計結果として，
**図 1-4** に主要プログラム別の実施状況を示した．実施市区数の最多は「買い物袋

**表1-2　市区奨励的プログラムの実施率（人口規模別）**

| 人口区分 | 全国市区数A | 回答市区数 | | 実施率（B／A） |
| --- | --- | --- | --- | --- |
| | | 事業実施B | 事業未実施 | |
| V | 35 | 確認済31 | 確認済4 | 確定88.6% |
| Ⅳ | 97 | 67 | 6 | 69.1%＋α |
| Ⅲ | 155 | 94 | 15 | 60.6%＋α |
| Ⅱ | 266 | 106 | 50 | 39.9%＋α |
| Ⅰ | 261 | 93 | 42 | 35.6%＋α |
| 計 | 814 | 391 | 117 | 47.9%＋α |

注）人口区分　Ⅰ：5万人未満，Ⅱ：5万～10万人未満，Ⅲ：10万～20万人未満，
　　　　　　　Ⅳ：20万～50万人未満，Ⅴ：50万人以上
［出典：市区奨励的手法アンケート調査（2016年12月，著者実施）の回答とりまとめ］

**表1-3　市区奨励的プログラム（買い物袋持参以外）の実施状況**

| 都道府県名 | 市区名 | エコショップ制度 | 雑がみ回収袋の作製配布 | 生ごみ水切り用具の配布 | フリーマーケット支援 | その他のプログラム |
| --- | --- | --- | --- | --- | --- | --- |
| 北海道 | 札幌市 | ○ | ○ | ○ | | 食品ロスの削減を目的とした「冷蔵庫お片付けブック」「フードクリップ」の配布 |
| | 函館市 | ○ | | ○ | | |
| | 小樽市 | ○ | | | | |
| | 旭川市 | ○ | | ○ | | 旭川市ごみ減量等推進優良事業所認定制度* |
| | 帯広市 | | | | ○ | |
| | 北見市 | | | ○ | | |
| | 網走市 | ○ | | | | |
| | 苫小牧市 | ○ | | | | |
| | 美唄市 | | | | | 不要自転車のリサイクル品の販売（リサイクルフェア） |
| | 江別市 | | | | ○ | |
| | 名寄市 | | | | | 生ごみ減量推進として段ボールコンポスト基材の配布 |
| | 根室市 | | | | | 資源ごみ回収専用袋の配布 |
| | 千歳市 | ○ | | | | |
| | 滝川市 | | | | ○ | |
| | 深川市 | | | | ○ | |
| | 登別市 | | | | | 「リサイクルまつり」 |
| | 恵庭市 | | | | ○ | |
| | 伊達市 | | | | ○ | |

| 都道府県 | 市 |  |  |  |  |  |
|---|---|---|---|---|---|---|
|  | 北広島市 |  |  |  | ○ |  |
|  | 石狩市 |  | ○ |  |  |  |
| 青森県 | 弘前市 | ○ |  |  |  |  |
| 岩手県 | 宮古市 | ○ |  |  |  |  |
|  | 花巻市 |  |  |  | ○ |  |
|  | 北上市 | ○ |  |  |  |  |
|  | 久慈市 | ○ |  |  |  |  |
|  | 遠野市 | ○ | ○ |  |  |  |
|  | 陸前高田市 | ○ |  |  |  |  |
|  | 釜石市 | ○ |  | ○ |  |  |
|  | 八幡平市 | ○ | ○ |  |  |  |
| 宮城県 | 仙台市 | ○ | ○ |  |  |  |
|  | 石巻市 | ○ | ○ | ○ |  |  |
| 秋田県 | 秋田市 | ○ |  |  |  |  |
|  | 横手市 | ○ |  |  |  |  |
| 山形県 | 山形市 |  | ○ |  |  |  |
|  | 鶴岡市 | ○ |  |  |  |  |
|  | 上山市 |  | ○ | ○ |  |  |
|  | 天童市 |  | ○ |  |  |  |
|  | 東根市 |  |  |  |  | 外国産割り箸の使用抑制運動 |
| 福島県 | 会津若松市 |  |  |  | ○ | 生ごみ３キリ運動 |
| 茨城県 | 水戸市 | ○ |  | ○ |  |  |
|  | 日立市 | ○ |  |  |  |  |
|  | 土浦市 | ○ |  |  |  |  |
|  | 古河市 | ○ |  |  |  |  |
|  | 石岡市 | ○ |  |  |  | 消費生活展の開催 |
|  | 結城市 | ○ |  |  |  |  |
|  | 龍ヶ崎市 | ○ |  |  |  |  |
|  | 常陸太田市 | ○ |  |  |  |  |
|  | 高萩市 | ○ |  | ○ |  |  |
|  | 笠間市 | ○ |  |  | ○ |  |
|  | ひたちなか市 | ○ |  |  |  |  |
|  | 鹿嶋市 | ○ |  |  |  |  |
|  | 潮来市 | ○ |  |  |  |  |
|  | 那珂市 | ○ |  |  |  |  |
|  | 稲敷市 | ○ |  |  |  |  |
|  | かすみがうら市 | ○ |  | ○ |  |  |
|  | 桜川市 | ○ |  |  |  |  |
|  | 神栖市 | ○ |  |  |  |  |

| | | | | | | |
|---|---|---|---|---|---|---|
| | 小美玉市 | ○ | | | | |
| 栃木県 | 宇都宮市 | ○ | | | | |
| | 佐野市 | | | ○ | ○ | |
| | 日光市 | ○ | | ○ | | |
| | 小山市 | ○ | | ○ | | |
| | 真岡市 | | | ○ | ○ | |
| | さくら市 | ○ | | | | |
| | 那須塩原市 | ○ | ○ | ○ | | |
| 群馬県 | 前橋市 | ○ | | | | |
| | 高崎市 | ○ | | | | |
| | みどり市 | ○ | | | | |
| 埼玉県 | さいたま市 | | | ○ | | |
| | 川越市 | ○ | | | | |
| | 熊谷市 | ○ | | ○ | ○ | |
| | 川口市 | ○ | | | ○ | |
| | 行田市 | ○ | | | | |
| | 秩父市 | | | | ○ | |
| | 狭山市 | | | | ○ | |
| | 羽生市 | ○ | | | | |
| | 鴻巣市 | | | ○ | | |
| | 上尾市 | | ○ | ○ | | |
| | 草加市 | | ○ | ○ | | |
| | 越谷市 | | ○ | | | |
| | 入間市 | ○ | | | ○ | |
| | 朝霞市 | | | ○ | | |
| | 新座市 | ○ | | ○ | ○ | 食べきり運動協力店*（予定） |
| | 八潮市 | | ○ | ○ | | |
| | 三郷市 | | ○ | | | |
| | 坂戸市 | ○ | ○ | | ○ | |
| | 鶴ヶ島市 | | | | ○ | |
| | 吉川市 | ○ | ○ | ○ | | |
| | ふじみ野市 | ○ | | | | |
| 千葉県 | 千葉市 | ○ | ○ | ○ | | ペットボトルキャップ回収運動の支援（回収拠点設置），事業用雑がみ分別ボックスの作製配布 |
| | 市川市 | ○ | ○ | ○ | ○ | 「生ごみ資源化講演会」を年に数回行い，コンポスト容器やダンボールコンポスト等の利用を促進 |

| | | | | | |
|---|---|---|---|---|---|
| | 松戸市 | ○ | | ○ | | |
| | 野田市 | | ○ | | | |
| | 茂原市 | ○ | | ○ | | |
| | 成田市 | | | | ○ | |
| | 市原市 | ○ | | ○ | ○ | |
| | 八千代市 | ○ | | | ○ | |
| | 我孫子市 | ○ | | | | |
| | 鴨川市 | ○ | | | ○ | |
| | 君津市 | ○ | | | | |
| | 浦安市 | ○ | | | | |
| | 四街道市 | ○ | ○ | ○ | | |
| | 印西市 | | | ○ | | |
| | 富里市 | ○ | | | ○ | |
| 東京都 | 港区 | ○ | | ○ | | たべきり協力店* |
| | 新宿区 | | | ○ | ○ | |
| | 台東区 | ○ | ○ | ○ | ○ | |
| | 文京区 | ○ | | | ○ | |
| | 墨田区 | ○ | | | ○ | |
| | 品川区 | | | | ○ | |
| | 世田谷区 | | | | ○ | |
| | 中野区 | | | ○ | | |
| | 豊島区 | | | | ○ | |
| | 北区 | | ○ | | ○ | |
| | 荒川区 | ○ | | | ○ | 荒川もったいない大作戦（食品ロス削減事業） |
| | 板橋区 | ○ | | | | |
| | 練馬区 | | ○ | ○ | ○ | 商店街オフィスリサイクル支援事業 |
| | 足立区 | ○ | ○ | | ○ | |
| | 葛飾区 | | ○ | ○ | ○ | |
| | 江戸川区 | ○ | | ○ | ○ | 食べきり推進店* |
| | 八王子市 | ○ | | | | 食品ロス削減協力店*（追記） |
| | 立川市 | ○ | | ○ | | 食べきり協力店* |
| | 武蔵野市 | ○ | | | | |
| | 三鷹市 | ○ | | | ○ | |
| | 青梅市 | | | ○ | | |
| | 府中市 | | | ○ | ○ | |
| | 調布市 | ○ | | ○ | | |
| | 町田市 | ○ | ○ | | | |

| | | | | | | |
|---|---|---|---|---|---|---|
| | 小平市 | | | ○ | ○ | |
| | 日野市 | | | ○ | | |
| | 東村山市 | | | | ○ | |
| | 国立市 | ○ | ○ | ○ | | くにたちカードエコロジーポイント |
| | 福生市 | | | ○ | | |
| | 狛江市 | | ○ | | | |
| | 東大和市 | | ○ | ○ | | |
| | 東久留米市 | ○ | | | | 段ボールコンポスト配布 |
| | 西東京市 | | ○ | | ○ | 集合住宅ごみ等優良排出管理認定制度 |
| 神奈川県 | 横浜市 | ○ | ○ | ○ | ○ | |
| | 川崎市 | ○ | | ○ | ○ | 食べきり協力店* |
| | 相模原市 | ○ | | ○ | | レジ袋削減協力店* |
| | 横須賀市 | | ○ | | | |
| | 平塚市 | ○ | | ○ | ○ | |
| | 鎌倉市 | ○ | ○ | ○ | ○ | |
| | 藤沢市 | ○ | | | | |
| | 小田原市 | | ○ | | | 段ボールコンポストの初期セットの無料配布 |
| | 茅ヶ崎市 | ○ | ○ | | | |
| | 逗子市 | ○ | | | | リユースできる不用品やリサイクル可能な資源物の回収拠点「エコ広場ずし」の設置 |
| | 三浦市 | ○ | | | | 啓発用ポケットティッシュの配布 |
| | 秦野市 | | | ○ | | |
| | 厚木市 | ○ | ○ | ○ | ○ | 3010運動の実施 |
| | 大和市 | | | ○ | | 啓発物品の配布 |
| | 南足柄市 | ○ | | | ○ | |
| 新潟県 | 新潟市 | ○ | | ○ | | マイボトルキャンペーン |
| | 長岡市 | ○ | | | | |
| | 三条市 | | | | ○ | |
| | 柏崎市 | ○ | | | | |
| | 小千谷市 | | | | | 食べきり運動 |
| | 十日町市 | | | | | 廃食用油の回収 |
| | 妙高市 | ○ | | | | |
| | 上越市 | ○ | | | | |
| | 魚沼市 | ○ | | | | |
| 富山県 | 富山市 | ○ | | | | |

| 県 | 市 | | | | | 備考 |
|---|---|---|---|---|---|---|
| | 魚津市 | ○ | | | ○ | |
| 石川県 | 金沢市 | ○ | | | | |
| | 小松市 | | ○ | | | エコ活動表彰制度 |
| 福井県 | 福井市 | ○ | | | | |
| | 小浜市 | | | | | エコバッグ，EM ぼかしの年 1 回の配布 |
| | 越前市 | | ○ | | | |
| 山梨県 | 甲府市 | | | ○ | | |
| | 韮崎市 | | | ○ | | |
| | 笛吹市 | | | ○ | | |
| 長野県 | 長野市 | ○ | | | ○ | |
| | 松本市 | ○ | | | | 「残さず食べよう！」推進店・事業所認定制度* |
| | 須坂市 | | | | | 生ごみ出しません袋（指定袋有料化のもとでの生ごみ自家処理世帯に対する専用ごみ袋配布） |
| | 駒ヶ根市 | | | | | 家庭用生ごみ堆肥化処理容器・処理機購入補助 |
| 岐阜県 | 岐阜市 | ○ | ○ | | | 段ボールコンポスト講座で初心者にキットを無償提供 |
| | 各務原市 | | ○ | ○ | | |
| | 郡上市 | | | ○ | | |
| 静岡県 | 静岡市 | | ○ | | | |
| | 沼津市 | ○ | | ○ | ○ | |
| | 三島市 | | | | ○ | 生ごみ処理容器(コンポスト・ぼかし容器) 無償貸与 |
| | 富士宮市 | | | | | 県がエコショップ認定制度を実施，生ごみ水切りモニター実施 |
| | 島田市 | ○ | | ○ | | |
| | 富士市 | ○ | | ○ | | |
| | 磐田市 | | ○ | ○ | | |
| | 藤枝市 | | ○ | | | |
| | 裾野市 | | ○ | | | |
| | 湖西市 | | ○ | ○ | | |
| | 伊豆の国市 | | | ○ | ○ | |
| 愛知県 | 名古屋市 | ○ | | | | |
| | 瀬戸市 | | | | ○ | |
| | 豊田市 | | ○ | ○ | | |

| | | | | | | |
|---|---|---|---|---|---|---|
| | 安城市 | | ○ | | | |
| | 西尾市 | | | | ○ | |
| | 常滑市 | | ○ | ○ | | |
| | 江南市 | | | ○ | ○ | |
| | 小牧市 | ○ | | | | |
| | 知多市 | | | | ○ | |
| | 田原市 | | ○ | ○ | | |
| | 北名古屋市 | | | | ○ | |
| 三重県 | 松阪市 | | ○ | | | |
| | 鈴鹿市 | ○ | | | | |
| | 鳥羽市 | | | ○ | | |
| 滋賀県 | 彦根市 | | | | ○ | |
| | 草津市 | | ○ | | | |
| | 野洲市 | | ○ | | | |
| | 高島市 | | | ○ | | |
| | 東近江市 | | | | ○ | |
| 京都府 | 京都市 | ○ | ○ | ○ | | マイボトル推奨店* |
| | 長岡京市 | | | | ○ | |
| 大阪府 | 大阪市 | | | | ○ | ごみ減量優良建築物表彰制度 |
| | 堺市 | ○ | | ○ | ○ | |
| | 豊中市 | ○ | | ○ | | |
| | 泉大津市 | ○ | | ○ | | |
| | 高槻市 | | | | ○ | |
| | 守口市 | | | ○ | | |
| | 枚方市 | ○ | | ○ | ○ | |
| | 茨木市 | | | | | 段ボールコンポストモニター制度 |
| | 寝屋川市 | ○ | | ○ | | |
| | 大東市 | ○ | | | ○ | |
| | 箕面市 | ○ | | | | |
| | 東大阪市 | | | ○ | | |
| | 交野市 | ○ | | | ○ | 新聞紙・雑がみ・カン・ビン等の集団回収袋の作製配布 |
| 兵庫県 | 神戸市 | ○ | | | ○ | |
| | 尼崎市 | ○ | | | | |
| | 明石市 | | ○ | ○ | | |
| | 西宮市 | ○ | | | | |
| | 洲本市 | ○ | | | | |
| | 芦屋市 | ○ | | | ○ | |

| | | | | | | |
|---|---|---|---|---|---|---|
| | 豊岡市 | ○ | | | | |
| | 加古川市 | ○ | ○ | ○ | | |
| | 西脇市 | | | ○ | | |
| | 川西市 | ○ | | | ○ | |
| | 三田市 | | ○ | | | |
| | たつの市 | ○ | | | | |
| 奈良県 | 橿原市 | ○ | | | | |
| | 生駒市 | | | | ○ | |
| 和歌山県 | 有田市 | | | ○ | | |
| | 岩出市 | ○ | | | | |
| 鳥取県 | 米子市 | ○ | | | | |
| 岡山県 | 岡山市 | ○ | | | | |
| | 倉敷市 | ○ | ○ | | ○ | |
| | 玉野市 | | | ○ | | |
| | 総社市 | | | | | 雑がみ交換 |
| | 高梁市 | | | ○ | | |
| | 瀬戸内市 | | ○ | ○ | ○ | |
| | 浅口市 | ○ | | | | |
| 広島県 | 広島市 | ○ | | | | |
| | 東広島市 | | | ○ | | |
| | 廿日市市 | | | ○ | | |
| 山口県 | 萩市 | ○ | | | | |
| | 下松市 | | | | ○ | |
| | 岩国市 | | ○ | | ○ | |
| 徳島県 | 徳島市 | ○ | | | | |
| 香川県 | 東かがわ市 | | | | ○ | |
| 愛媛県 | 松山市 | | | ○ | | 段ボールコンポストの配布 |
| | 今治市 | | | ○ | | |
| | 新居浜市 | ○ | | | | エコポイント事業 |
| | 四国中央市 | | | | ○ | |
| 福岡県 | 北九州市 | | ○ | ○ | ○ | 食品ロス削減運動，3R 活動推進表彰 |
| | 福岡市 | ○ | | | | |
| | 大牟田市 | ○ | | | | |
| | 小郡市 | ○ | | | | |
| | 宗像市 | | | ○ | | |
| | 古賀市 | | | ○ | | |
| | 福津市 | ○ | | | | |
| | うきは市 | | | | ○ | |

| 都道府県 | 市区 | | | | | その他プログラム |
|---|---|---|---|---|---|---|
| 佐賀県 | 佐賀市 | | | | ○ | |
| 長崎県 | 長崎市 | ○ | | | ○ | |
| | 諫早市 | ○ | | ○ | | |
| | 大村市 | | | ○ | | |
| | 五島市 | | | ○ | | |
| 熊本県 | 熊本市 | ○ | | | | |
| | 水俣市 | ○ | | | | |
| 大分県 | 大分市 | ○ | | ○ | ○ | 生ごみ処理容器貸与，段ボールコンポスト支給 |
| | 別府市 | ○ | | ○ | | |
| | 豊後高田市 | | ○ | ○ | | |
| 宮崎県 | 宮崎市 | | | ○ | | |
| | 延岡市 | | | ○ | | ダンボールコンポストの講習会参加者へのキット無償提供 |
| 鹿児島県 | 鹿児島市 | | | ○ | ○ | |
| | 志布志市 | | | | | ボランティア活動への地域通貨「ひまわり券」交付 |

注）その他プログラム欄の＊印付きはエコショップ制度
［出典：市区奨励的手法アンケート調査（2016 年 12 月，著者実施）の回答とりまとめ］

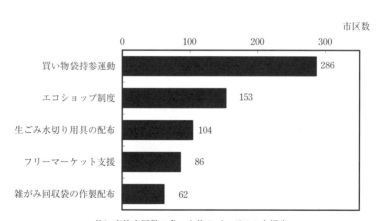

注）実施市区数の多い上位 5 プログラムを掲出
［出典：市区奨励的手法アンケート調査（2016 年 12 月，著者実施）の回答とりまとめ］

**図1-4　プログラム別の市区奨励的手法実施状況**

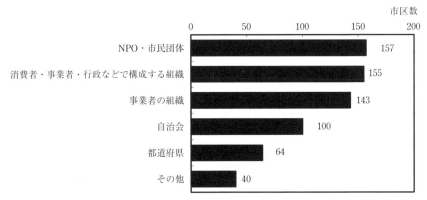

[出典：市区奨励的手法アンケート調査（2016 年 12 月，著者実施）の回答とりまとめ]

**図 1-5　市区奨励的プログラム実施のための連携組織**

持参運動」, 次いで「エコショップ制度」,「生ごみ水切り用具の配布」,「フリーマー
ケット支援」,「雑がみ回収袋の作製配布」の順であった.

　奨励的プログラムの実施にあたって連携している組織について**図 1-5** に示す.
多かったのは「NPO・市民団体」,「消費者・事業者・行政などで構成する組織」,
および「事業者の組織」で,「自治会」や「都道府県」を大きく上回っていた.
市区環境行政と日頃協力して活動する市民団体や事業者組織, 消費者や事業者,
行政などで構成される組織との連携のもとで, 奨励的プログラムが実施されてい
ることを確認できた.

　奨励的プログラムを未実施と回答した市区, および実施していない主要プログ
ラムがあると回答した市区に対して, 新たなプログラムの導入予定について尋ね
た. 144 市区からの回答は「今のところ, 新規プログラムの予定や意向はない」
が全体の 85％ と圧倒的に多かったが, 残り 15％ の市区からは「雑がみ回収袋の
作製配布」（回答市区に占める比率 7％）,「エコショップ制度」（5％）,「買い物
袋持参運動」（3％）について導入予定があるとの回答が寄せられた（**図 1-6**）.
市民による雑がみ分別強化の取り組みに「気付き」と「きっかけ」を提供する回
収袋配布に一部の自治体廃棄物担当者が関心を持っていることが窺える.

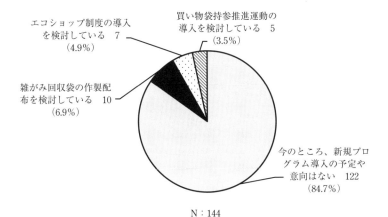

N：144

[出典：市区奨励的手法アンケート調査（2016年12月，著者実施）の回答とりまとめ]

**図1-6　新たなプログラムの導入予定**
**―プログラム未実施市区の回答―**

# 第2章
# 買い物袋持参運動の変容とその効果

　1990年代から，全国の地方自治体は，プラスチック製レジ袋の過剰な使用を抑制することを狙いとして，市民・事業者との協働の取り組みとして，買い物袋持参運動（マイバッグ・キャンペーン）を実施してきた．具体的な活動として，事業者への啓発ポスター掲示の働きかけから始まって，店頭でのマイバッグ持参デーの活動，オリジナル・マイバッグの作成・配布，そして近年では事業者とのレジ袋有料化協定の締結などが挙げられる．その過程で，市民の間にプラスチック製レジ袋の使用抑制への認識が高まり，また有料化のレジ袋辞退率引き上げ効果が高いことが検証され，経済的手法への市民の理解が深まってきた．そうした基盤があって，全国一律のレジ袋有料化義務づけが可能となったのである．著者が2016年12月に実施した都道府県・全国市区アンケート調査の結果をもとに，自治体による買い物袋持参運動の実施状況とその成果を振り返っておこう．

## 1．買い物袋持参運動の変容

　今回の調査結果を著者が2003年に実施した奨励的手法アンケート調査（対象：都道府県，全国市区）と比較すると，この10数年の間に買い物袋持参運動の実施手法が大きく変容したことを把握できる．前回の調査では買い物袋持参運動の有力な手法として，マイバッグ配布などの啓発プログラムやポイント制によるインセンティブプログラムが実施されていた．しかし今回の調査結果では，行政・市民と事業者間のレジ袋有料化協定締結などレジ袋無料配布中止の取り組みに重点が移行していた．環境問題への関心の高まりや企業の社会的責任に対する認識の向上，家庭ごみ有料化の普及などを背景に，市民や自治体のレジ袋無料配布見直しの働きかけが強化され，前向きな対応をする事業者が増えてきた．

## 2. 都道府県における実施状況

　都道府県での買い物袋持参推進運動については，**表 2-1** に示すように，42 の県で実施されていた．プログラムの名称について前回調査と比較すると，前回は「○○県マイバッグ・キャンペーン」とする県が圧倒的に多かったが，今回の調査では青森，秋田，茨城，千葉，神奈川，新潟，富山，石川，長野，岐阜，愛知，兵庫，和歌山，鳥取，山口の 15 県が名称に「レジ袋削減」や「ノーレジ袋」，または「レジ袋無料配布中止」を盛り込んで，行政と事業者（および市民）間のレジ袋有料化協定締結の取り組みに重点をシフトさせていた．名称を「マイバッグ・キャンペーン」とする県でも，レジ袋無料配布中止の取り組みを強化している．

　レジ袋無料配布中止の協定は，地方自治体がレジ袋の有料化を実施する協定を地域の小売事業者またはその団体（および市民）と自主に締結するもので，厳密には奨励的手法とは言えないが，奨励的手法から段階を経てたどりついた経緯，それに行政による自主的な協定締結の奨励に着目すると，奨励的手法にかなり近い政策手法として位置づけられる．

　近年におけるポイント付与など従来型の奨励的手法からレジ袋有料化協定締結への手法の重点シフトの傾向は，環境省ホームページ掲載の都道府県アンケート調査結果からも確認できる．それによると，都道府県による買い物袋持参推進運動の取組内容は 2009 年度以降の数年間に，ポイント付与など特典提供方式が 20 県から 15 県に減少したのに対し，レジ袋有料化の取り組みが増加し，2015 年度には 35 〜 37 県程度で推移していた[1]．

　レジ袋無料配布中止の取り組みへの見直しの事例として和歌山県を取り上げよう．同県では 2002 年開始の「環境にやさしい買い物キャンペーン」から，2008 年に「ノーレジ袋キャンペーン」に衣替えし，取り組みの重点をレジ袋無料配布中止に置くものの，他にポイント付与，レジ袋辞退割引，声かけ，店内放送，レジ袋の軽量化，ポスター掲示など幅広い取り組みを盛り込んで間口を広げ，参加数を 54 事業者，552 店舗に増やしていた．レジ袋無料配布中止に伴う収益金については，環境保護活動や地域貢献活動に還元してもらっている[2]．

　**図 2-1** は，調査時点で実施中の買い物袋持参推進運動について開始年を時期

---

1)　環境省「レジ袋に係る調査（2015 年度）」.
2)　わかやまノーレジ袋推進協議会ホームページ参照.

**表 2-1　買い物袋持参推進運動の実施状況（都道府県回答）**

| 県名 | 買い物袋持参推進運動の名称 | 開始年 | 住民への買い物袋の配布 | 参加店数 | 年間所要経費（万円）導入年度 | 年間所要経費（万円）継続年度 | 支出項目 | 評価 |
|---|---|---|---|---|---|---|---|---|
| 青森 | レジ袋無料配布中止（有料化）の取組 | 2009 | 配布していない | 297 | 800 | 0 | 委託料 | かなりの効果があった |
| 宮城 | 環境にやさしい買い物キャンペーン | 2008 | 配布していない | | | | ほとんど事務費のみ | かなりの効果があった |
| 秋田 | レジ袋削減・マイバッグ推進運動 | 2007 | 配布していない | 589 | | 30 | ポスター作製費等 | ある程度の効果があった |
| 山形 | 環境にやさしい買い物キャンペーン | 1995 | 配布していない | | | 10 | 啓発冊子作製 | ある程度の効果があった |
| 福島 | マイバッグ・キャンペーン | 1996 | イベント時などに希望者に無償で配布 | | 不明 | 200 | 啓発物品費 | ある程度の効果があった |
| 茨城 | レジ袋無料配布中止推進運動 | 2009 | 配布していない | | 60 | 60 | 委託費 | ある程度の効果があった |
| 栃木 | マイ・バッグ・キャンペーン | 1991 | イベント時などに希望者に無償で配布 | 21 | 不明 | 108 | ラジオCM，新聞広告，ポスター印刷，啓発資料購入 | ある程度の効果があった |
| 群馬 | 環境にやさしい買い物スタイル普及促進 | 2013 | 配布していない | 353 | 44 | 18 | 啓発用物品購入 | ある程度の効果があった |
| 埼玉 | マイバッグキャンペーン | 2008 | 配布していない | | | | | かなりの効果があった |
| 千葉 | ちばレジ袋削減スタイル | 2008 | イベント時などに希望者に無償で配布 | | | 120 | 啓発物の作製 | ある程度の効果があった |
| 神奈川 | 神奈川県におけるレジ袋の削減に向けた取組の実践（買い物袋持参に特化はしていない） | 2009 | イベント時などに希望者に無償で配布 | 948 | | | 3R普及促進事業費として予算化 | ある程度の効果があった |
| 新潟 | 新潟県レジ袋削減県民運動 | 2009 | イベント時などに希望者に無償で配布 | 52 | | 80 | 広報 | ある程度の効果があった |
| 富山 | ノーレジ袋県民大運動（現在「とやまエコ・ストア制度」として実施） | 2008 | イベント時などに希望者に無償で配布 | | 1,250 | 160 | 協議会の運営，啓発資材作成，広報費 | かなりの効果があった |
| 石川 | マイバッグ等の持参促進及びレジ袋削減に関する協定 | 2007 | 配布していない | 40 | | 4 | 協定書印刷費 | ある程度の効果があった |
| 福井 | ふくいマイバッグキャンペーン | 2002 | その他（マイバッグ宣言者に抽選で配布） | 542 | 25 | | チラシ，バッグ購入費 | ある程度の効果があった |
| 山梨 | マイバッグ利用推進キャンペーン | 2008 | イベント時などに希望者に無償で配布 | | 160 | 6 | マイバッグ作成 | ある程度の効果があった |
| 長野 | レジ袋削減県民スクラム運動 | 2008 | 配布していない | 174 | 10 | 6 | 啓発用のティッシュなど | ある程度の効果があった |
| 岐阜 | レジ袋削減 | 2007 | 配布していない | 715 | | 0 | | ある程度の効果があった |
| 静岡 | 環境にやさしい買い物キャンペーン | 2000 | 配布していない | 3,553 | 30 | 2 | ポスター印刷，発送 | ある程度の効果があった |
| 愛知 | レジ袋削減取組店制度 | 2007 | イベント時などに希望者に無償で配布 | 277 | 不明 | 1 | 直接的な経費（ステッカー作成，郵送代など） | ある程度の効果があった |
| 滋賀 | 環境にやさしい買い物キャンペーン | 1998 | イベント時などに希望者に無償で配布 | 21 | | 30 | その他需用費 | ある程度の効果があった |

| | | | | | | | | |
|---|---|---|---|---|---|---|---|---|
| 京都 | クリーン・リサイクル運動 | 1991 | イベント時などに希望者に無償で配布 | | | | | |
| 大阪 | 環境にやさしい買い物キャンペーン | 2003 | 配布していない | 4,442 | | | ポスター印刷費, 旅費 | ある程度の効果があった |
| 兵庫 | ひょうごレジ袋削減推進会議におけるレジ袋削減に向けた取組み | 2007 | イベント時などに希望者に無償で配布 | | 30 | 0 | 啓発資材購入費, 会議開催にかかる費用等 | ある程度の効果があった |
| 奈良 | 環境にやさしい買い物キャンペーン | 1997 | イベント時などに希望者に無償で配布 | | | | | ある程度の効果があった |
| 和歌山 | ノーレジ袋キャンペーン | 2008 | イベント時などに希望者に無償で配布 | 552 | 不明 | 60 | 啓発資材作成経費 | ある程度の効果があった |
| 鳥取 | ノーレジ袋デー | 2008 | 配布していない | 50 | | 1 | ポケットティッシュ | ある程度の効果があった |
| 島根 | マイバッグ・キャンペーン | 2000 | 配布していない | 178 | 300 | 20 | ポスター・チラシの作製 | ある程度の効果があった |
| 岡山 | マイバッグ運動 | 2000 | イベント時などに希望者に無償で配布 | | 不明 | 370 | マイバッグ・ポスター等作製費, 持参率等調査委託費 | ある程度の効果があった |
| 広島 | マイバッグ運動 | 2009 | 配布していない | 350 | | | | かなりの効果があった |
| 山口 | レジ袋無料配布中止の取組 | 2009 | イベント時などに希望者に無償で配布 | 1,093 | 不明 | 270 | 普及啓発費 | かなりの効果があった |
| 徳島 | とくしまマイバッグ持参キャンペーン | 2010 | イベント時などに希望者に無償で配布 | | | 0 | | かなりの効果があった |
| 香川 | 環境にやさしい買い物運動 | 2000 | 配布していない | | 不明 | 0 | | ある程度の効果があった |
| 愛媛 | 環境にやさしい買い物キャンペーン | 2011 | イベント時などに希望者に無償で配布 | 401 | 51 | 48 | 啓発ポスター・グッズ作成 | ある程度の効果があった |
| 高知 | マイバッグキャンペーン | 1998 | 配布していない | 32 | 不明 | 23 | チラシ・ポスター作成 | ある程度の効果があった |
| 福岡 | マイバッグキャンペーン | 1996 | 配布していない | 2,542 | 30 | 30 | ポスター・ステッカー制作委託費用 | ある程度の効果があった |
| 佐賀 | マイバッグ・キャンペーン | 2003 | 配布していない | 597 | | 22 | チラシ等の印刷費 | ある程度の効果があった |
| 長崎 | ながさきマイバッグキャンペーン | 1997 | 配布していない | 649 | 不明 | 5 | ポスター印刷・発送 | ある程度の効果があった |
| 熊本 | 熊本県マイバッグキャンペーン | 1995 | 配布していない | | | 9.1 | ポスター作成費 | かなりの効果があった |
| 大分 | マイ・バッグ・キャンペーン | | 配布していない | 337 | | 240 | ポスター等作製, 新聞広告 | ある程度の効果があった |
| 鹿児島 | 鹿児島県マイ・バッグ・キャンペーン | 2007 | 配布していない | 882 | 50 | 5 | 普及啓発用ポスター作製費 | ある程度の効果があった |
| 沖縄 | 環境にやさしい買い物キャンペーン | 1996 | イベント時などに希望者に無償で配布 | 270 | 360 | 0 | | かなりの効果があった |

[出典：都道府県奨励的手法アンケート調査（2016 年 12 月，著者実施）の回答とりまとめ]

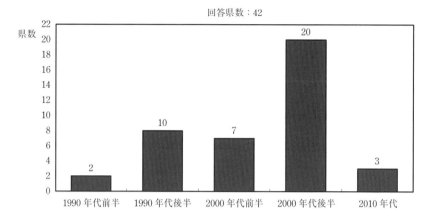

回答県数：42

[出典：都道府県奨励的手法アンケート調査（2016 年 12 月，著者実施）の回答とりまとめ]

**図 2-1　買い物袋持参推進運動の開始年（都道府県回答）**

区分による時系列で示している．早くは 1990 年代前半から開始されているが，2000 年代後半に大きな盛り上がりがみられる．先述した，プログラムの名称と取組内容を見直して，行政と事業者間のレジ袋有料化協定締結の取り組みに重点をシフトさせた 15 県はすべて，この時期に新たなプログラムを開始している．2000 年代後半は，レジ袋有料化の取り組みが全国各地の県で本格的に展開されるようになった時期と重なる．

　買い物袋持参推進運動における典型的な奨励的手法としての「買い物袋（マイバッグ）の配布」については，**図 2-2** に示すように，配布していない県が 23 団体（55％）と過半を占めたが，抽選による場合も含め「イベント時などに無償で配布している」も 19 団体（45％）あった．マイバッグ・キャンペーンの展開時に，啓発グッズとしてマイバッグが用いられることが多い．

　買い物袋持参推進運動の導入年度と継続年度について年間所要経費をみたのが **図 2-3** である．これをみると，大部分の県で年間所要経費が導入・継続年度とも 100 万円未満であり，最大でも導入年度で 1,250 万円にとどまるなど，プログラム運用に伴う財政負担が比較的小さいことを確認できる．主な支出項目は，ポスター・チラシの作製費，マイバッグや啓発グッズの作製費，新聞・テレビの広告費，協議会の運営費，持参率調査委託費などとなっている．

　**図 2-4** に示すように，プログラム実施による環境保全効果（レジ袋辞退率）に

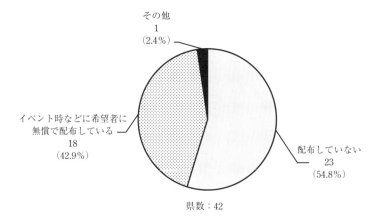

県数：42

注）「その他」は「マイバッグ宣言者に抽選で配布」
［出典：都道府県奨励的手法アンケート調査（2016 年 12 月，著者実施）の回答とりまとめ］
**図 2-2　買い物袋の住民への配布（都道府県回答）**

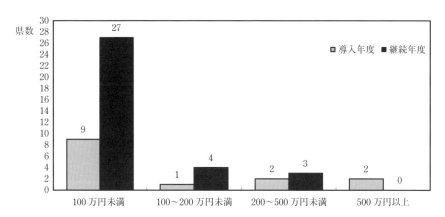

［出典：都道府県奨励的手法アンケート調査（2016 年 12 月，著者実施）の回答とりまとめ］
**図 2-3　買い物袋持参運動の年間所要経費（都道府県回答）**

ついての実施県の評価結果（回答 41 県）の比率は，「ある程度効果があった」
78％，「かなりの効果があった」が 22％で，「ほとんど効果がなかった」とする
回答はなかった．各県が重点を置く実施手法によって，レジ袋辞退率は変わって
くると考えられる．環境省調査[3] においてレジ袋有料化協定の締結に取り組んで

---

3)　環境省「レジ袋に係る調査（2015 年度）」

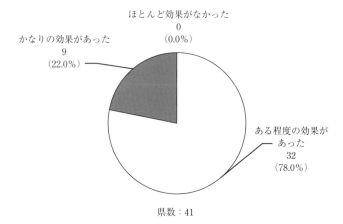

県数：41

[出典：都道府県奨励的手法アンケート調査（2016年12月，著者実施）の回答とりまとめ]
**図 2-4　買い物袋持参運動の環境保全効果（都道府県回答）**

いるとした17県の中では，青森県，広島県，山口県，沖縄県の4県が本調査で「か
なりの効果があった」と回答している．

## 3. 市区における実施状況

　全国市区においては，買い物袋持参推進プログラムは386市区で実施されてい
た．**表2-2** のリストには，県別のプログラム実施市区について，その開始年とマ
イバッグ配布の状況（①希望者に有償販売，②全世帯に無償配布，③イベント時
に無償配布，④イベント時などでアンケート回答者に無償配布，⑤配布していな
い，⑥その他）を掲載した．

　マイバッグの住民への配布については半数を上回る市区が実施していた．配布
の方法は，イベント時等での配布が最も多く，回答市区全体の37％を占めている．
その中で，イベントに参加するだけでなくアンケートに回答してくれた場合に配
布を限定しているケース（鹿沼市，葛飾区，小平市，茅ヶ崎市，岐阜市，大阪市，
守口市，広島市，天草市など）が4％程度存在した（「その他」の記述式回答か
ら抽出して区分）．全世帯への無償配布[4]（鳴門市，柏原市など）と希望者への有

---

4)　本調査の集計対象外であるが，過去には八王子市，伊勢市，水俣市などが全世帯へのマイバッグ無
　　償配布を実施している．

**表 2-2　買い物袋持参推進プログラムの実施状況（市区）**

| 都道府県名 | 買い物袋持参推進／レジ袋削減プログラム実施市区 |
|---|---|
| 北海道 | 札幌市（2008, ⑤），函館市（2007, ⑥），小樽市（2003, ③），旭川市（2003, ⑤），室蘭市（2007, ⑤），帯広市（2008, ⑤），北見市（2008, ⑥），網走市（2009, ⑤），苫小牧市（2008, ⑥），稚内市（2008, ⑤），美唄市（2008, ⑤），江別市（2008, ⑤），千歳市（2008, ③），滝川市（－, ⑤），深川市（2009, ⑤），富良野市（2008, ⑤），登別市（2008, ⑤），恵庭市（2008, ⑤），伊達市（2008, ⑤），北広島市（2008, ⑤），石狩市（2002, ⑤） |
| 岩手県 | 宮古市（2003, ⑤），大船渡市（2008, ⑤），北上市（2012, ③），釜石市（2001, ⑤），八幡平市（－, ⑤），奥州市（－, ⑤） |
| 宮城県 | 仙台市（2006, ⑥），石巻市（2009, ⑤），気仙沼市（2009, ⑤），登米市（2009, ⑤），栗原市（2008, ③） |
| 秋田県 | 男鹿市（2011, ③），鹿角市（－, ③），由利本荘市（2009, ⑤），大仙市（2008, ⑤） |
| 山形県 | 米沢市（2009, ⑤），鶴岡市（2002, ⑥），酒田市（－, －），新庄市（2008, ⑤），村山市（2008, ⑤），天童市（2008, ⑤），東根市（2009, ⑥） |
| 福島県 | 福島市（2009, ⑤），会津若松市（2009, ⑤），郡山市（2009, ⑤），須賀川市（2000, ③）喜多方市（2001, ⑤），二本松市（2009, ⑤） |
| 茨城県 | 水戸市（2009, ③），日立市（2009, ③），土浦市（2009, ⑤）古河市（2009, ⑤），龍ヶ崎市（2005, ③），常陸太田市（2008, ⑥），高萩市（2004, ③），ひたちなか市（2007, ⑤），かすみがうら市（2005, ③），神栖市（2009, ⑥） |
| 栃木県 | 栃木市（2012, ⑥），佐野市（2002, ③），鹿沼市（2009, ③），日光市（2010, ④），小山市（2009, ③）真岡市（2008, ③），大田原市（2010, ③⑥），さくら市（－, ③），那須塩原市（2010, ③） |
| 群馬県 | 高崎市（－, ⑤），桐生市（1993, ③），館林市（2002, ⑤） |
| 埼玉県 | 川口市（2008, ③），飯能市（－, ⑤），本庄市（2009, ⑥），狭山市（2001, ⑤），鴻巣市（不明, ⑤），入間市（2001, ⑤），朝霞市（2002, ⑤），坂戸市（2007, ⑤），吉川市（2002, ⑤） |
| 千葉県 | 市川市（2004-8, ③），松戸市（不明, ③），茂原市（2002, ③），市原市（2009, ⑥），鎌ヶ谷市（1989, ⑤），浦安市（1993, ③），四街道市（1994, ⑤），印西市（2004, ③），富里市（－, ③） |
| 東京都 | 新宿区（2008, ⑤），大田区（－, ③），杉並区（2001, ③），北区（2009, ⑤），荒川区（2011, ⑥），練馬区（2006, ③），葛飾区（2003, ④），江戸川区（2007, ⑤），八王子市（2009, ⑥），立川市（2011, ③），武蔵野市（2009, ⑥），三鷹市（2006, ①），青梅市（2004, ⑤），府中市（2004, ⑤），町田市（2013, ⑤），小平市（2002, ④），日野市（2008, ③⑥），国立市（2004, ③），福生市（2010, ③），東大和市（2014, ⑥） |
| 神奈川県 | 横浜市（2011, ③），相模原市（2010, ⑤），平塚市（不明, ⑤），鎌倉市（2001, ⑤），茅ヶ崎市（2003, ④），秦野市（－, ③），厚木市（2008, ③），南足柄市（1994, ③），綾瀬市（2014, ⑤） |
| 新潟県 | 新潟市（2009, ⑥），長岡市（2009, ⑤），三条市（2009, ⑤），十日町市（2010, ⑥），妙高市（2005, ⑤），上越市（2006, ③），胎内市（2012, ③⑥） |
| 富山県 | 砺波市（－, ⑤） |
| 石川県 | 金沢市（2009, ⑥），小松市（2007, ⑤），野々市市（2010, ⑤） |
| 福井県 | 敦賀市（2009, ⑥），小浜市（2014, ③），大野市（2010, ⑤），勝山市（2010, ⑤），あわら市（2009, ⑤），越前市（2009, ⑤） |
| 山梨県 | 甲府市（2008, ⑤），富士吉田市（2005, ④），山梨市（－, －），北杜市（不明, ③） |
| 長野県 | 長野市（2003, ③），飯田市（2008, ⑤），須坂市（2009, ⑤），小諸市（2015, ⑤），駒ヶ根市（2005, ①），千曲市（1998, ⑥），東御市（2012, ⑤） |
| 岐阜県 | 岐阜市（2008, ④），関市（2008, ⑤），瑞浪市（2006, ①②③），各務原市（2008, ⑤），可児市（2008, ⑤），飛騨市（2008, ⑤），郡上市（2008, ⑤） |

| | |
|---|---|
| 静岡県 | 静岡市（2009, ⑤），熱海市（2003, ⑤），三島市（2008, ⑤），富士宮市（2009, ⑤），島田市（2005, ⑤），富士市（2008, ③），磐田市（2003, ⑤），掛川市（2007, ⑤），御殿場市（1998, ⑤），御前崎市（2008, ④），伊豆の国市（2009, ⑤），牧之原市（2008, ⑤） |
| 愛知県 | 瀬戸市（2007, ⑤），春日井市（2008, ⑤），安城市（2008, ③），西尾市（2001, ⑤），蒲郡市（2009, ⑤），常滑市（2008, ⑤），江南市（2008, ⑥），小牧市（2008, ⑤），大府市（2008, ⑤），高浜市（2009, ⑤），田原市（2009, ③），北名古屋市（2009, ⑤），あま市（2012, ⑤） |
| 三重県 | 松阪市（2008, ⑥），桑名市（2001, ⑤），鈴鹿市（2008, ⑤），鳥羽市（－, ⑤），熊野市（2009, ⑤） |
| 滋賀県 | 彦根市（2013, ⑤），近江八幡市（不明, ③），草津市（2011, ③），甲賀市（－, ③），野洲市（2008, ⑤），東近江市（2014, ③） |
| 京都府 | 京都市（2006, ③），長岡京市（2005, ⑤） |
| 大阪府 | 大阪市（2009, ④），堺市（2013, 2016（実施年），③），豊中市（－, －），池田市（2005, ③），吹田市（2009, ⑤），泉大津市（2011, ⑥），高槻市（2013, ⑤⑥），守口市（－, ④），枚方市（2003, ③），茨木市（2012, ⑥），寝屋川市（1997, ③⑥），大東市（2006, ③），柏原市（2000, ②），東大阪市（2003, ③），交野市（1999, ③） |
| 兵庫県 | 神戸市（2011, ⑤），尼崎市（2009, ③），明石市（2012, ③⑥），西宮市（1995, ⑤），洲本市（－, ③），芦屋市（1995, ③），豊岡市（2000, ③），加古川市（2008, ⑥），西脇市（2007, ⑤），川西市（2003, ③），小野市（2007, ③），三田市（2008, ⑤），南あわじ市（2009, ③），淡路市（1996, ③），加東市（－, ⑤），たつの市（2008, ⑤） |
| 奈良県 | 生駒市（2014, ③） |
| 和歌山県 | 田辺市（2000, ⑤⑥） |
| 鳥取県 | 鳥取市（2012, ⑤），米子市（1997, ⑤），出雲市（2009, ⑤），益田市（2011, ⑤），雲南市（2012, ③） |
| 岡山県 | 岡山市（2010, ③），倉敷市（2010, ③），津山市（2003, ⑤），玉野市（－, ③），笠岡市（2010, ③），井原市（2010, ③），総社市（2010, ③），高梁市（2010, ③），新見市（2010, ③），瀬戸内市（2011, ③），赤磐市（－, ③），浅口市（2010, ③） |
| 広島県 | 広島市（2002, ④），呉市（2005, ⑤），三原市（2009, ⑤），大竹市（2009, ⑥） |
| 山口県 | 山口市（2009, ③），萩市（2002, ⑤），岩国市（2009, ⑥），周南市（－, ③） |
| 徳島県 | 鳴門市（2009, ②） |
| 愛媛県 | 今治市（－, ③），新居浜市（2009, ③） |
| 高知県 | 高知市（2009, ③），南国市（2011, ③），四万十市（2008, ③） |
| 福岡県 | 北九州市（2006, ⑤），八女市（2002, ③），宗像市（2008 年度, ③⑥），うきは市（不明, ⑤），嘉麻市（不明, ⑤） |
| 佐賀県 | 佐賀市（2003, ③），唐津市（2002, ⑤），鹿島市（－, ⑥），小城市（2011, ⑤） |
| 長崎県 | 諫早市（2008（現在は実施していない），⑤），大村市（2005, ③），西海市（2008, ⑥） |
| 熊本県 | 熊本市（2009, ③），水俣市（1998, ⑤），山鹿市（2012, ⑤），菊池市（1998, ⑤），上天草市（－, ⑤），阿蘇市（2012, ⑤），天草市（2011, ④） |
| 大分県 | 大分市（2009, ⑤），別府市（2009, ③），竹田市（数年前, ⑤），豊後高田市（2013, ③），杵築市（2009, ⑤），豊後大野市（2009, ⑤） |
| 鹿児島県 | 枕崎市（2003, ⑥），出水市（1999, ③），指宿市（2005 年頃, ③），西之表市（1998, ⑤），曽於市（2010, ③），いちき串木野市（2006, ⑤） |

注）1.（　）内の数字はプログラム開始年.

2. ①～⑥は，プログラムにおけるマイバッグ配布の状況

①：希望者に有償で販売　②：希望する全世帯に無償で配布

③：イベント時などに無償で配布　④：イベント時などでアンケート回答者に無償配布

⑤：配布していない　⑥：その他

［出典：市区県奨励的手法アンケート調査（2016 年 12 月，著者実施）の回答とりまとめ］

償販売（三鷹市，駒ヶ根市など）はそれぞれ3市にとどまった（**図2-5**）．配布するマイバッグには，市のマスコットキャラクターをプリントするケース（東大阪市など）や，無地のマイバッグに絵を描いて持ち帰ってもらう体験会を実施するケース（日野市，武蔵野市，鳴門市など）もある．なお，マイバッグ・キャンペーンでの配布物としては，マイバッグのほか，啓発チラシ付きポケットティッシュ（吹田市，茨木市など）が多いようである．

　レジ袋辞退に対するポイント付与は2003年に著者が行った調査と比べ，かなり減少している．レジ袋削減を狙いとした経済的手法の重心は，この10年程度の間にポイント制からレジ袋有料化にシフトしてしまった．前回調査では買い物袋持参推進プログラム実施市区のうち何らかのポイント制度を実施する市区は半数近くであったが，今回の調査ではレジ袋有料化への移行に伴い少数にとどまった．ポイント付与を行う店舗数が20店を上回る都市に栃木市，桐生市，相模原市，綾瀬市，堺市などがある．各都市での運用方法を回答記述やホームページで確認すると，県のレジ袋削減協議会への参加，市のレジ袋削減協議会による運用，エコショップ制度の枠組みでの取り組みなどまちまちである．

　レジ袋削減の経済的手法について豊富な経験を持つ杉並区からは，買い物袋持参推進の制度づくりとして，「ポイント制など経済的利益に還元できることが最も大きな動機となる．特定地域や事業者のみで使用できるポイントではなく，汎

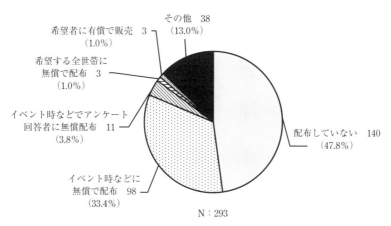

N：293

［出典：市区県奨励的手法アンケート調査（2016年12月，著者実施）の回答とりまとめ］

**図2-5　買い物袋の住民への配布（全国市区）**

用性の高いポイントと交換できる仕組みができるとよい」との助言をいただいた．特定の事業者や商店街にとどまらず，全市的に利用可能なエコポイント制度として，十日町市が運用するエコポイント事業では「レジ袋削減協力店」148店舗で使用でき，国立市が商工会と連携して行うエコロジーポイント事業では商工会に加盟するすべての店舗の買い物に利用できる．

　家庭ごみ有料化を実施する都市にあっては，レジ袋辞退等の環境配慮行動に対するポイント付与を全市的な取り組みに拡大して，有料化の手数料収入の一部をポイント充実のために充当することも，検討に値する．

　買い物袋持参運動の実施手法は，この10年間に啓発事業やポイント付与などの特典提供からレジ袋有料化協定の締結に取り組みの重点がシフトしており，有料化協定を締結した市区では80〜90％程度の高いレジ袋辞退率がもたらされている．自治体（および市民団体）と事業者との自主的な有料化協定は，厳密には奨励的プログラムとはいえないかもしれない．その消費者への働きかけの手法は明らかに経済的手法である．しかし，この強力なレジ袋辞退効果を有する経済的手法の導入を店舗に働きかけ，レジ袋削減に連携して取り組む行政の手法としては，奨励的な色彩がかなり濃くなる．レジ袋有料化収入の一部を市に寄付してもらいごみ分別啓発ポスターを作成しているケース（由利本荘市）もあった．

　**図2-6**に示すように，プログラム実施による環境保全効果についての実施市区

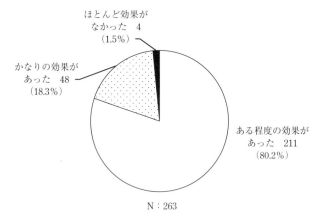

ほとんど効果が
なかった　4
（1.5％）

かなりの効果が
あった　48
（18.3％）

ある程度の効果が
あった　211
（80.2％）

N：263

［出典：市区県奨励的手法アンケート調査（2016年12月，著者実施）の回答とりまとめ］

**図2-6　買い物袋持参運動の環境保全効果（全国市区）**

の評価結果（回答総数 263 件）の比率は，「ある程度の効果があった」が 80％，「かなりの効果があった」が 18％，「ほとんど効果がなかった」が 2％であった．各市区が採用する実施手法によって，レジ袋辞退率は大きく左右されると考えられる．

## 4.　買い物袋持参推進運動の効果

　買い物袋持参推進運動の環境保全効果については，レジ袋辞退率として定量的な把握が可能である．神奈川県ホームページ掲載の情報をもとに，手法別のレジ袋辞退率を確認しておこう[5]．県は「レジ袋の削減に向けた取組」において，37 社 948 店舗と連携して，レジ袋削減を狙いとしたさまざまな内容の取り組みを推進していた．取組内容は，①啓発系（マイバッグ持参の働きかけ，声かけ，ポスター・チラシの配布掲示，店内放送，マイバッグ推進デーの設定，レジ袋削減に関するアンケートの実施など），②ポイント割引系（レジ袋辞退者に対するポイント付与や割引など），③レジ袋有料化系（レジ袋無料配布中止）の 3 グループに大別できる．県は毎年度，参加事業者から取組状況について報告書の提出を求めていたが，それによるとレジ袋辞退率（2015 年度）は，全体の平均が約 31％，手法別では啓発系が取組内容により約 28 〜 32％，ポイント割引系が約 21％，有料化系が約 93％であった（**表 2-3**）．有料化のレジ袋削減効果は，他の手法と比べて著しく高いことが示されている[6]．

**表 2-3　手法別レジ袋辞退率（神奈川県，2015 年度）**

| 取組手法 | レジ袋辞退率 |
| --- | --- |
| 啓発系 | 約 28 〜 32％ |
| ポイント割引系 | 約 21％ |
| レジ袋有料化（127 店） | 約 93％ |
| 調査店舗（851 店）の平均 | 約 31％ |

注）啓発系は，ポスター・チラシ配布，店内放送，声かけ，
　　マイバッグ持参デーの設定など．
［出典：神奈川県ホームページ（2017 年 11 月閲覧）］

---

5)　神奈川県ホームページトップより「くらし・安全・環境」→「ごみ・リサイクル」→「神奈川県におけるレジ袋削減の取り組み」参照（現在は消去）．
6)　埼玉県の調査でも，有料化のレジ袋辞退率がポイント付与方式や即値引き方式のそれを大きく上回ることが示されていた（埼玉県ホームページトップより「くらし・環境」→「ごみ・リサイクル」→「3R の推進について」→「レジ袋削減」参照，現在は消去）．

　レジ袋有料化前後のレジ袋辞退率の調査については，いくつかの県のホームページに掲載されていたが，有料化実施後に辞退率は大幅に上昇していた．また，鳥取県のホームページでは県内 3 地域について，レジ袋有料化の取り組みを開始した 1 地域の辞退率（直近で約 88%）と未実施 2 地域の辞退率（同 33% と 44%）を時系列で比較した調査結果を見ることができた[7]．全国各地の県市の調査において，有料化実施によるレジ袋辞退率の引き上げ効果は顕著であった．

　2007 年 9 月にレジ袋有料化協定を締結した伊勢市において著者らが実施した市民意識調査では，レジ袋有料化が対象店舗でのレジ袋辞退行動だけでなく，ごみ分別の徹底をはじめ，過剰包装の辞退や食材の適量購入，非有料化店舗でのレジ袋辞退などその他の環境配慮行動を誘発することも示されている[8]．

## 5．全国一律のレジ袋有料化義務づけ

　国は容器包装リサイクル法の関係省令を改正して，2020 年 7 月からすべての小売店が商品販売に用いるプラスチック製レジ袋の有料化を義務づけることとした．一定の環境性能を持つレジ袋については必要な表示を条件に対象外とされる．有料化の価格設定は小売店に委ねられるが，1 袋 1 円以上の価格付けが求められている[9]．

　全国一律のレジ袋有料化実施の背景として，全国各地の自治体・市民・事業者協働による長年にわたるマイバッグ持参運動の積み重ねがあり，その過程で有料化のレジ袋辞退率引き上げ効果が検証され，自治体が事業者に働きかけて有料化に踏み込む事業者が増えていたこと，また啓発活動により市民の環境配慮意識も高まってきたことが挙げられる．

　レジ袋有料化義務づけのもとで，自治体に蓄積されたノウハウを最大限に活用して，マイバッグ持参やマイボトル携行支援など市民・事業者と連携したプラスチック使用抑制運動が推進されることを期待している．

---

7)　鳥取県ホームページトップより，循環型社会推進課の「ノーレジ袋の推進」参照（現在は消去）．各県ホームページ上のレジ袋削減関連のコンテンツは，2020 年 7 月からの全国一律レジ袋有料化義務づけを受けて，刷新されている．

8)　山谷修作・信澤由之「レジ袋有料化における市民の意識と行動−伊勢市民アンケート調査の結果から」『東洋大学経済論集』35 巻 1 号（2009 年 12 月）参照．

9)　経済産業省・環境省「プラスチック製買物袋有料化実施ガイドライン」2019 年 12 月．

# 第3章

# エコショップ制度の変容と活性化策

　エコショップの制度は，自治体がごみ減量など環境に配慮した取り組みを行う小売店を「エコショップ」として認定または登録することにより，消費者と小売店双方の環境配慮行動を誘導するものである．自治体が設定する取組項目として，容器回収，レジ袋削減，環境配慮商品の販売などがある．エコショップについては，食品や飲料を販売する店舗に対して容器包装の回収など拡大生産者責任を担ってもらうための制度的枠組みとしての位置づけがなされてきた．そのエコショップ制度が商店街小売店の衰退などを背景として参加店舗の減少に直面しつつあり，制度の活性化方策を検討する．

## 1.　エコショップ制度の実施状況とその変容

　今回の市区アンケート調査で確認できたエコショップ制度の都市規模別の実施率を**表 3-1** に示す．奨励的プログラム全体の実施率と同様に，人口規模が大きい

**表 3-1　市区エコショップ制度の実施率（人口規模別）**

| 人口区分 | 全国市区数 A | 実施市区数 B | 実施率（B / A） |
|---|---|---|---|
| Ⅴ | 35 | 確認済 21 | 確定 60.0% |
| Ⅳ | 97 | 41 | 42.3% + α |
| Ⅲ | 155 | 36 | 23.2% + α |
| Ⅱ | 266 | 33 | 12.4% + α |
| Ⅰ | 261 | 22 | 8.4% + α |
| 計 | 814 | 153 | 18.8% + α |

人口区分　Ⅰ：5万人未満，Ⅱ：5万〜10万人未満，
　　　　　Ⅲ：10万〜20万人未満，Ⅳ：20万〜50万人未満，Ⅴ：50万人以上
注）人口区分Ⅴの未回答市区には電話で確認．
[出典：市区奨励的手法アンケート調査（2016年12月，著者実施）の回答とりまとめ]

ほど実施率が高くなる．人口規模 20 万人以上の都市の実施率は 5 割近くに及んでいる．エコショップ制度は 153 の市区で実施されており，市区ごとにさまざまな名称で呼ばれている．市区によっては分野別に複数の制度を運用するところもある．

**表 3-2** は，市区別にエコショップの実施状況（名称，開始年，参加店数，店舗の増減傾向）を示す．エコショップ制度は，住民に身近な基礎的自治体が実施することが多いが，中小規模の市町村の中にはスタッフ・予算・ノウハウ面での制約から単独の実施が難しい場合が多く，また広域的にチェーン展開する小売事業者への対応もあって，上位団体としての道府県も，**表 3-3** に示すように，29 団体が県内市町村と連携して制度を運用していた．県がエコショップ制度を運用するにあたって県内市町村と連携する場合，認定や登録の申請書や実績報告書などの管理事務については店舗が立地する市町村が担当することが多い．

複数の分野のエコショップ制度を運用する県も 10 県存在し，食品ロス削減を狙いとした登録制度を運用する点で共通している．複数のエコショップ制度を運用するのは群馬県，千葉県，静岡県，それに九州の 7 県である．九州 7 県は共同して「九州まちの修理屋さん」と「九州たべきり協力店」の登録制度を運用している．

県および市区エコショップの開始年度をたどると，1990 年代前半から開始され，1990 年代後半に最初のピークを迎えている．2000 年代に入ると，商店街小売店の衰退などの要因を背景として，参加店舗の減少などエコショップ制度の形骸化に直面するようになり，新規導入件数も減少している．ところが 2010 年代に入ると，再びエコショップの導入は増勢を取り戻す（**図 3-1**）．

近年におけるエコショップ持ち直しの主因は，社会的関心が高まってきた食品ロス削減を狙いとした「食べきり協力店」登録制度を開始する県や市区が増加したことによる．制度の形骸化に直面した一部県・市区においても，既存のエコショップ制度について食品ロス関連業種を対象に組み込む形での見直しに着手する動きがみられる．

県レベルでの「食べきり協力店」制度は 14 の県で実施されている．早い時期での取り組みとして 2006 年開始の福井県「おいしいふくい食べきり運動協力店・支援店登録制度」，2009 年開始の長野県「食べ残しを減らそう県民運動〜 e プロジェクト協力店制度」があるが，それらに続く千葉，埼玉，山口，鳥取，九州 7 県，静岡，群馬，京都，滋賀の各府県のプログラムは 2010 年代に開始された．九州

**表 3-2　市区エコショップ制度の実施状況**

| 都道府県 | 自治体名 | 協力店制度の名称 | 開始年 | 参加店数 | 参加店数の推移 |
|---|---|---|---|---|---|
| 北海道 | 札幌市 | さっぽろエコメンバー登録制度 | 2008 | 1902 | 増加 |
| | 函館市 | 函館市ごみ減量・再資源化優良店等認定制度 | 1998 | 225 | 増加 |
| | 小樽市 | エコショップ認定制度 | 2003 | 45 | 減少 |
| | 旭川市 | あさひかわエコショップ認定制度 | 2014 | 67 | 増加 |
| | 網走市 | エコ事業所認定制度 | 2002 | 38 | ほぼ横ばい |
| | 苫小牧市 | 苫小牧市エコストア認定制度 | 2008 | 28 | 減少 |
| | 千歳市 | エコ商店認証制度 | 2007 | 93 | ほぼ横ばい |
| 青森県 | 弘前市 | エコストア・エコオフィス認定制度 | 2001 | 111 | 増加 |
| 岩手県 | 宮古市 | エコショップいわて認定制度 | 2004 | 11 | 減少 |
| | 北上市 | エコショップいわて認定制度 | 2004 | 19 | 減少 |
| | 久慈市 | エコショップいわて認定制度 | 2004 | 8 | ほぼ横ばい |
| | 遠野市 | エコショップいわて認定制度 | 2004 | 4 | ほぼ横ばい |
| | 陸前高田市 | エコショップいわて認定制度 | 2010 | 3 | ほぼ横ばい |
| | 釜石市 | エコショップいわて認定制度 | 2004 | 8 | ほぼ横ばい |
| | 八幡平市 | 岩手エコショップ認定制度 | 2004 | 2 | ほぼ横ばい |
| 宮城県 | 仙台市 | エコにこショップ | 2000 | 100 | ほぼ横ばい |
| | 石巻市 | ごみ減量化・資源化協力店認定制度 | 2010 | 36 | |
| 秋田県 | 秋田市 | もったいないアクション協力店 | 2016 | 49 | 増加 |
| | 横手市 | エコライフ事業所・町内会認定制度 | 2002 | 79 | 減少 |
| 山形県 | 鶴岡市 | 環境にやさしい店 | 2001 | 38 | ほぼ横ばい |
| 茨城県 | 水戸市 | エコ・ショップ制度 | 1996 | 39 | ほぼ横ばい |
| | 日立市 | エコショップ制度 | 2000 | 29 | 増加 |
| | 土浦市 | エコ・ショップ制度 | 1997 | 28 | 増加 |
| | 古河市 | 古河市エコ・ショップ制度 | 1996 | 7 | 減少 |
| | 石岡市 | エコショップ認定制度 | 2005 | 8 | 増加 |
| | 結城市 | 結城市エコ・ショップ制度 | 1996 | 5 | 減少 |
| | 龍ヶ崎市 | エコショップ・エコオフィス認定制度 | | 48 | ほぼ横ばい |
| | 常陸太田市 | 常陸太田市エコ・ショップ制度 | 1996 | 5 | 減少 |
| | 高萩市 | エコ・ショップ制度 | 1999 | 3 | 増加 |
| | 笠間市 | 笠間市エコ・ショップ制度 | 2006 | 10 | ほぼ横ばい |
| | ひたちなか市 | エコ・ショップ制度 | 1997 | 29 | ほぼ横ばい |
| | 鹿嶋市 | 鹿嶋市エコ・ショップ | 1996 | 5 | ほぼ横ばい |
| | 潮来市 | 潮来市エコショップ制度 | 1996 | 11 | ほぼ横ばい |
| | 那珂市 | エコ・ショップ制度 | | | |
| | 稲敷市 | エコショップ制度 | 1997 | 3 | ほぼ横ばい |
| | かすみがうら市 | エコ・ショップ制度 | 2005 | 1 | ほぼ横ばい |
| | 桜川市 | エコ・ショップ制度 | | 5 | |
| | 神栖市 | エコ・ショップ制度（県の事業） | 1996 | 11 | 増加 |

| | | | | | |
|---|---|---|---|---|---|
| | 小美玉市 | エコ・ショップ認定制度 | | 2 | ほぼ横ばい |
| 栃木県 | 宇都宮市 | エコショップ等協力店制度 | 2005 | 136 | ほぼ横ばい |
| | 日光市 | 日光市エコショップ認定制度 | 2014 | 23 | 増加 |
| | 小山市 | エコ・リサイクル推進事業所認定制度 | 2008 | 162 | ほぼ横ばい |
| | さくら市 | リサイクル推進協力店制度 | 2006 | 4 | ほぼ横ばい |
| | 那須塩原市 | ごみ減量等協力事業所 | 2012 | 7 | ほぼ横ばい |
| 群馬県 | 前橋市 | 食べきり協力店 | 2014 | 26 | ほぼ横ばい |
| | 高崎市 | たかさき食品ロスゼロ協力店 | 2014 | 98 | 増加 |
| | みどり市 | ごみ減量化・リサイクル協力店制度 | 2014 | 10 | ほぼ横ばい |
| 埼玉県 | 川越市 | エコストア・エコオフィス等認定制度 | 1998 | 182 | 減少 |
| | 熊谷市 | 熊谷市エコショップ認定制度 | 2016 | 12 | ほぼ横ばい |
| | 川口市 | エコリサイクル推進事業所制度 | 1996 | 146 | 減少 |
| | 行田市 | 行田市リサイクル推奨店 | 2016 | 7 | ほぼ横ばい |
| | 羽生市 | ごみ減量協力店認定制度 | 2007 | 24 | ほぼ横ばい |
| | 入間市 | 彩の国エコぐるめ事業 | 2015 | 22 | 増加 |
| | 新座市 | ごみ減量・再資源化協力店 | 1994 | 27 | ほぼ横ばい |
| | 坂戸市 | 坂戸市エコショップ認定制度 | 2007 | 53 | 増加 |
| | 吉川市 | エコショップ認定制度 | 2004 | 39 | ほぼ横ばい |
| | ふじみ野市 | ふじみ野市エコストア協力店推奨制度 | 2005 | 2 | ほぼ横ばい |
| 千葉県 | 千葉市 | ごみ減量のための「ちばルール」 | 2003 | 210店舗等 | ほぼ横ばい |
| | 市川市 | ごみ減量化・資源化協力店制度 | 1991 | 122 | ほぼ横ばい |
| | 松戸市 | 松戸市クリンクル協力店 | 1993 | 45 | 減少 |
| | 茂原市 | 食品トレイ等リサイクル推進店 | 2015 | 12 | ほぼ横ばい |
| | 市原市 | ごみ減量化・リサイクル協力店制度 | 1995 | 14 | 減少 |
| | 八千代市 | 再くるくん協力店 | 1999 | 12 | 減少 |
| | 我孫子市 | ごみ減量・リサイクル推進事業所認定制度 | 2004 | 105 | ほぼ横ばい |
| | 鴨川市 | リサイクル推進的認定制度 | 2000 | 7 | ほぼ横ばい |
| | 君津市 | 君津市ごみ減量化・資源化協力店 | 1997 | 7 | 減少 |
| | 浦安市 | エコショップ認定制度 | 2009 | 9 | ほぼ横ばい |
| | 四街道市 | エコショップよつかいどう認定制度 | 2005 | 6 | 減少 |
| | 富里市 | ごみの減量・リサイクル協力店認定制度 | 2001 | 31 | 増加 |
| 東京都 | 港区 | みなとエコショップ認定店 | 2012 | 82 | 増加 |
| | 台東区 | リサイクル協力店制度 | 1994 | 53 | 減少 |
| | 文京区 | リサイクル推進協力店認定制度 | 1994 | 47 | 減少 |
| | 墨田区 | エコストア制度 | 1992 | 92 | 減少 |
| | 荒川区 | あら！もったいない協力店 | 2016 | 56 | 増加 |
| | 板橋区 | いたばしエコ・ショップ認定制度 | 2001 | 15 | 減少 |
| | 足立区 | Rのお店 | 1993 | 101 | ほぼ横ばい |
| | 江戸川区 | エコストア | 2004 | 94 | 増加 |
| | 八王子市 | エコショップ認定制度 | 2005 | 114 | 減少 |

| | 立川市 | ごみ処理優良事業所認定制度 | 2008 | 33 | ほぼ横ばい |
|---|---|---|---|---|---|
| | 武蔵野市 | 優良事業者表彰制度（Eco パートナー） | 2008 | 28 | ほぼ横ばい |
| | 三鷹市 | ごみ減量・リサイクル協力店認定制度 | 2007 | 22 | 減少 |
| | 調布市 | ごみ減量・リサイクル協力店認定制度 | 2001 | 18 | ほぼ横ばい |
| | 町田市 | リサイクル推進店 | 1994 | 52 | ほぼ横ばい |
| | 国立市 | ごみ減量協力店 | 2007 | 43 | 減少 |
| | 東久留米市 | ごみ減量化・資源化協力店認定制度 | 1993 | 24 | 増加 |
| 神奈川県 | 横浜市 | 食べきり協力店 | 2013 | 722 | 増加 |
| | 川崎市 | エコショップ制度，リユース・リサイクルショップ制度 | 1994 | 433 | 増加 |
| | 相模原市 | エコショップ等認定制度 | 2007 | 138 | 減少 |
| | 平塚市 | 平塚市ごみの減量化・資源化協力店制度 | 1995 | 180 | 減少 |
| | 鎌倉市 | エコショップ・エコ商店街認定制度 | 2009 | 28 | 減少 |
| | 藤沢市 | 藤沢市ごみ減量推進店認定制度 | 1992 | 144 | 増加 |
| | 茅ヶ崎市 | ごみ減量・リサイクル推進店制度 | 1995 | 105 | 増加 |
| | 逗子市 | 逗子市ごみ減量化・資源化協力店制度 | 1996 | 129 | 減少 |
| | 三浦市 | 三浦市ごみ減量・再資源化協力店（事業所）認定制度 | 1996 | 120 | ほぼ横ばい |
| | 厚木市 | 厚木市スリムストアー制度 | 1994 | 約 100 | ほぼ横ばい |
| | 南足柄市 | 南足柄市エコショップ認定制度 | 2004 | 10 | 減少 |
| 新潟県 | 新潟市 | 3R 優良事業者認定制度 | 2013 | 79 事業所 | 増加 |
| | 長岡市 | 長岡市ごみ減量・リサイクル協力店制度 | 2003 | 43 | 増加 |
| | 柏崎市 | 新潟県柏崎市リサイクル協力店認定制度 | 2014 | 7 | 増加 |
| | 妙高市 | ごみ減量・リサイクル推進店認定制度 | 2005 | 64 | 増加 |
| | 上越市 | リサイクル推進店制度 | 1997 | 70 | ほぼ横ばい |
| | 魚沼市 | 魚沼市エコショップ認定制度 | 2010 | 25 | ほぼ横ばい |
| 富山県 | 富山市 | 食べきり運動協力店 | 2009 | 634 | ほぼ横ばい |
| | 魚津市 | とやま・エコストア制度（県事業） | 2014 | 不明 | 増加 |
| 石川県 | 金沢市 | 金沢市環境にやさしい買物推進店 | 2010 | 398 | 増加 |
| 福井県 | 福井市 | （優）エコ事業所・エコショップ・エコオフィス | 2012 | 33 | 増加 |
| 長野県 | 長野市 | ながのエコ・サークル認定制度 | 1997 | 200 | 増加 |
| | 松本市 | eco オフィスまつもと認定制度 | 2015 | 15 | 増加 |
| 岐阜県 | 岐阜市 | 岐阜市エコ・アクションパートナー協定 | 2008 | 46 | ほぼ横ばい |
| 静岡県 | 沼津市 | ごみ減量・資源化推進協力店登録制度（通称「すまいるしょっぷ」） | 1999 | 40 | 減少 |
| | 島田市 | ふじのくにエコショップ宣言 | 2005 | 29 | ほぼ横ばい |
| | 富士市 | スマートショップ認定制度 | 2006 | 244 | 増加 |
| 愛知県 | 名古屋市 | 名古屋エコ事業所認定制度 | 2002 | 2,029 | 増加 |
| | 小牧市 | エコハートショップ認定制度 | 2007 | 18 | ほぼ横ばい |
| 三重県 | 鈴鹿市 | ごみ減量推進店等制度 | 2001 | 51 | ほぼ横ばい |
| 京都府 | 京都市 | 食べ残しゼロ推進店舗認定制度 | 2014 | 291 | 増加 |
| 大阪府 | 堺市 | 堺市エコショップ制度 | 2014 | 64 | ほぼ横ばい |
| | 豊中市 | 豊中エコショップ制度 | 2013 | 105 | 増加 |

| | | | | | |
|---|---|---|---|---|---|
| | 泉大津市 | エコショップ（環境にやさしいお店） | 1994 | 22 | ほぼ横ばい |
| | 枚方市 | エコショップ制度 | 1992 | 39 | ほぼ横ばい |
| | 寝屋川市 | エコショップ制度 | 1992 | 11 | |
| | 大東市 | エコショップ制度 | 2010 | 11 | ほぼ横ばい |
| | 箕面市 | 箕面市エコショップ登録制度 | 2002 | 156 | 減少 |
| | 交野市 | 交野市 eco ショップ | 2013 | 8 | ほぼ横ばい |
| 兵庫県 | 神戸市 | ワケトンエコショップ | 2012 | 297 | 増加 |
| | 尼崎市 | スリム・リサイクル宣言の店 | 1993 | 61 | 減少 |
| | 西宮市 | ごみ減量化・再資源化推進店制度 | 1993 | 146 | 減少 |
| | 洲本市 | スリムリサイクル宣言の店 | 1996 | 62 | 減少 |
| | 芦屋市 | スリム・リサイクル宣言の店 | 1993 | | 増加 |
| | 豊岡市 | スリム・リサイクル宣言の店 | 1995 | 22 | ほぼ横ばい |
| | 加古川市 | 食べきり協力店 | 2016 | 34 | 増加 |
| | 川西市 | スリム・リサイクル宣言の店 | 1993 | 167 | 減少 |
| | たつの市 | たつのエコマスターショップ | 2014 | 33 | 増加 |
| 奈良県 | 橿原市 | 橿原市エコショップ認定制度 | 2007 | 7 | ほぼ横ばい |
| 和歌山県 | 岩出市 | 岩出市エコショップ・エコオフィス認定制度 | 2014 | 11 | 増加 |
| 鳥取県 | 米子市 | 鳥取県エコショップ制度（県に協力） | 1995 | | |
| 岡山県 | 岡山市 | 使用済てんぷら油リサイクル推進協力店 | 2010 | 35 | ほぼ横ばい |
| | 倉敷市 | 倉敷市マイバッグ・マイ箸運動推進協力店認定制度 | 2010 | 63 | ほぼ横ばい |
| | 浅口市 | リサイクル協力店認定制度 | 2015 | 5 | ほぼ横ばい |
| 広島県 | 広島市 | 食べ残しゼロ推進協力店 | 2017 | 募集開始 | 募集開始 |
| 山口県 | 萩市 | エコショップ協力店推薦制度 | 2002 | 34 | ほぼ横ばい |
| 徳島県 | 徳島市 | エコショップ認定制度 | 1994 | 119 | ほぼ横ばい |
| 愛媛県 | 新居浜市 | にいはまグリーンショップ・オフィス認定制度 | 2005 | 35 | ほぼ横ばい |
| 福岡県 | 福岡市 | 福岡エコ運動協力店（登録制度） | 2016 | 255 | 増加 |
| | 大牟田市 | 大牟田市エコショップ認定制度 | 1997 | 11 | 減少 |
| | 小郡市 | リサイクル協力店 | 1998 | 103 | 増加 |
| | 福津市 | 福津市エコショップ認定制度 | 1999 | 81 | 増加 |
| 長崎県 | 長崎市 | 廃棄物減量化推進店舗 | 1995 | 70 | 増加 |
| | 諫早市 | リサイクル推進店認定制度 | 2008（現在は実施なし） | 0 | 減少 |
| 熊本県 | 熊本市 | よかエコショップ | 2004 | 141 | ほぼ横ばい |
| | 水俣市 | 水俣市エコショップ認定制度 | 1999 | 13 | 減少 |
| 大分県 | 大分市 | エコショップ認定事業 | 2000 | 70 | 減少 |
| | 別府市 | 別府市リサイクル推進店制度 | 2004 | 23 | 減少 |

注）第1章表 1-1 の「その他プログラム」欄で回答されたエコショップ，エコ事業所は本リストに含まれない．

[出典：市区奨励的手法アンケート調査（2016 年 12 月，著者実施）の回答とりまとめ]

**表 3-3　道府県エコショップ制度の実施状況**

| 県名 | 制度の名称 | 開始年 | 参加店数 | 参加店数の推移 | 年間所要経費（万円） 導入年度 | 年間所要経費（万円） 継続年度 | 支出項目 | 評価 |
|---|---|---|---|---|---|---|---|---|
| 北海道 | 北海道グリーン・ビズ認定制度「優良な取組」部門 | 2009 | 1,568 | 増加 | 195 | 0 | 会議開催費，パンフレット作製費等 | ある程度効果あった |
| 青森 | あおもり ECO にこオフィス・ショップ認定制度 | 2012 | 911 | 増加 | 190 | 64 | 2012 年度委託料，2016年度需用費 | かなり効果あった |
| 岩手 | エコショップいわて認定制度 | 2004 | 233 | ほぼ横ばい | 不明 | 500 | 委託料 | ある程度効果あった |
| 茨城 | エコショップ制度 | 1996 | 448 | 増加 | | 7 | ステッカー作製費 | ある程度効果あった |
| 群馬 | 群馬県環境にやさしい買い物スタイル協力店登録制度 | 2013 | 353 | ほぼ横ばい | 36 | 0 | 登録店認定ポスター作製費 | ある程度効果あった |
| 埼玉 | 彩の国エコぐるめ協力店 | 2011 | 127 | 増加 | 137 | 130 | 旅費，消耗品，印刷費 | ある程度効果あった |
| 千葉 | ちば食べエコ協力店 | 2010 | 223 | 増加 | 210 | 120 | 啓発物の作製 | ある程度効果あった |
| 神奈川 | かながわリユースショップ認証制度 | 2014 | 45 | 増加 | | | 3R 普及促進事業費として予算化 | ある程度効果あった |
| 富山 | とやまエコ・ストア制度 | 2013 | 1,152 | 増加 | 1,780 | 160 | 協議会の運営，啓発資材作製，広報費 | ある程度効果あった |
| 福井 | おいしいふくい食べきり運動協力店・応援店登録 | 2006 | 1,226 | 増加 | | 64 | ステッカー，ちらし等印刷製本費 | かなり効果あった |
| 長野 | 食べ残しを減らそう県民運動～eプロジェクト協力店 | 2009 | 604 | 増加 | 21 | 7 | ステッカー・ポスター等作製費 | ある程度効果あった |
| 静岡 | ふじのくにエコショップ宣言登録店制度 | 2010 | 867 | ほぼ横ばい | 1,400 | 30 | 人件費，ホームページ作製・保守管理費 | ある程度効果あった |
| 滋賀 | 三方よしフードエコ推奨店 | 2017 | 12 | | | | | |
| 京都 | 食べ残しゼロ推進店舗 | 2017 | 13 | | | | | |
| 兵庫 | ごみ減量化・再資源化推進（スリム・リサイクル）の店制度 | 1995 | 1,403 | 減少 | 35 | 0 | ポスター作製費，指定証印刷費 | ある程度効果あった |
| 鳥取 | とっとり食べきり協力店 | 2014 | 59 | ほぼ横ばい | 16 | 0 | ポスター，ちらし，ステッカー等の作製費 | ある程度効果あった |
| 島根 | しまねエコショップ認定制度 | 1997 | 178 | 減少 | 1,000 | | ステッカー・ポスター作製 | ある程度効果あった |
| 岡山 | 岡山エコ事業所（小売店）の認定制度 | 2004 | 162 | 減少 | 60 | 32 | パネル・冊子作製費，認定銘板等作成費 | ある程度効果あった |
| 山口 | やまぐち食べきり協力店 | 2011 | 232 | 増加 | | 0 | | ある程度効果あった |
| 徳島 | 徳島県エコショップ認定制度 | 1994 | 459 | 増加 | | 0 | | かなり効果あった |
| 愛媛 | 優良エコショップ認定制度 | 2001 | 38 | 増加 | 276 | 96 | パンフレット作製 | ある程度効果あった |
| 高知 | 県リサイクル製品等認定制度 | 2004 | 1 | ほぼ横ばい | 不明 | 30 | パンフレット作製 | ある程度効果あった |
| 福岡 | 九州まちの修理屋さん | 2013 | 159 | ほぼ横ばい | 34 | 34 | ポスター・チラシ作製委託費 | ある程度効果あった |
| 佐賀 | 九州まちの修理屋さん | 2013 | 42 | 減少 | 5 | 5 | 九州ごみ減量推進協議会への負担金 | 評価できない |
| 長崎 | 九州まちの修理屋さん | 2013 | 49 | ほぼ横ばい | 6 | 2 | 印刷費，郵送費 | ある程度効果あった |
| 熊本 | 九州まちの修理屋さん | 2013 | 253 | 増加 | 4 | 6 | ある程度効果あった | ある程度効果あった |
| 大分 | エコおおいた推進事業所登録制度 | 2000 | 1,143 | 増加 | 150 | 1 | 登録証，ステッカーなどの印刷代 | ある程度効果あった |
| 宮崎 | 九州まちの修理屋さん | 2013 | 140 | 増加 | 37 | 0 | 導入年度のみリーフレット作製費 | ある程度効果あった |
| 鹿児島 | 九州食べきり協力店 | 2016 | 45 | ほぼ横ばい | 10 | 10 | 普及啓発用ポスター等作製費 | ある程度効果あった |

［出典：都道府県奨励的手法アンケート調査（2016 年 12 月，著者実施）の回答とりまとめ］

回答市区数：149

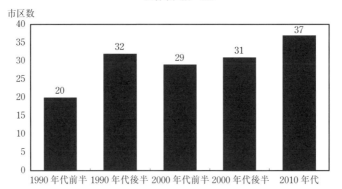

[出典：市区奨励的手法アンケート調査（2016 年 12 月，著者実施）の回答とりまとめ]

**図 3-1　エコショップ認定制度の開始時期（全国市区）**

7 県（福岡，佐賀，長崎，熊本，大分，宮崎，鹿児島）が連携して取り組む「九州食べきり協力店制度」は 2016 年に開始されている.

　エコショップ制度への参加店数の推移を市区についてみると，**図 3-2** に示すように「ほぼ横ばい」43％，「増加」31％，「減少」26％で，一見すると全体として増加傾向が優勢のようにもみえるが，なんとか参加店を伸ばしてきた市区は 3 割にとどまる，と読むべきである. 実際には，複数の政令市において老舗のエコショップ制度が事実上休止状態にあり，またいくつかの東京特別区において参加

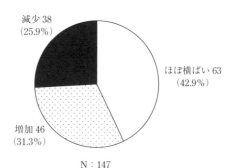

N：147

[出典：市区奨励的手法アンケート調査（2016 年 12 月，著者実施）の回答とりまとめ]

**図 3-2　エコショップ制度参加店数の推移（全国市区）**

店舗数の急減や形骸化に直面しているなど，制度運用は厳しい状況にある．

　県の「食べきり協力店」以外の分野のエコショップについても，その制度運用は必ずしも順調とはいえない．著者が13年前に実施した前回アンケート調査の結果と比較してみると，店舗数が増加した事例として例えば「徳島県エコショップ認定制度」（1994開始）について前回の327店から今回の459店への増加，「愛媛県優良エコショップ認定制度」（2001年開始）については前回の13店から今回の38店への増加が見られるが，他方で1995年開始の老舗「兵庫県スリム・リサイクルの店」が廃業する店舗の増加を主因として前回の1,956店から今回の1,403店に参加店を減らしているのをはじめ，複数の県のプログラムが参加店の大幅な減少傾向に直面し，その中には制度を廃止した県もある．

　新規の認定受付を終了した東北地方のある県はその理由について，①環境にやさしい取り組みが認定店以外にも定着してきたこと，②レジ袋の無料配布中止の取り組みなど，環境負荷軽減に向けたさらなる取り組みが浸透してきていること，を挙げている[1]．また，2000年代初頭の最盛時600店を数えた参加店が1桁にまで減少し，事実上休止状態にある県（東北地方）の担当者も，参加店急減の理由について「レジ袋削減の取り組みが普及し，エコショップ参加店と非参加店の差別化が難しくなったこと」と分析していた[2]．

　こうした問題に直面した県および市区の一部では，物品を販売する小売店を対象とした従来の制度を見直して，新たに食品ロス対策を主眼とした登録店制度を創設するとか，レストランなど食品ロスの発生しやすい業種を既存の制度に取り込むといった対策の始動がみられる．

　今回の調査では，エコショップ制度の運用経費はさほど大きくないことを確認した．県エコショップ制度の導入年度と継続年度について年間所要経費を示したのが，**図3-3**である．これをみると，導入年度に1,000万円以上の経費がかかった県が3団体あったものの，大部分の県で導入年度について200万円未満，継続年度について100万円未満の経費支出でプログラムが運用されており，財政負担が比較的小さいことを確認できる．主な支出項目は，ポスター・チラシ・冊子の作製費，ステッカーの作製費，啓発資材の作製費，テレビや新聞の広告費，運営協議会の開催費などであった．

---

1) 　当の県と連携してエコショップ制度を運用してきた県内主要都市のホームページ参照．
2) 　当の県担当者からの電話での聞き取りによる．

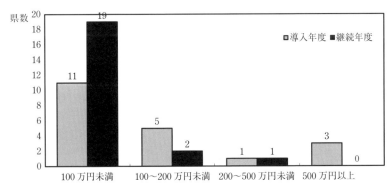

[出典：都道府県奨励的手法アンケート調査（2016 年 12 月，著者実施）の回答とりまとめ]

**図 3-3　エコショップ制度の年間所要経費（道府県）**

　エコショップ制度導入による環境保全効果についての市区の評価結果（回答総数 137 件）の比率は，「ある程度の効果があった」が 80％，「ほとんど効果がなかった」が 16％，「かなりの効果があった」が 4％であった（**図 3-4**）．食品ロス対策分野への重点シフトが進む県の評価結果は，「ある程度の効果があった」が 85％，「かなりの効果があった」が 11％と比較的高く出た．

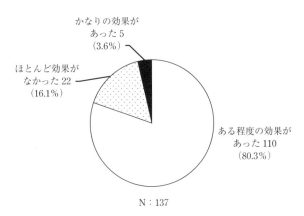

[出典：市区奨励的手法アンケート調査（2016 年 12 月，著者実施）の回答とりまとめ]

**図 3-4　エコショップ制度の環境保全効果（全国市区）**

## 2．エコショップ制度の好運用事例

　一部の県や市区がエコショップ制度の形骸化に直面する中で，参加事業所に対して明確なメリットを提供することで制度の活性化に取り組む都市も存在する．

### (1)　長野市「ながのエコ・サークル認定制度」

　1997 年に長野市が開始したこの制度の認定件数は，著者の 2003 年調査時の 77 事業所から現在の 207 事業所に大きく増加している．認定基準となる取り組みとして，ごみ減量部門（ごみ減量化の推進，簡易包装の推進），リサイクル部門（リサイクルの推進，再生品の利用促進，地球環境に配慮した生産活動の推進），地球温暖化対策部門（省エネルギーの推進，再生可能エネルギーの適正な利用，地球環境に配慮したバイオマス資源の利用），意識啓発部門（ごみ減量化およびリサイクルに関する情報発信の推進，地球環境保全に関する活動の推進，その他この制度の目的に沿った事業）の 4 部門 11 項目が設けられている．

　市の審査を経て，事業所の環境配慮の取り組み状況に応じた次の 3 つのランク付けが行われる．

　　ブロンズ・ランク：ごみ減量部門およびリサイクル部門のうち各 1 項目以上に
　　　　　　　　　　　　該当

　　シルバー・ランク：4 部門のうち各 1 項目に該当し，かつ全部門のうち 5 項目
　　　　　　　　　　　　以上に該当

　　ゴールド・ランク：シルバー・ランクに該当し，かつ特に顕著な実績の認定

　市の認定内規には，ゴールド・ランク認定要件の「特に顕著な実績の認定」について環境認証の取得やリサイクル率 80% 以上といった要件が定められている．現在，36 事業所がゴールド・ランクに認定されている．

　「ながのエコ・サークル」に認定されることで，公共工事の総合評価方式での入札において，ランクに応じた評価点加算（ゴールド 5 点，シルバー 2 点，ブロンズ 1 点）の対象となることから，特に建設関連などの事業者に対して認定取得の誘因が強く働いているようである．

### (2)　多摩市「スーパーエコショップ制度」

　多摩市のエコショップ制度は 2008 年に家庭ごみ有料化の併用事業の 1 つとして開始されたが，2012 年に制度活性化を狙いとして「スーパーエコショップ制度」が導入された．この制度のもとでは，認定店舗について取組項目の評価点数に応じたランク付けを行い，ランクに応じて有料指定袋の取扱店に対する販売手数料

率が段階的に設定される.

　販売手数料率は，一般の店舗が 6% とされているのに対し，最もすぐれた取り組みを行う S ランク認定店に 12%，I ランク認定店に 10%，II ランク認定店に 8% と，エコショップ制度参加店が，そしてその中の高ランク店ほど優遇されている．40L 袋 1 パック（10 枚入り）の販売手数料は，一般店舗の 36 円に対して，S ランクのスーパーエコショップには倍の 72 円となるから，インセンティブ効果は大きい.

　現在，エコショップ認定 82 店のうち，スーパーエコショップは 23 店．その内訳は，地元商店 13 店，スーパー 1 店，コンビニ 9 店．市内ではスーパーだけでなく，S，I ランクのコンビニ 15 店が紙パックを店頭回収するので，市は紙パックの行政収集を取りやめることができた.

　エコショップ認定審査の対象となる取り組みは，レジ袋削減，店頭回収の充実，販売方法の工夫などの分野について，業種により 26 〜 40 項目にも及んでいる．認定および更新の審査は実地調査を経て行政，市民，商工会からなる審査会で行われる．認定店は毎年，活動報告書により実施状況を市に報告する．市のこの制度に対する期待の大きさは，ごみ処理基本計画の成果目標値の 1 つとして，「2020年度までにスーパーエコショップを 36 店舗に増やす」が盛り込まれていることからも窺える.

## 3.　エコショップ制度が直面する問題

　地域の商店街では，大型ショッピングセンターの進出，インターネット通販の台頭，顧客層高齢化による購買力低下といった外部要因に，店舗の後継者難という内部要因も加わって，売上の減少傾向や廃業の危機に直面する店舗が出ている．こうした状況のもとで，エコショップ制度の参加店の減少に直面する県や市区が増加している.

　もともとエコショップ制度は，拡大生産者責任の考え方に沿って，容器回収やレジ袋削減，簡易包装など環境配慮行動に率先して取り組むことにより，一般の店舗との差別化を図れるところに参加店のメリットがあった．それが近年では，リサイクルやレジ袋削減などの取り組みが進展して，参加・非参加店間の差別化が難しくなってきた．2013 年度末にエコショップ制度を廃止した鹿沼市では，その理由を「認定の有無にかかわらず各店舗で独自の取り組みを行っているため」（記述式回答）としている.

　また，一部自治体においては，エコショップ制度の運用方法に問題があったようにみえる．制度開始の当初は熱心な自治体担当者がいて積極的に店舗に働きかけ，店舗のほうもこれに応えて取り組みを強化したが，その後の取組状況の把握などフォローアップが十分になされなかったなどでマンネリ化，形骸化，店舗減少がもたらされたケースも少なからず存在する．認定制度として運用する限り，認定期間の設定や期間満了時の再認定，そのための活動実績の審査は必要ではなかろうか．

　そして，市民の認知度の低さが，エコショップ制度の活用を阻害している．エコショップ制度の元祖として最盛期の参加店約2,000店に及んだが，その後形骸化に見舞われてしまった福岡市「か−るマークの店」についての最盛期当時のアンケート調査では，その認知度が一般市民41.7％，学生4.4％で，市は「あまり周知がなされていない状況[3]」と評価している．

　市民はその買い物行動において，ごみ減量に取り組む店舗についてどのように意識しているのであろうか．府中市が2016年9月に実施した市民アンケート調査[4]によると，「簡易包装など，ごみ減量・資源化に取り組んでいる店舗から買い物をするよう努めているか」という質問に対して，肯定的回答は「いつもしている」（8.3％）と「ほとんどしている」（11.7％）を合わせて20.0％にとどまり，「ほとんどしていない」（25.9％）と「まったくしていない」（20.1％）を合わせた否定的回答が46.0％と優勢であった．特に若年層について否定的回答の比率が高く出ていた．

　こうした状況のもとで，広報の強化などを通じて制度の認知度を高めることが，エコショップ制度を維持し，活性化する上で重要な課題となっている．

## 4.　エコショップ制度をどう活性化するか

　エコショップ制度を活性化するには，認知度の向上，参加メリットの明確化，ニーズの高い分野の取り込み，効果の「見える化」が有効と考えられる．まず第1に，制度の認知度を高める必要がある．認知度向上のため，自治体は広報活動に取り組んでいる．店舗に対して認定標章を消費者の目に付きやすい場所に掲示してもらうだけでなく，近年ではホームページに写真付きでエコショップの環境

---

3)　福岡市2002年度行政監査に関する環境局通知「講じた措置」（2003年4月9日）要望事項より引用．
4)　府中市「市民アンケート調査結果」2016年10月調査実施．調査対象：20歳以上の市民2,000人．

配慮の取り組み状況を紹介する市区が増えてきた.

　認知度を高めるための工夫として, 沼津市では「すまいるショップ」として認定している店舗に協力を依頼して抽選会を開催し, イベントを通して市民の認知度向上を促進している. 豊中市もエコフェスティバルの開催にあたって, エコショップに出店をしてもらい制度を PR している. エコショップなど奨励的プログラム活性化の成否は, いかに多くの市民を巻き込むことができるかにかかっており, そのための PR 活動や魅力的な企画やアイデアが自治体担当者の腕の見せどころといえる.

　掛川市からは「広報誌やチラシ等, 一方的な動きでは実効性に欠ける. 住民説明会など, 顔を合わせて働きかけることが重要」(自由記述回答)との指摘があり, また松山市からは「環境イベントや地域説明会などで家庭が取り組めるごみ減量策をより多くの市民に直接会って伝える」(同)ことが効果的との意見が出された.

　第2に, 参加者にとってのメリットを明確にすることが望ましい. 一般の店舗との差別化が難しくなっている状況のもとで, 消費者とエコショップ双方にメリットを提供できる制度的枠組みを工夫する必要がある. そのための具体的な方策として, 消費者と小売店双方にメリットが得られるようなエコポイント制度の活用, 参加店に取り組みのインセンティブを提供できるランク付けシステムの導入, さらにはごみ有料化実施市での高ランク店舗への指定袋販売手数料の引き上げ, 市区ホームページによる優良店舗の取り組みの積極的な紹介などが考えられる. 認定店舗を取組状況に応じてランク付けすることにより, 上位ランクをめざして取り組みを強化する動機付けを提供できる.

　参加店の取り組みのランク付けとランクに応じた経済的インセンティブの付与のシステムを構築している好事例として, 長野市の「ながのエコ・サークル」, 多摩市の「スーパーエコショップ制度」を上述しておいた.

　第3に, エコショップ制度の取組分野を社会的な関心が高まっている食品ロス削減などに見直すことも活性化につながると考えられる. 宇都宮市は小売店を対象としたエコショップ制度をレストランにも拡大する見直しを実施し, その後の食べきり協力店制度の創設につなげた. 新潟市はエコショップ制度を発展させる形で, オフィスやホテルなどにも対象を拡大し, ランク付けを導入した「3R優良事業者認定制度」に移行した. 京都市は登録制で食べ残しゼロ推進店舗, マイボトル推奨店, 衣料品自主回収推奨店などと分野の多様化に取り組んでいる. エコショップ制度の形骸化に直面した広島市や福岡市では, 従来型のエコショップ

を認定制度として残しつつ，新たに食品ロス対策の登録制度に取り組みの重点を
シフトさせている．

　第4に，制度運用から得られた効果を「見える化」することが活性化につながる．
奨励する活動の効果を参加者はじめ市民に公表することで，参加者に充実感や達
成感を持ってもらえるし，未参加者に対して参加の動機付けを提供できる．でき
れば，制度運用について客観的な第三者や市民による評価を受け，取組成果の妥
当性を検証し，その結果を公表することが望ましい．ごみ処理基本計画に定める
各施策の評価を公募市民や学識者を含む審議会または外部評価委員会が実施する
際，エコショップの店舗数推移，牛乳パック回収量やマイバッグ持参率の推移と
いった実績について評価の対象とし，その結果を公表するのである．また，アン
ケートによる意識調査も効果を把握する上で有効な手法となりうる．成果が明確
に具体的な数値で示されることで，市民・事業者によるさらなる取り組みが期待
できる．

　エコショップ制度を運用する自治体は，以上のような活性化策について常に考
え，実践していく必要がある．

## 5.　おわりに

　変化に応じた適時適切な制度見直しを実施することを，エコショップ制度を運
用する自治体は求められている．エコショップ制度は経済環境や環境問題の重点
分野が変化すれば，見直すのが当然である．制度が実態から乖離しないことが重
要である．一度つくった制度を長年にわたって固定するような形式的な運用を継
続していては有効な制度とはなりえない．国際標準機構（ISO）が定める環境マ
ネジメントの国際規格 ISO14001 でも定期的な環境マネジメントシステムの見直
しを求めている．経済環境の変化や重点施策のシフトに応じて，エコショップ制
度の運用を不断に見直して，制度本来の価値向上につなげられるように活性化し
ていくことが望ましい．

# 第4章
# 食べきり協力店制度の運用とその課題

　従来の小売店型エコショップ制度の一部に形骸化の傾向が見られる中で，飲食店や宿泊施設を対象に食品ロス削減を狙いとした飲食店型エコショップ，「食べきり協力店」制度が実施件数，登録店舗数とも増勢にある．食品ロス削減に社会的関心が高まり，地方自治体の生ごみ減量施策においても発生抑制のステージでの取り組みが喫緊の課題と認識されるようになったことが，その背景にある．この章では近年多くの自治体が関心を寄せる「食べきり協力店」の制度的特徴や実施状況，運用上の課題を取り上げる．

## 1.　食べきりの「きっかけ」を提供する制度

　「食べきり協力店」は，自治体が食品ロス削減を実践する飲食店等を協力店として登録することにより，店舗とその利用客双方による食品ロス削減の取り組みを推進する制度である．飲食店等には小盛りメニューの設定や宴会料理の適量提供などに取り組んでもらい，利用客にも食べきりの大切さを認識してもらって食べ残しを減らすことがこの制度の狙いである．この制度を運用するために，自治体は制度の目的や登録要件などを規定した実施要綱を定める．

　「食べきり協力店」の最大の制度的特徴は，小売店型エコショップで一般的な取組状況審査を伴う認定制度ではなく，登録制度であること．店舗・事業者が登録要件としての取組項目にチェックを入れて自治体に登録申請すれば，登録認定される．認定制度の名称を付ける自治体でも，できるだけ認定のハードルを低くして裾野を広げるため，認定は申請書面のみで行い，活動報告書の提出を求めることや認定期間を設けることはしていない．

　実地審査や活動報告書を必要としない登録制度であるから，行政にとって職員の負担が比較的小さく，面倒な文書作成などを嫌がる店舗にとっても参加しやすい制度となっている．こうした制度的な特徴が，食品ロス削減への社会的関心の

高まりを追い風に，制度を導入する自治体数と登録店舗数の増加に結び付いている．

　登録が済むと，協力店に登録証とステッカー，ポスター，卓上広告（POP）などが自治体から送られてくる．ポスターや POP には，食品ロス削減の取り組みを促すメッセージが記載されているから，食品ロス削減の大切さを「見える化」し，利用客の小盛りや持ち帰りなど食べ残し削減の取り組みへの気付きを促す（**写真 4-1**）．つまり認識のラグ（時間的な遅れ）短縮化に役立つ．一例として，「京都府食べ残しゼロ推進店」の POP は，2 面が「食品ロスって？」「買い物・家庭で実践！①消費期限と賞味期限を正しく理解しよう，②買い物は必要な分だけ買おう，③食材を上手に使い切ろう」と食品ロス問題の提起，日常生活での食品ロス対策にあてられ，残り 1 面が「外食で実践！①食べきれる量のメニューを選ぼう，②お店の人に食べられないものを事前に伝えよう，③宴会での 3010 運動の呼びかけ」と，啓発色が濃厚である．

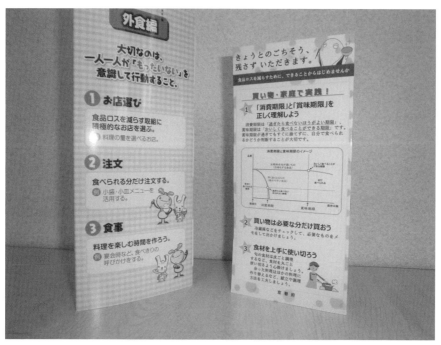

**写真 4-1　左：横浜市の POP，右：京都府の POP**

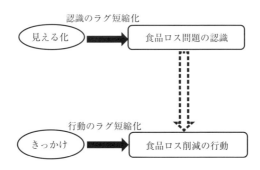

**図 4-1　食べきり協力店制度による認識と行動のラグ短縮化**

　さて，協力店制度の本領発揮は，登録の際に記載する申請用紙の取組項目の実践により，利用客が食べ残しをしないように，小盛りメニューを設定するとか，持ち帰りできるようにするなど，食品ロス削減の認識から行動実践へのラグを短縮化する「きっかけ」を提供できることである（**図 4-1**）．そうした取り組みを飲食店等が開始し，あるいは充実させることを行政が支援する仕掛け，それが協力店制度に他ならない．

　協力店に登録する店舗の方も，環境に配慮する店舗としての PR，ごみ減量による処理経費の節減，従業員の環境意識向上などに役立てることができる．

　なお，食べきり協力店制度が対象とする業種については，飲食店・宿泊施設等に限定するケースとスーパーなど食品小売店も対象とするケースの 2 通りある．主要都市では，前者として横浜市，福岡市，北九州市など，後者として広島市，荒川区，江戸川区などがある．どちらがよいとは言えないが，対象業種を飲食店等に絞り込めばわかりやすく重点的に働きかけやすいかもしれず，他方で家庭の消費生活に密着した食品小売店も対象にすることで総合的な食品ロス対策がとりやすくなるのかもしれない．

　飲食店等を対象とした食べきり協力店制度を先駆して実施した福井県の場合，その 5 年後に食品小売店に少量パックやばら売り，量り売りなどに協力してもらう「食べきり家庭応援店」も併置している．変わり種として，松本市では飲食店・宿泊施設だけでなく，宴会等で料理店を利用する事業所も対象として，残さず食べる運動に巻き込んでいる．

## 2. 食べきり協力店の主な取組項目

　食べきり協力店制度の取組項目について，この制度のパイオニアである福井県，それに政令市としていち早く取り組んだ横浜市，30・10運動発祥の松本市，登録店が急増している京都市のケースをみておこう．複数列挙された取組項目のうち，1つか2つ以上の実践を求めるのが一般的である．

■「おいしいふくい食べきり運動協力店」の取組項目（実践する取り組みにチェック）

　　□ハーフサイズや小盛り等をメニューに設定

　　□注文時に，お客様の年齢構成，男女構成等を聞き，適量の料理提供

　　□お持ち帰りができる料理メニューの設定

　　□お客様からご要望があった場合に，お持ち帰りパック等を提供

　　□地元食材を使った料理の提供

　　□その他（　　　　　　　　　）

■横浜市「食べきり協力店」の取組項目（登録要件：1項目以上の実践）

　　□小盛りメニュー等の導入

　　□持ち帰り希望者への対応

　　□食べ残しを減らすための呼びかけ実践

　　□ポスター等の掲示による，食べ残し削減に向けた啓発活動の実施

　　□上記以外の食べ残しを減らすための工夫（　　　　　　　　　）

■松本市「残さず食べよう！推進店・事業所認定制度」

　推進店（飲食店・宿泊施設等）の取組項目（登録要件：2項目以上の実践）

　　□残さず食べよう！30・10運動の周知又は啓発

　　□プラチナメニュー（量より質を重視したメニュー）の提供

　　□食べ残しの持ち帰りへの対応

　　□小盛りメニューの提供

　　□その他食品ロス削減に資する取組み（　　　　　　　　　）

　〈事業所（宴会等での料理店の利用者）の取組項目は省略〉

■「京都市食べ残しゼロ推進店舗」の取組項目（登録要件：2項目以上の実践）

　　①食材を使い切る工夫

　　②食べ残しを出さない工夫

　　③宴会，冠婚葬祭での食事等における工夫

④食べ残しの持ち帰りができる工夫

⑤ごみ排出時の水キリ等の工夫

⑥使い捨て商品の使用を抑える工夫

⑦食べ残しゼロに向けた啓発活動

⑧上記以外の食べ残しを減らすための工夫（　　　　　　　　　）

　京都市の申請書には①〜⑦の各取組項目に複数のチェックリスト細目が設定されている．例えば①については，□食材の無駄が出ないように仕入れている，□魚のあらや骨，野菜の皮などを利用したメニューの提供，□余った食材をスープやパテ，スタッフのまかない料理に利用している，その他（　　）の４細目が設けられており，取り組みの具体的な内容を申請店が理解しやすいよう，また行政にとっても各登録店の取組内容を把握しやすいよう工夫されている．

　これらの制度の中で，横浜市「食べきり協力店」の取組項目は全国的にみても最もポピュラーなメニューと言ってよい．３番目の項目「呼びかけ」は，小盛りメニューもあるとか，ご飯の量を聞くとか，食べ残しを持ち帰れることを伝えるなどの声かけをして，料理の食べ残し廃棄を減らす取り組みを指す．

　福井県は地産地消の推進，京都市では食材使い切りの取り組みを重視するところに特徴がある．数年前に全国に先駆けて，食品ロスの発生量が多くなりがちな宴会において食事開始後の30分間は席を立たずに料理を楽しみ，終了前の10分間は自席に戻って料理を楽しむ運動を始めた松本市では当然そこに重点が置かれている．

　上記４自治体はいずれも取組項目に持ち帰り対応を設定している．福井県や松本市では，客が持ち帰りの意向を店に伝えやすいように，「持ち帰りカード」を作製して，実践する店舗に配布している．カードの裏面には持ち帰り時の注意事項が記載され，松本市のカードには注意事項順守の署名欄が設けられている．松本市は最近，推進店による持ち帰り対応の新規導入を狙いとして「持ち帰り用パック」配布も試行している．

　広く全国を見渡すと，埼玉県の「彩の国エコぐるめ協力店」，福岡県の「食品ロス削減県民運動協力店」や北九州市の「残しま宣言応援店」のように，取組項目に食べきり特典の付与が設けられているケースも散見される．食べきりを行ったグループ等に次回割引券やドリンク券を差し上げるなどで，完食の取り組みを盛り上げることを狙いとしている．

　なお，食品小売店も対象とする場合には，量り売り・ばら売り・少量パックに

よる販売，閉店間際の割引販売などの取組項目が設定されることになる．

## 3.　食べきり協力店制度の実施状況

　全国の自治体における「食べきり協力店」の実施状況について，著者の奨励的手法アンケート調査，インターネット検索，電話聞き取りなどに基づいて，2018年3月時点でとりまとめた．リストから漏れている制度があるかもしれないが，その場合はご容赦いただきたい．

　府県レベルでの「食べきり協力店」制度は，**表 4-1** に示す 21 の府県で実施されていた．最も早い時期に開始された制度は，2006 年開始の福井県「おいしい

**表 4-1　府県食べきり協力店制度の実施状況**

| 府県名 | 制度の名称 | 開始年月 | 登録店数 |
|---|---|---|---|
| 岩手県 | もったいない・いわて食べきり協力店 | 2017.12 | 100 |
| 山形県 | もったいない山形協力店 | 2017.5 | 110 |
| 群馬県 | ぐんまちゃんの食べきり協力店 | 2017.9 | 213 |
| 埼玉県 | 彩の国エコぐるめ協力店 | 2011.5 | 182 |
| 千葉県 | ちば食べエコ協力店 | 2010.12 | 232 |
| 富山県 | 食品ロス等削減運動協力宣言事業者 | 2017.6 | 153 |
| 福井県 | おいしいふくい食べきり運動協力店・応援店 | 2006.8 | 1,253 |
| 長野県 | 食べ残しを減らそう県民運動～eプロジェクト協力店 | 2010.6 | 702 |
| 静岡県 | ふじのくに食べきり協力店 | 2016.7 | 680 |
| 滋賀県 | 三方よしフードエコ推奨店 | 2017.10 | 12 |
| 京都府 | 食べ残しゼロ推進店舗 | 2017.7 | 13 |
| 鳥取県 | とっとり食べきり協力店 | 2014.6 | 73 |
| 山口県 | やまぐち食べきり協力店 | 2011.2 | 267 |
| 愛媛県 | おいしい食べきり運動推進店 | 2017.8 | 41 |
| 福岡県 | 食品ロス削減県民運動協力店 | 2016.6 | 581 |
| 佐賀県 | 九州食べきり協力店 | 2016.10 | 100 |
| 長崎県 | 九州食べきり協力店 | 2016.10 | 17 |
| 熊本県 | 九州食べきり協力店 | 2016.10 | 126 |
| 大分県 | 九州食べきり応援店 | 2016.10 | 448 |
| 宮崎県 | 九州食べきり協力店 | 2016.10 | 130 |
| 鹿児島県 | 九州食べきり協力店 | 2016.10 | 45 |

注）登録店舗数は 2018 年 3 月時点のホームページまたは電話聞き取りによる確認．
［出典：都道府県奨励的手法アンケート調査（2016 年 12 月，著者実施）の回答とその後の確認］

ふくい食べきり運動協力店」である．県がこの制度を設けたきっかけは，知事が
宴会の席で料理がまったく手つかずになっていることに気が付き，県内においし
い海山の幸がたくさんある中で食べ残すのはもったいないとして，食べきりの県
民運動を提案したことであったという．食品ロス削減によるごみ減量化は喫緊の
課題との認識のもとに，県と県内市町が連携して「おいしいふくい食べきり運
動」に取り組むこととなった．連携の取り組みとして，市町においても地域バー
ジョンとして，越前市の「おいしいえちぜん食べきり運動」のように飲食店用に
食べきりをアピールするオリジナル箸袋を配布するなどの啓発活動が展開されて
いる．

　その後，2010 年代に入ると前半期の 5 年間に長野県「食べ残しを減らそう県
民運動～ e プロジェクト協力店制度」(モデル実施は 2009 年度)をはじめ，千葉県，
山口県，埼玉県，鳥取県の 5 制度が開始された．後半期に制度の開始はさらに加
速する．2015 年度から 2017 年度までのわずか 3 年の間に 15 の府県が食べきり
協力店制度を開始している（**図 4-2**）．九州 7 県（福岡，佐賀，長崎，熊本，大分，
宮崎，鹿児島）が連携して取り組む「九州食べきり協力店制度」は 2016 年に開
始されている．

　食べきり協力店制度を実施する府県の市町村との制度運用上の連携の有無につ
いては，府県によりまちまちである．登録制度として運用されることから，登
録申請書は申請者から FAX やメールで直接県に提出され，実地審査もないので，

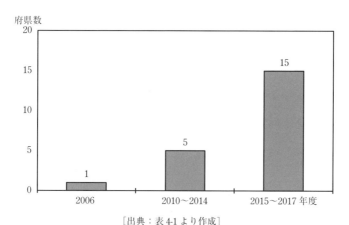

［出典：表 4-1 より作成］

**図 4-2　府県食べきり協力店制度の開始時期**

基本的には市町村が役割分担しなくても支障はない．山口県など一部の県では，県内の市町村が県と連携しつつ協力店を募集し，市内食べきり協力店の取り組みをホームページなどで紹介している．独自の制度を運用する主要都市が存在する長野県や九州各県では，県・市両制度に併せて申請できる書面として，双方への申請があった場合は県・市が相互に連絡し合っている．最近制度を開始した京都府では，先行して制度に取り組む京都市以外の府域での制度展開をめざしている．

　市区レベルでの「食べきり協力店」制度は，府県の協力店制度と連携して同じ名称のもとで運用されている制度を除くと，著者が確認した限りでは，**表 4-2** に示す 36 の市区で独自に実施されていた．既存の小売店型エコショップやエコ事業所制度の中には，食品ロス対策を一部取り入れている制度もあるが，ここでは除外した．

　市区食べきり協力店制度の開始時期をみると，富山市が 2009 年度の実施で最も古い．市は家庭や外食時の食べ残しを減らし，おいしい富山の食材を食べきることを狙いとして「おいしいとやま食べきり運動」を開始，取り組み支援の枠組みとして協力店制度を導入した．その名称から窺えるように，福井県の食べきり運動から影響を受けたこともあったようである．

　市区の食べきり協力店制度が増え始めたのは 2010 年代に入ってからで，特に直近 2 年間で 25 の制度が開始されている（**図 4-3**）．2015 年 7 月に食品廃棄物の発生抑制を重視した「食品循環資源の再生利用等の促進に関する基本方針」（食品リサイクル法の規定に基づく）が策定され，2016 年 9 月には「ごみ処理基本計画策定指針」に市町村の役割として食品ロス削減の啓発が明記されたことも制度開始の追い風となった．今後も，2019 年 10 月に施行された食品ロス削減推進法のもとで県と市町村が食品ロス削減計画を策定することとされており，新たに食べきり協力店制度を開始する自治体は増えていくものとみられる．

**表 4-2　市区食べきり協力店制度の実施状況**

| 市区名 | 制度の名称 | 開始年月 | 登録店数 |
|---|---|---|---|
| 旭川市 | ながやま食べきり協力店（永山地域，官学連携） | 2017.8 | 45 |
| 八戸市 | 八戸市 3010 運動推進店 | 2017.8 | 12 |
| 一関市 | 残さず食べよう！30・10 運動協力店 | 2017.10 | 16 |
| 秋田市 | もったいないアクション協力店 | 2016.10 | 65 |
| 宇都宮市 | もったいない残しま 10 ！運動協力店 | 2017.9 | 126 |
| 前橋市 | 食べきり協力店 | 2014.11 | 27 |
| 高崎市 | たかさき食品ロスゼロ協力店 | 2014.12 | 121 |
| 四街道市 | 四街道市食べきり協力店 | 2018.1 | 7 |
| 所沢市 | 食品ロスゼロのまち協力店 | 2015.4 | 209 |
| 新座市 | にいざ食べきり運動協力店 | 2017.4 | 18 |
| 港区 | 港区食べきり協力店 | 2016.11 | 67 |
| 荒川区 | あら！もったいない協力店 | 2018.2 | 120 |
| 江戸川区 | 食べきり推進店 | 2016.4 | 195 |
| 八王子市 | 食品ロス削減プロジェクト協力店（官学連携） | 2016.10 | 114 |
| 立川市 | 食べきり協力店 | 2016.10 | 66 |
| 横浜市 | 食べきり協力店 | 2012.6 | 800 |
| 川崎市 | 食べきり協力店 | 2016.4 | 145 |
| 厚木市 | 3010 運動登録店 | 2016.7 | 29 |
| 妙高市 | もったいない！食べ残しゼロ運動協力店 | 2014.4 | 56 |
| 魚沼市 | おいしい食べきり運動協力店 | 2016.10 | 14 |
| 南魚沼市 | おいしい食べきり運動協力店 | 2016.10 | 55 |
| 富山市 | おいしい食べきり運動協力店 | 2009.12 | 515 |
| 松本市 | 残さず食べよう！推進店・事業所認定制度 | 2016.7 | 177 |
| 岐阜市 | 岐阜市食べキリ協力店 | 2017.12 | 36 |
| 名古屋市 | 食べ残しゼロ協力店 | 2017.8 | 100 |
| 京都市 | 京都市食べ残しゼロ推進店 | 2014.12 | 700 |
| 加古川市 | 加古川市おいしい食べきり運動協力店 | 2016.12 | 34 |
| 高砂市 | たかさご食べきり運動協力店 | 2013.4 | 33 |
| 宍粟市 | 食べきり運動協力店 | 2016.11 | 2 |
| たつの市 | 食べきり運動協力店 | 2016.11 | 1 |
| 広島市 | 食べ残しゼロ推進協力店 | 2017.2 | 173 |
| 呉市 | 食べきってクレシ店 | 2017.7 | 48 |
| 福岡市 | 福岡エコ運動協力店 | 2016.2 | 311 |
| 北九州市 | 食べ残しません宣言応援店 | 2015.9 | 252 |
| 佐賀市 | 佐賀市もったいない！食品ロスゼロ推進店 | 2015.11 | 22 |
| 熊本市 | もったいない！食べ残しゼロ運動協力店 | 2017.5 | 65 |

注）1. 府県の協力店制度と連携して同じ名称のもとで運用されている制度は除外.
　　2. 登録店舗数は 2018 年 3 月時点のホームページまたは電話聞き取りによる確認.
［出典：市区奨励的の手法アンケート調査（2016 年 12 月，著者実施）の回答とその後の確認］

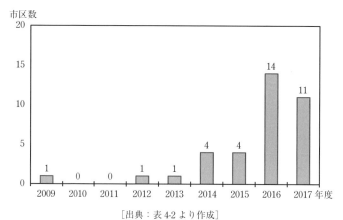

［出典：表4-2より作成］

**図4-3　市区食べきり協力店制度の開始時期**

# 4. 食べきり協力店運用上の課題

　人口の多い大都市圏の制度では総じて登録店舗数は増加している．大都市の中には，飲食業界などへの働きかけが功を奏して登録店数を大きく増やしたところもある．しかし，地方都市の中には，制度を開始しても登録申請をしてくれる店舗がまだ出ないケースが見られるし，自治体側の熱心な働きかけにより多数の飲食店が参加したものの，その後店舗の廃業や店主代替わりの影響を受けて登録店舗数の減少に直面し始めたケースもある．協力店運用上の課題を整理しておこう．

（1）　**登録店舗数拡大のための「営業」**

　外食時の食品ロス削減の成果を上げるには，食べきり協力店が市民の身近に多数あって，いつでも利用できることが望ましい．それには，行政から飲食店への登録申請の働きかけが欠かせない．

　協力店・応援店合わせて1,253店と全国最大規模の福井県では，県内13市町に地域組織を抱える福井県連合婦人会から選出された約100名の「食べきり運動推進員」が地元の飲食店を1店ずつ訪問して登録を依頼している．しかし，このように活動的な市民ネットワークからの支援が得られるケースはまれである．多くの県は市町村との連携のもとに飲食店等に働きかけようとしている．

　小論をまとめるにあたり，協力店を実施する主な自治体に訪問または電話で登録店舗数の拡大方法について聞いた．すると，キーワードはなんと「営業」であっ

た．横浜市では制度開始時，本庁と 18 区の担当者が馴染みの飲食店を回って登録の勧誘をしたという．繁華街の飲食店を担当者が回って登録の飛び込み営業を行ったという話はいくつかの自治体がしてくれた．

自治体担当者からの聞き取りを要約すると，最も効果的な働きかけは，飲食店が集まる食品衛生管理者講習会でのチラシ配布，商工会経由での飲食店へのチラシ配布，複合商業施設への働きかけ，イベントブースでの PR など団体営業．川崎市の場合，個別営業を主体とした制度導入 1 年目の登録実績はまったく振るわなかったが，団体営業に重点を置いてから登録店舗数を大幅に増加させている．

名古屋市では商店街連合会が発行する新聞への協力店募集広告の掲載が効果的だったという．それぞれの地域の特性に合った協力店拡大の「営業」活動が欠かせない．

⑵　**協力店の認知度向上と利用拡大**

横浜市市民アンケート調査では市が運用する「食べきり協力店」の認知度は「知っており，利用したことがある」が 3%，「知っているが，利用したことがない」が 8% と低かったが，一方で「知らなかったが，利用してみたい」が 69% を占めていた [1]．制度の認知度はまだ極めて低いものの，利用意向は高く出ており，認知度を引き上げて利用拡大に結びつけることの重要性を示唆している．

協力店の認知度を高め，市民・事業所・来訪者による協力店の利用を拡大するために，協力店制度を運用する自治体の多くが，ホームページ上で協力店を写真付きでリストアップし，各店舗の取り組みについて紹介している．

一部の観光都市では，市民や来訪者が協力店を利用しやすいように，協力店のガイドマップやガイドブックが作成されている．松本市では，認定した推進店とその取組項目のアイコン，店の特徴を地図とともに示した推進店マップを作成している．京都市の推進店舗ガイドブックは，登録飲食店を取組項目のアイコンを付けて 11 の区別にリストアップしている（**写真 4-2**）．推進店ガイド冊子は観光案内所にも置かれており，観光客に対して地元飲食店の食品ロス削減の取り組みを情報発信している．

---

1)　横浜市資源循環局市民アンケート調査結果（2016 年 12 月実施，有効回答数 1,473 件）．

**写真 4-2　左：京都市推進店舗ガイドブック，右：松本市推進店マップ**

#### ⑶　若者層を呼び込めるキャンペーン

　自治体の市民アンケート調査では，年齢階層でみると若年層ほど食品ロスについての知識や食品ロス問題についての認知度が低く出る傾向がみられる[2]．若者層を含め一般市民をどう巻き込んでいくかは，奨励的プログラム全体の課題であるが，食べきり協力店もその例外ではない．

　福井県は食べきり運動協力店に対し，食品ロス削減の啓発活動を重点的に行う月 1 回の「食べきりの日」の設定を依頼し，70 店舗の飲食店が「食べきりの日」に注文した食事を完食した客にドリンクサービス割引券，粗品プレゼントなどのサービスを実施している．

　「ふじのくに食べきり協力店」を運用する静岡県は，地元の Web マガジン「まちぽ」やフェイスブックのつながりを活用して，期間限定の特典付与キャンペー

---

2)　府中市ごみ減量推進課市民アンケート調査結果（2016 年 9 月実施，有効回答数 1,166 件），前掲横浜
　市調査などを参照．

ンを年2回実施している．協力店での「食べきり」写真を専用サイトに投稿して当選するとプレゼントがもらえる「ごちそうさまフォトコンテスト」，協力店で宴会コースを注文して「食べきり」できた客やグループに「当日の飲食代の割引」または「次回利用時の割引クーポン」を提供する「食べきり割」をキャンペーンとして仕掛けることで，若者層を巻き込むことに成功しているようである．外食チェーン店の参加もあって，2017年度には100店近い登録店舗が「食べきり割」に参加している．

　「ちば食べエコ協力店」を運用する千葉県も最近，歓送迎会や忘年会・新年会シーズンに宴会における食べ残し削減のため「食べきり応援キャンペーン」を仕掛けている．中央区内の登録飲食店に参加を呼びかけ，店舗ごとに対象メニューの食べきり客に割引や次回クーポン等の特典を用意してもらっている[3]．

　食べきりへのインセンティブ提供やフォトコンテストなど，行政サイドから協力店に対してキャンペーンを仕掛けることで，協力店制度の活性化を図る試みはまだごく一部の自治体で始まったばかりであるが，それぞれの自治体が地域に合ったメリハリの利いたキャンペーンを工夫することは検討に値する．

### (4)　フォローアップによる制度改善

　自治体が小売店型エコショップなどの奨励的プログラムを実施する場合，認定店舗に毎年度活動報告書を提出してもらう，認定更新時に実地調査を行うなど活動状況について何らかのフォローアップが行われることが多い．活動報告や実地審査を設けない「食べきり協力店」について，自治体はどのように登録店の活動状況を把握しているのだろうか．

　福井県では「おいしいふくい食べきり運動協力店」の運用において，協力店登録後も，県からの委託により地域の婦人会が各店舗の食べきり運動実施状況を確認しているようである．だが他の県市では，こうしたきめ細かなフォローアップは難しい．

　一部の府県や主要都市によるフォローアップの試みは，店舗に対するアンケート調査を通じて行われている．松本市は年度末に推進店や推進事業所にアンケートを実施し，その結果を分析して制度改善につなげている．横浜市はこれまでに3回の協力店アンケート調査を実施し，制度の改善に活用するとともに，とりまとめ結果を市のホームページに掲載している．

---

3)　このキャンペーンの参加店舗や利用者へのアンケート結果は，千葉県ホームページに掲載されている．

　店舗アンケート調査となれば，一番の関心は「協力店に登録して食品廃棄物の削減効果があったか」であろう．代表的な調査として，横浜市の第2回調査[4]（本問回答 94 店），松本市の第2回調査[5]（本問回答 44 店）をみてみよう．調査の回答率はそれぞれ 33%，42% であった．「削減効果あり」の回答率は，横浜市22%，松本市 43% であった．だが，そう回答した店舗に「どの程度削減したか」と突っ込むと，「割合はわからない」が横浜市で 88%，松本市でも 50% に及んでいた．これをみると，回答率が限られる状況のもと，制度運用に協力的な店舗の食べ残し削減への思いが「削減効果あり」の回答率を高めたことも考えられ，参考値にとどまる．

　フォローアップのための調査としてはむしろ，取組項目別の小盛りメニュー利用者数の変化，持ち帰り希望者数の変化，各啓発品の使用状況などの回答や制度に関する記述式意見が制度改善に役に立つように感じる．「食べきり協力店」もPDCA サイクルの運用により，絶えず制度を改善するための工夫を行うことが肝要である．

## 5. おわりに

　まだ食べられるのに廃棄される食品ロスの発生量は，家庭系・事業系を合わせて年間 600 万 t を上回っており，その削減はごみ減量を推進する自治体として喫緊の取組課題である．

　多数の自治体においてこれまで運用されてきた小売店型エコショップの経験知を活かしつつ，飲食店等の協力のもとに，その利用客が食事時に食品ロス削減の重要性に気づき，食べきりを実践するための「きっかけ」を提供できる制度的枠組みとして，「食べきり協力店」が活用されることを期待している．

---

4)　横浜市資源循環局「『食べきり協力店』モデル事業に関するアンケート結果」（2014 年 1 〜 2 月実施）
5)　松本市環境政策課「『残さず食べよう！』推進店に対するアンケート結果について」（2018 年 2 〜 3月実施）

第5章

# 雑がみ分別への「きっかけ」づくり

　自治体が実施する家庭系可燃ごみの組成調査では，資源化可能な紙類が1割程度を占めており，なかでも商品の包装箱や包装紙，チラシなど雑がみの割合が高くなっている．雑がみは排出量が多いにもかかわらず，その種類や形状が雑多なこともあって資源としての認知度が低く，また認知しても分別に取り組む「きっかけ」の欠如から，家庭や事業所において可燃ごみとして処分されがちである．そこで近年，雑がみ分別の認知度を高め，分別行動の「きっかけ」を提供する方策として，住民への「雑がみ回収袋作製配布」に取り組む自治体が増えてきた．著者の全国自治体調査をもとに，この奨励的プログラムの運用状況と効果を取り上げる．

## 1. 雑がみ回収袋配布プログラムの実施状況

　著者が2016年12月に行った全国調査では62市区から雑がみ回収袋配布プログラム実施の回答を得た．**表5-1**にはこれらの市区からの，プログラム開始年，住民への配布方法，作製枚数，作製単価，作製経費節減の工夫，分別改善効果の評価に関する回答を一覧表として示した．

　このプログラムの実施開始は，最も早い市区でも2000年で，多くの市区はこの数年の間に開始している．雑がみ回収袋には雑がみの出し方，主な雑がみ品目の絵，禁忌品の絵などが印刷されることが多く，併せてごみ減量のメッセージが記載されることもあるなど，単なる回収容器としての機能を超えて，貴重な啓発媒体として活用されている．

　回収袋の作製単価については，作製枚数が多くなるほど低廉化する傾向を確認できた（**図5-1**）．回収袋を作製配布する市区は経費節減のためにさまざまな工夫を凝らしている．まとまった枚数の作製による単価引き下げ（各務原市，瀬戸内市など）が基本である．一部事務組合を構成する複数の自治体が共同して回収

表 5-1　雑がみ回収袋の作製配布プログラム一覧表（全国市区）

| 都道府県 | 自治体名 | 開始年 | 住民への回収袋の配布 | 作製枚数（枚） | 作製経費（円 / 1 枚） | 作製費節減の工夫 | 評　価 |
|---|---|---|---|---|---|---|---|
| 北海道 | 札幌市 | 2014 | 環境イベント時などに配布 | 57,000 | 25.71 | | ほとんど効果がなかった |
| | 石狩市 | 2005 | 市役所で常時配布など | 1,200 | 25 | | ある程度の効果があった |
| 岩手県 | 遠野市 | 2014 | 環境イベント時などに配布 | 20,000 | 29.16 | | ある程度の効果があった |
| | 八幡平市 | 2015 | その他 | 不明 | | | ある程度の効果があった |
| 宮城県 | 仙台市 | | 環境イベント時などに配布 | 10,000 / 年 | 30 | | ある程度の効果があった |
| | 石巻市 | 2006 | 市内の全世帯に配布環境イベント時などに配布 | 122,000 /初年度 | 13.1 | | かなりの効果があった |
| 山形県 | 山形市 | 2010 | 環境イベント時などに配布市役所で常時配布など | 80,000 | | | ある程度の効果があった |
| | 上山市 | 2008 | 市内の全世帯に配布環境イベント時などに配布市役所で常時配布 | 62,000 | 16.5 | 民間企業広告の掲載 | かなりの効果があった |
| | 天童市 | 2014 | 市役所で常時配布その他 | 8,000 | 37 | | ある程度の効果があった |
| 栃木県 | 那須塩原市 | | 市内の全世帯に配布環境イベント時などに配布市役所で常時配布 | 48,000 | 25.8 | 配布方法を市広報誌と合わせて配布して費用を削減 | ある程度の効果があった |
| 埼玉県 | 上尾市 | 2006 | 環境イベント時などに配布 | 3,000 | 27 | | ある程度の効果があった |
| | 草加市 | 2013 | 環境イベント時などに配布 | 広域 28,000（2016） | 29 | 市町単独ではなく組合構成団体共同で作製し単価抑制 | ある程度の効果があった |
| | 越谷市 | 2013 | 環境イベント時などに配布 | 広域 28,000（2016） | 29 | 一部事務組合の構成団体で共同作製 | ああ |
| | 八潮市 | 2013 | 環境イベント時などに配布 | 広域 28,000（2016） | 29 | | ほとんど効果がなかった |
| | 三郷市 | 2013 | 環境イベント時などに配布市役所で常時配布その他 | 広域 28,000（2016） | 29 | 近隣の自治体（5市 1 町）共同で作製（市 5,500 枚） | ある程度の効果があった |
| | 坂戸市 | 2008 | 市区内の全世帯に配布環境イベント時などに配布市役所で常時配布 | 10,000（2016） | 19 | 単価が最も安くなるロットごとの購入にしている | かなりの効果があった |
| | 吉川市 | 2013 | 環境イベント時などに配布市役所で常時配布その他 | 広域 28,000（2016） | 29 | | かなりの効果があった |
| 千葉県 | 千葉市 | 2008 | 環境イベント時などに配布その他 | 26,000 | 30 | | ある程度の効果があった |
| | 市川市 | 2016 | 環境イベント時などに配布 | 15,000 | 30 | | ある程度の効果があった |
| | 野田市 | 2006 | 環境イベント時などに配布 | 5,000 | 44.6 | | ある程度の効果があった |
| | 四街道市 | 2016 | 環境イベント時などに配布 | 200 | 230 | 色は一色のみで，袋に取っ手付けず | ある程度の効果があった |
| 東京都 | 台東区 | 2016 | 環境イベント時などに配布その他 | 9,400 | 32 | | かなりの効果があった |
| | 北区 | | 環境イベント時などに配布 | 3,000 ～5,000 | | チラシを印刷して，職員が袋に貼付 | ある程度の効果があった |
| | 練馬区 | 2013 | 環境イベント時などに配布その他 | 12,000 | 35 | 雑がみ回収袋自体をリサイクルできる紙で作製 | ある程度の効果があった |

| 都道府県 | 市区 | 年 | 配布方法 | 枚数 | 費用 | 備考 | 効果 |
|---|---|---|---|---|---|---|---|
|  | 足立区 | 2015 | 環境イベント時などに配布 その他 | 12,000 | 29.8 | 経費より分別のデザインを工夫した | ある程度の効果があった |
|  | 葛飾区 | 2011 | 環境イベント時などに配布 | 4,400 | 231 | (保管箱) |  |
|  | 町田市 | 2015 | 環境イベント時などに配布 市役所で常時配布など | 30,000 | 25 |  | ある程度の効果があった |
|  | 国立市 |  | 環境イベント時などに配布 市役所で常時配布など | 6,000（1回につき） | 35 |  | ある程度の効果があった |
|  | 狛江市 | 不明 | 市役所で常時配布 |  | 35 |  | ある程度の効果があった |
|  | 東大和市 |  | 市内の全世帯に配布 | 42,000 | 不明 | 不明 | ある程度の効果があった |
|  | 西東京市 | 2016 | 市役所で常時配布 | 1,810 | 10 | 障害者雇用による就労支援 | ある程度の効果があった |
| 神奈川県 | 横浜市 | 2014 | その他 | 63,500 | 25.6 |  | ある程度の効果があった |
|  | 横須賀市 | 2016 | 市内の全世帯に配布 | 182,000 | 14.8 | 一色刷りにした. 広告を入れた | ある程度の効果があった |
|  | 鎌倉市 | 2003 | 環境イベント時などに配布 その他 | 41,000 （2010年） | 17～18.5 |  | ある程度の効果があった |
|  | 小田原市 | 2014 | 市役所で常時配布 その他 | 100,000 | 16.8 | 古紙リサイクル事業組合による取り組み・作製で, 市の経費はかからず | ある程度の効果があった |
|  | 茅ヶ崎市 | 2010 | 環境イベント時などに配布 市役所で常時配布 | 8,000 | 59 |  | ある程度の効果があった |
|  | 厚木市 | 2016 | その他（モデル地区全世帯に配布） | 2,337 | 3 | 作業の一部を市職員で行った | かなりの効果があった |
| 石川県 | 小松市 | 2012 実施 | 市内の全世帯に配布 | 40,000 | 32 | 市広報配布時に併せて全町内会へ配布, 各戸へは町内会より配布 | ほとんど効果がなかった |
| 福井県 | 鯖江市 越前市 | 2012 実施 | 市内の全世帯に配布 | 52,000 | 11 | (県のモデル事業) | ある程度の効果があった |
| 岐阜県 | 岐阜市 | 2014 | 市内の全世帯に配布 その他 | 130,000 / 年 | 12 | 企業広告を募集し, 広告を掲載し収入を得た | かなりの効果があった |
|  | 各務原市 | 2015 | その他 | 20,000 | 25.6 | 作製枚数を大量にしつつ, 必要最小限とした | ある程度の効果があった |
| 静岡県 | 静岡市 | 2013 | その他 | 30,000 （寄附を受けた枚数） | 0 | 古紙回収推進実行委員会から寄附を受けたため, 作製経費の負担なし | ある程度の効果があった |
|  | 磐田市 | 2015 | 環境イベント時などに配布 その他 | 2,000 | 68.5 |  | ある程度の効果があった |
|  | 藤枝市 | 2000 | 環境イベント時などに配布 その他 | 7,000 | 50 |  | かなりの効果があった |
|  | 裾野市 | 2016 | その他 | 300 | 30 |  | ある程度の効果があった |
|  | 湖西市 |  | 環境イベント時などに配布 市役所で常時配布 | 26,500 | 23.6 | カラー印刷から単色印刷に変更 | ある程度の効果があった |
| 愛知県 | 豊田市 |  | 環境イベント時などに配布 その他 | 3000 / 年 | 67 |  | ある程度の効果があった |
|  | 安城市 | 2010 | 環境イベント時などに配布 | 10,000 | 27.5 | 広告掲載 | ある程度の効果があった |
|  | 常滑市 | 2013 | 市役所で常時配布 |  |  | 市役所等で不要になった封筒を利用 | ある程度の効果があった |

| | 田原市 | 2016 | 市内の全世帯に配布 | 29,000 | 28 | | ある程度の効果があった |
|---|---|---|---|---|---|---|---|
| 三重県 | 松阪市 | 2012,2014 | 環境イベント時などに配布 | 3,000／年 | 80 | まとまった枚数をつくる | ある程度の効果があった |
| 滋賀県 | 草津市 | 2016 | 環境イベント時などに配布 | 7,000 | 45 | | |
| | 野洲市 | 2016 | 市内の全世帯に配布 | 20,000 | 35 | 入札を実施 | かなりの効果があった |
| 京都府 | 京都市 | 2015 | 市内の全世帯に配布 | 700,000 | 15.4 | | かなりの効果があった |
| 兵庫県 | 明石市 | 2013 | 市内の全世帯に配布<br>環境イベント時などに配布 | 130,000 | 16 | 初回作成の袋より，一回り小さい紙袋に変更 | ある程度の効果があった |
| | 加古川市 | 2015 | 市内の全世帯に配布<br>環境イベント時などに配布 | 110,000 | 19 | | かなりの効果があった |
| | 三田市 | 2010 | その他 | 55,000 | 13.5 | | ある程度の効果があった |
| 岡山県 | 倉敷市 | 2015 | 環境イベント時などに配布 | 4,500 | 50 | | ある程度の効果があった |
| | 瀬戸内市 | 2012 | 環境イベント時などに配布<br>市役所で常時配布 | 9,500 | 40 | 年間でまとめて印刷することで単価抑制 | かなりの効果があった |
| 山口県 | 岩国市 | 2015 | 環境イベント時などに配布 | 10,000 | 不明 | 岩国市製紙原料事業協議会が作製したものをもらい受け | ある程度の効果があった |
| 福岡県 | 北九州市 | 2013 | 市内の全世帯に配布 | 363,000 | 15.6 | | かなりの効果があった |
| 大分県 | 豊後高田市 | 2013 | 市内の全世帯に配布<br>環境イベント時などに配布 | 30,000 | 38.5 | | かなりの効果があった |

［出典：市区奨励的手法アンケート調査（2016年12月，著者実施）の回答とりまとめ］

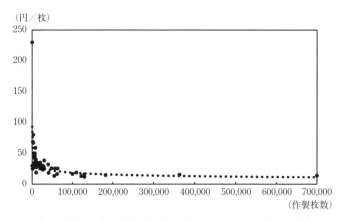

注）1.　埼玉県東部5市共同作製の回収袋については1件として集計.
　　2.　市区職員による作製や福祉作業所への作製委託を除く.
［出典：市区奨励的手法アンケート調査（2016年12月，著者実施）の回答とりまとめ］

**図 5-1　雑がみ回収袋の作製枚数別単価（46市区）**

袋を一括調達するケースも見られる．埼玉県東部でごみの焼却処理を共同で行う越谷市，草加市，三郷市，八潮市，吉川市，松伏町は，雑がみ回収袋を一括調達することで作製単価を引き下げている．競争入札による回収袋調達（坂戸市，厚木市，野洲市など）も実施されている．回収袋に企業広告を掲載するケース（横須賀市，岐阜市，安城市など）もある．

　配布に伴う経費の削減策としては，広報誌やごみ出しガイドブックと合わせての全世帯配布（那須塩原市，厚木市など）の工夫も行われている．究極の経費節減策として，市区職員が「雑がみ回収」チラシを紙袋に貼付して作製するケース（北区，常滑市，宇和島市）がみられる．また，古紙回収業者の組合が作製した回収袋を市がもらい受けて市民に配布しているケース（小田原市）もある．

　主な配布方法は，最多が「環境イベント時の配布」（回答総数の44%），次いで「市区役所での常時配布」（19%），「市区内の全世帯への配布」（17%）の順であった（**図5-2**）．「その他」（21%，記述式）の配布方法としては，出前講座や分別等説明会での配布（東京特別区，町田市，千葉市，三郷市，磐田市，豊田市など）が最も多く，次に希望する自治会への配布（岐阜市，三田市など）が続いた．市内すべての小中学校生徒への配布（岐阜市など），駅頭キャンペーンでの配布（国立市など），転入者へのごみの出し方説明時の配布（裾野市など）を行う都市もある．

　ここで，特徴的な雑がみ回収袋配布の取り組みをいくつか紹介しておこう．横浜市では市内18区の収集事務所職員が適正排出の指導に注力しているが，分別のよくない市民に対する指導時に手渡すことで分別改善の効果を上げている．2014年の配布開始から年々作製枚数を増やし，2016年度の作製枚数は65,500枚

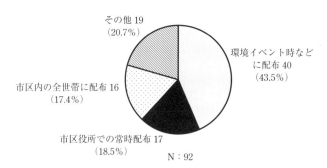

その他 19
（20.7%）

環境イベント時などに配布 40
（43.5%）

市区内の全世帯に配布 16
（17.4%）

市区役所での常時配布 17
（18.5%）

N：92

［出典：市区奨励的手法アンケート調査（2016年12月，著者実施）の回答とりまとめ］

**図5-2　雑がみ回収袋配布の方法（全国市区）**

（単価26円）となり，イベントや説明会でも配布している．

　仙台市は，小売店など事業活動で商品を入れて客に渡す紙袋について，「雑が
み回収袋」としての利用をアピールする「この袋を使って雑がみもリサイクル」
のロゴマークを作成し，事業者にデータで提供して紙袋の底面などに印刷できる
ようにしている．

　総社市の「雑がみ交換」は奨励的手法と経済的手法の併用プログラムとしてユ
ニークである．家庭ごみ有料化制度のもとで，家庭で出た雑がみを市役所・出張
所・公民館へ持参すると，重量に応じたサイズや枚数の有料指定ごみ袋と交換し
てもらえる．

　葛飾区は2011年に，排出用の袋ではなく，保管用の「雑紙たまって箱」を作製し，
環境イベントなどで配布している．折りたたみ式のダンボール製で，組み立てて
箱状にするとA4サイズの雑がみを横積みにできる．4,400個作製し，単価231円．
工夫に関する記述式回答には「配布物のデザイン，機能など，実践してもらえる
ようなものに」した，とある．

　小田原市は，配布方法の多様化に取り組んでいる．市役所に回収袋を常備する
ほか，回収袋を作製した古紙リサイクル事業組合の収集作業員から直接受け取る
方法と，回収袋設置に協力してもらえる店舗で受け取る方法がある．

　雑がみ回収袋の作製作業を障害者作業所に委託して就労支援に役立てる取り組
みも一部（西東京市，厚木市など）で行われている．西東京市は2016年度から，
担当課が入るエコプラザ内に作業スペースを設け，職員支援のもとに，手作りの
木製型枠に沿って庁内各課からもらい受けた新聞紙を折り畳んで糊付けするなど
一連の作業を障害者に担ってもらっている．年間の作製枚数は6,000枚程度で，
職員を含むチーム4名の人件費を反映した作製単価は398円と試算されている．
2カ所ある市庁舎のロビーに置いて市民が持ち帰れるようにしており，環境イベ
ントでも配布している．

## 2. 雑がみ回収袋配布プログラムの分別効果

　実施市区による環境保全（分別改善）効果の評価（回答総数58件）は，「ある
程度の効果があった」が71%，「かなりの効果があった」が24%，「ほとんど効
果がなかった」が5%と，エコショップ制度など他のプログラムより高く出た（**図
5-3**）．「かなりの効果」とした回答の内訳では，その3分の2を全戸配布実施市
が占めていた．本調査で雑がみ回収袋の全戸配布を実施していると回答した都市

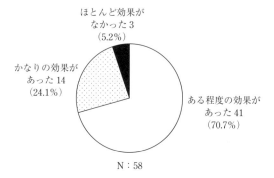

ほとんど効果が
なかった3
（5.2%）

かなりの効果が
あった14
（24.1%）

ある程度の効果が
あった41
（70.7%）

N：58

［出典：市区奨励的手法アンケート調査（2016年12月，著者実施）の回答とりまとめ］

**図5-3　雑がみ回収袋の環境効果評価（全国市区）**

名，実施年度，作製枚数，作製単価の一覧を**表5-2**に示す．

　その中で，鯖江市と越前市の全戸配布は，福井県が両市と連携して2012年に実施したモデル事業である．県は「雑がみ救出袋」配布後に市民アンケート調査と袋重量調査を実施している[1]．アンケートについては両市700世帯を対象に行っ

**表5-2　雑がみ回収袋の市内全戸配布**

| 市名 | 実施年度 | 作製枚数 | 単価（円） |
|---|---|---|---|
| 石巻市 | 2006 | 22,000 | 13.1 |
| 鯖江市・越前市 | 2012 | 52,000 | 11.0 |
| 北九州市 | 2013 | 363,000 | 15.6 |
| 明石市 | 2014 | 130,000 | 16.0 |
| 岐阜市 | 2014 | 130,000 | 12.0 |
| 京都市 | 2015 | 700,000 | 15.4 |
| 野洲市 | 2016 | 20,000 | 35.0 |
| 田原市 | 2016 | 29,000 | 28.0 |
| 加古川市 | 2016 | 110,000 | 19.0 |
| 厚木市 | 2016 | 200,000 | 21.0 |

注）鯖江市・越前市の全戸配布は福井県（作製元）のモデル事業．
［出典：市区奨励的手法アンケート調査（2016年12月，著者実施）の回答とりまとめ］

---

1)　福井県循環社会推進課「雑がみ回収モデル事業実施結果について」2012年12月．

### 表5-3　福井県「雑がみ救出袋」市民アンケートの結果

① 「救出袋」配布前の分別状況（回答総数 658 世帯）

| | 世帯の比率 |
|---|---|
| A.　雑がみの分別を正しく行っていた | 40.7% |
| B.　雑がみの分別を行っていたが，品目を正しく認識していなかった | 24.8% |
| C.　雑がみの分別を行っていなかった | 34.5% |

②上記 C. の回答世帯のうち

| | |
|---|---|
| 「救出袋」使用後も，雑がみ分別を行っている | 79.4% |

[出典：福井県循環社会推進課「雑がみ回収モデル事業実施結果について」2012 年 12 月]

たが，配布・回収を婦人会等に依頼して 94％の回答率を確保した．回答世帯の「救出袋」使用率は 70％であった．**表5-3** に示すように，「救出袋」を使用した世帯の 35％が配布以前には雑がみの分別を行っていなかった．しかしそれら世帯の約 8 割が「救出袋」使用後も雑がみ分別を行っていると回答している．モデル事業が分別の「きっかけ」を提供したことを確認できる．

　袋重量調査については，両市各 100 袋の排出後の重量を測定したところ，1 袋の平均重量が 2,509 g であったことから，市民アンケート調査の結果を参考にして，モデル地区の家庭から出る可燃ごみに占める雑がみの量を 2,548 t，モデル事業をきっかけに雑がみの分別を始めた世帯数を 9,793 世帯として，モデル事業をきっかけに増加した年間の資源化量を 467.1 t と推計している．

　市単独実施のプログラムとして，全戸配布実施市の中から雑がみ分別回収に積極的な岐阜市と厚木市の取り組みをみてみよう．まず岐阜市．雑がみ全戸配布を実施したきっかけは，審議会答申を受けて市が家庭ごみ有料化の検討に進もうとしたところ，2014 年 3 月定例議会において「市民理解が得られるまで家庭ごみ無料収集を継続し，雑がみ回収，プラ容器分別収集などの施策を強化する」（要約）とした請願が採択されたことであった．これを受けて市は 2014 年度から雑がみの集団回収奨励金を 5 円 /kg から 8 円 /kg に引き上げるとともに，同年 4 月に雑がみ分別啓発チラシの全戸配布，9 月には雑がみ回収袋の全戸配布に踏み切った．同市では資源回収をすべて自治会集団回収と拠点回収（1 地区）で行っているので，回収袋は広報誌と一緒に，自治会を通じて配布された．その結果，実施年度の雑がみ回収量は前年度の 220 t から 466 t へと 2 倍以上増加し，その後も全小中学校生徒への回収袋配布や啓発キャンペーン強化により増加傾向をたどっ

ている[2].

　次に，厚木市一部地区でのモデル事業とその結果を踏まえての全戸配布による
回収量の変化をみてみよう[3]．同市は古紙回収業者の協力を得て，紙類を品目別
に地区ごとに計量しているので，計量データを把握しやすい．雑がみ回収袋配布
モデル事業は 2016 年 2 月の 1 カ月間，戸建て住宅の多い「森の里」地区の約 2,500
世帯を対象に実施．障害者作業所に作製委託した新聞紙製回収袋 4 枚を各世帯に
配布し，同封文書と説明会開催により，1 週間に 1 枚使用しての排出を依頼した．
その効果として，雑がみの回収量は前年同月比約 9% 増加した．

　2017 年 3 月，厚木市は改訂版ごみ出しガイドブックと一緒に回収袋 2 枚を配
送業者委託により市内全戸に配布した．印刷業者に発注して作製した枚数 20 万
枚で，単価は指名競争入札により 21 円に抑えた．その効果として，回収量は翌
4 月に約 8 t 減少，5 月に約 10 t 増加した．この 2 カ月の増減は，回収袋使用家
庭の行動として，4 月に雑がみを回収袋に貯めて宅内に保管し，5 月に入って回
収袋に貯まった雑がみを排出したことによるとみられる．年内のその後の月次回
収量は増加した月もあるが概ね微減傾向をたどっている．

　全戸配布の効果が岐阜市と厚木市で大きく開いた主因は，両市の雑がみ回収率
の差によるものと考えられる．岐阜市の調べによると，2015 年度において 1 人
当たり雑がみ回収量は，全国的にみても回収率が高い厚木市の 10.6 kg / 年に対し，
岐阜市では 1.4 kg / 年にとどまる[4]．この開差の分だけ，岐阜市の回収量増加のポ
テンシャルが高かったとみられる．このことから，雑がみ回収が進んでいない自
治体で回収袋を全戸配布すると高い分別効果が得られる可能性が示唆される．

## 3．全戸配布プログラムの費用対効果は大きい

　全戸配布をすると分別改善効果は高まるが，一方で実施経費もかさんでくる．
プログラム実施の経費に見合うだけのごみ処理費節減の効果を得ることができる
のであろうか．

　先述した岐阜市のケースについて単年度ベースで大まかな試算をしてみよう．
2014 年度の全戸配布に要した経費は，袋作製費 156 万円（13 万枚 × 単価 12 円），
各自治会への配送費 43 万円，それに雑がみ回収量の増加に伴う集団回収奨励金

---

2)　岐阜市循環型社会推進課からの調査票回答と電話ヒアリング，メールでの提供資料に基づく．
3)　厚木市環境事業課へのヒアリングで入手した統計資料，メールでの情報提供に基づく．
4)　岐阜市「ごみ減量・資源化指針」2017 年 3 月，p.20.

**表 5-4　岐阜市雑がみ回収袋全戸配布の費用対効果試算**

2014 年度単年度ベース

| 費　　　用 | 効　　果（費用節減額） |
|---|---|
| ●袋作製費 156 万円（13 万枚 × 単価 12 円）<br>●自治会への配送費 43 万円<br>●集団回収奨励金増加額 259 万円 | ●雑がみ回収増加量 245t<br>　× 可燃ごみ処理単価 39.2 円 / kg = 960 万円 |
| 合計　458 万円 | 合計　960 万円 |
| 費用対効果比　　1　対　2.1 ||

注）2014 年度から集団回収奨励金単価を 5 円→ 8 円 / kg に引き上げ.
［出典：著者作成］

増加額 259 万円を加算して 458 万円となる. これに対して費用節減額は, この年度の雑がみ回収増加量 245 t に回避可能単位費用（市の可燃ごみ処理費 39.2 円 / kg で代置）を乗じて得られる 960 万円である（**表 5-4**）. 岐阜市全戸配布プログラム実施の費用対効果比は 1 対 2.1 と, かなり大きく出た. しかしこの年度には回収奨励金単価の引き上げも実施されているから, 回収量の倍増は奨励的プログラムと経済的インセンティブの相乗効果によるもの, と言ったほうがよさそうである.

　次に, 京都市の全戸配布プログラムを取り上げよう. 市の家庭系古紙回収の主なルートは, 民間古紙回収（ちり紙交換車）とコミュニティ回収と呼ばれる集団回収である. 2013 年度に家庭系可燃ごみの約 3 割が紙類で, その半分近くを雑がみが占めていたことを踏まえ, 翌年 6 月から約 2,200 の集団回収団体に雑がみ回収の実施を要請, 併せて古紙回収事業者の組合にも雑がみ回収への積極的な協力を求めた. さらに 2015 年 2 月から自治会・町内会の協力を得て市内全戸に雑がみ保管袋を配布した.

　実施経費は, 単価 15.4 円で約 70 万枚作製した袋作成費 1,079 万円, それに集団回収助成金等増加額 595 万円[5]のうち品目別増加量比で雑がみ回収に按分した 295 万円を加えた 1,374 万円である. これに対して費用節減額は, 市が把握する 2015 年度の雑がみ回収（集団回収や拠点回収など）増加量 1,084 t に回避可能単位費用（市の家庭系可燃ごみ処理費 48.9 円 / kg で代置）を乗じると 5,301 万円

---

5)　京都市 2016 年度事務事業評価票「コミュニティ回収等の集団回収事業」の年間経費推移表に基づく.

**表 5-5　京都市雑がみ回収袋全戸配布の費用対効果試算**

2016 年度単年度ベース

| 費　　　用 | 効　　　果　（費用節減額） |
|---|---|
| ●袋作製費 1,079 万円（70 万枚 × 単価 15.4 円）〈清掃事務所職員が自治会へ配送〉<br>●集団回収助成金増加額 295 万円 | ●雑がみ回収増加量 1,084t<br>× 可燃ごみ処理単価 48.9 円 / kg = 5,301 万円 |
| 合計　1,374 万円 | 合計　5,301 万円 |
| 費用対効果比　　1　対　3.9 ||

注）2015 年 10 月　しまつのこころ条例施行.
［出典：著者作成］

となる<sup>6)</sup>（**表 5-5**）．京都市でも全戸配布プログラム実施の費用対効果比は 1 対 3.9 と，かなり大きく出た．しかし 2015 年 10 月には資源化可能な紙類の分別義務を定めた「しまつのこころ条例」が施行されたことを受けて啓発活動が強化されており，この年度の雑がみ回収量の増加が全戸配布プログラムのみに起因するものでないことに留意する必要がある．

## 4.　おわりに

　自治体は近年，分別ガイドをはじめ，広報や分別説明会，環境イベントなどを通じて，家庭や事業所が排出する雑がみの資源化可能性について情報発信を強化するようになった．それにより雑がみを正しく分別すれば資源になるとの認識は市民や事業者の間に広がりつつある．しかしその認識が直ちに分別行動につながるわけではない．雑がみの分別排出には少し手間がかかるからである．手間をかけても正しい分別の行動に取り組むための「きっかけ」が与えられると，「行動のラグ」（認識してから行動に移るまでの時間的な遅れ）が短縮する．その「きっかけ」を提供するのが本章で取り上げた雑がみ回収袋や保管袋の配布プログラムである．雑がみの分別が進んでいない場合にかなり大きな費用対効果が期待できることから，これからも「きっかけ」づくりのツールとして地域の特性を活かしたプログラムが工夫されていくものと思われる．

---

6)　京都市循環型社会推進部へのヒアリングで入手した統計資料，メールでの提供資料に基づく.

# 第1部（奨励的プログラム）の小括

　現代の廃棄物行政においては，奨励的手法を規制的手法や経済的手法と組み合わせてごみ減量政策を組み立てることが一般化している．自治体アンケート調査結果の分析に基づき，自治体が市民・事業者に対して自主的な取り組みのための枠組みを設定して環境配慮行動を支援する奨励的プログラムについて，その実施状況，プログラムの変容，環境保全効果，課題点の抽出，実効性向上策の検討を行った．

　この10数年間にごみ減量を狙いとした自治体の奨励的プログラムは大きく変容をとげた．マイバッグ持参推進プログラムについては，マイバッグ配布やポイント制などからレジ袋有料化協定締結へと取組手法の重心が移行し，全国一律有料化義務づけ実施への基盤づくりの役割を果たした．

　エコショップ制度については，その対象分野が従来からの小売店から，飲食店などの食品ロス対策分野に広がりをみせてきた．食品ロスの削減を狙いとする「食べきり協力店制度」を導入する自治体の数は，第4章表4-1（府県），4-2（市区）の実施自治体リスト作成後も増加を続けている．気付いた自治体名を挙げると，県では福島県，茨城県，岐阜県，石川県，長崎県（県独自），宮崎県（同），市区では苫小牧市，水戸市，伊勢崎市，加須市，渋谷区，中野区，町田市，府中市，小金井市，静岡市，金沢市，堺市，丹波市などがある．食品ロス削減推進法の施行を受けて，実施自治体の数は今後さらに増加すると見込まれ，消費者，事業者双方による食品ロス削減への取り組みの「きっかけ」を提供することが期待される．

　自治体による雑がみ分別への注力を反映して，新たに「雑がみ回収袋配布」に取り組む市区が増えてきた．分別の「きっかけ」を提供できるプログラムであり，雑がみ回収ポテンシャルの大きな自治体では費用対効果がかなり大きいことを確認した．

# 第6章

# 家庭ごみ有料化の実施状況

　本章から第12章まで，主として，著者が2018年2月に実施した第5回全国都市家庭ごみ有料化アンケート調査（調査対象：2005年度以降に有料化を実施した市，手数料水準を改定した市および手数料制度を改正した市）のとりまとめ結果に基づいて，ごみ減量を狙いとした代表的な経済的手法としての家庭ごみ有料化プログラムを取り上げる．まず本章では，著者が長年にわたって実施してきた独自の調査に基づいて，家庭ごみ有料化の実施状況，有料化進展の背景となった諸要因を確認する．

## 1. 家庭ごみ有料化の実施状況

　全国の自治体で家庭ごみ有料化が進展している．ここでは「家庭ごみ有料化」の定義を，「市区町村が家庭系可燃ごみの定日収集・処理について，条例の規定に基づき従量制手数料を徴収すること」とする．そうすると，**表6-1**に示すように，2020年4月現在，全国1,741市区町村のうち有料化実施は1,114団体に及び，有料化実施率は64％に達している．

　都市規模別には，2000年代前半頃までは中小規模の自治体で有料化実施率が高く，大都市での有料化が遅れていたが，この10年余りの間に一部の政令指定

表6-1　全国市区町村の有料化実施状況（2020年4月現在）

|  | 総数 | 有料化実施 | 有料化実施率 |
|---|---|---|---|
| 市区 | 815 | 475 | 58.3% |
| 町 | 743 | 519 | 69.9% |
| 村 | 183 | 120 | 65.6% |
| 市区町村 | 1741 | 1114 | 64.0% |

［出典：著者の調査に基づく］

市や県庁所在都市でも有料化が導入されるようになってきた.

　全国市区町村の有料化実施状況を都道府県別に示したのが**表6-2**である. この表のデータを都道府県別の地図に落とすと**図6-1**になる. 一見して, 県により実施状況に大きなばらつきがあることがわかる. 市区町村数の比率でみて最も有料化実施率が高いのは鳥取県, 島根県, 佐賀県で, 県内すべての自治体が有料化を実施している. 岐阜, 和歌山, 香川, 高知, 福岡, 長崎, 熊本の7県も有料化実施率が90%を上回っている（前述の有料化定義を外して, 資源物としての生ごみのみ有料化の自治体を含めると北海道も90%以上となる）. 有料化実施率を70%以上に拡大すると, 北海道, 山形, 新潟, 石川, 長野, 奈良, 岡山, 愛媛, 大分, 沖縄の10道県が加わる. これに対して, 有料化自治体が存在しない県はないが, 岩手県の有料化実施率はわずか3%にとどまる.

　次に, 全国および都道府県別の人口比率での有料化実施状況を**表6-3**で確認しておこう. 全国の人口比率での有料化実施率は42%である. この表のデータを都道府県別の地図に落とすと**図6-2**になる. この地図において, 有料化人口比率90%以上で黒塗りした県は, 北海道, 新潟, 鳥取, 島根, 香川, 福岡, 佐賀, 熊本, 大分, 沖縄の10道県である. 有料化人口比率を70%以上に拡大すると, 秋田, 山形, 石川, 長野, 岐阜, 京都を加えて16道府県となる. これらの道府県（1県を除く）では, 自治体有料化実施率が高く, しかも人口規模の大きな県庁所在都市や政令指定市が有料化を実施している.

　全国都市（市区）の有料化実施率については, これまでに著者が実施した全国都市調査と直近の調査から, **図6-3**に示すように, その推移をたどることができる. 全国都市の有料化実施率は, 2000年9月の20%から, 2005年2月の37%, 2008年7月の50%を経て, 直近の58%へと着実に高まってきた.

　全国都市について有料化が実施された時期をたどると, **図6-4**のようになる. 1990年代後半以降, ごみ問題の深刻化とこみ減量への関心の高まりを背景として家庭ごみを有料化する都市が徐々に増え始めた. 2000年代に入ると市町村合併も追い風となって全国各地で有料化が相次いで実施されるようになった. 2010年代に入ってからは, 毎年度の有料化実施件数の伸びに2000年代ほどの勢いはないが, 緩やかな増勢が続いている.

**表 6-2　都道府県別の有料化実施状況（2020 年 4 月現在）**

| 都道府県 | 県内市区町村数 | | | | 有料化市区町村数 | | | | 有料化実施率（％） | | | |
|---|---|---|---|---|---|---|---|---|---|---|---|---|
| | 市区 | 町 | 村 | 合計 | 市区 | 町 | 村 | 合計 | 市区 | 町 | 村 | 合計 |
| 北海道 | 35 | 129 | 15 | 179 | 33 | 115 | 13 | 161 | 94.3% | 89.2% | 86.7% | 89.9% |
| 青森県 | 10 | 22 | 8 | 40 | 4 | 11 | 5 | 20 | 40.0% | 50.0% | 62.5% | 50.0% |
| 岩手県 | 14 | 15 | 4 | 33 | 1 | 0 | 0 | 1 | 7.1% | 0.0% | 0.0% | 3.0% |
| 秋田県 | 13 | 9 | 3 | 25 | 7 | 7 | 1 | 15 | 53.8% | 77.8% | 33.3% | 60.0% |
| 宮城県 | 14 | 20 | 1 | 35 | 4 | 8 | 0 | 12 | 28.6% | 40.0% | 0.0% | 34.3% |
| 山形県 | 13 | 19 | 3 | 35 | 11 | 16 | 3 | 30 | 84.6% | 84.2% | 100.0% | 85.7% |
| 福島県 | 13 | 31 | 15 | 59 | 2 | 16 | 10 | 28 | 15.4% | 51.6% | 66.7% | 47.5% |
| 茨城県 | 32 | 10 | 2 | 44 | 13 | 5 | 1 | 19 | 40.6% | 50.0% | 50.0% | 43.2% |
| 栃木県 | 14 | 11 | ― | 25 | 7 | 7 | ― | 14 | 50.0% | 63.6% | ― | 56.0% |
| 群馬県 | 12 | 15 | 8 | 35 | 2 | 11 | 8 | 21 | 16.7% | 73.3% | 100.0% | 60.0% |
| 埼玉県 | 40 | 22 | 1 | 63 | 5 | 5 | 0 | 10 | 12.5% | 22.7% | 0.0% | 15.9% |
| 千葉県 | 37 | 16 | 1 | 54 | 20 | 14 | 1 | 35 | 54.1% | 87.5% | 100.0% | 64.8% |
| 東京都 | 49 | 5 | 8 | 62 | 25 | 4 | 0 | 29 | 51.2% | 80.0% | 0.0% | 46.8% |
| 神奈川県 | 19 | 13 | 1 | 33 | 5 | 1 | 0 | 6 | 26.3% | 7.7% | 0.0% | 18.2% |
| 新潟県 | 20 | 6 | 4 | 30 | 17 | 3 | 3 | 23 | 85.0% | 50.0% | 75.0% | 76.7% |
| 富山県 | 10 | 4 | 1 | 15 | 8 | 2 | 0 | 10 | 80.0% | 50.0% | 0.0% | 66.7% |
| 石川県 | 11 | 8 | ― | 19 | 9 | 8 | ― | 17 | 81.8% | 100.0% | ― | 89.5% |
| 福井県 | 9 | 8 | ― | 17 | 2 | 5 | ― | 7 | 22.2% | 62.5% | ― | 41.2% |
| 山梨県 | 13 | 8 | 6 | 27 | 4 | 5 | 1 | 10 | 30.8% | 62.5% | 16.7% | 37.0% |
| 長野県 | 19 | 23 | 35 | 77 | 14 | 20 | 27 | 61 | 73.7% | 87.0% | 77.1% | 79.2% |
| 岐阜県 | 21 | 19 | 2 | 42 | 19 | 17 | 2 | 38 | 90.5% | 89.5% | 100.0% | 90.5% |
| 静岡県 | 23 | 12 | ― | 35 | 11 | 7 | ― | 18 | 47.8% | 58.3% | ― | 51.4% |
| 愛知県 | 38 | 14 | 2 | 54 | 15 | 4 | 2 | 20 | 39.5% | 28.6% | 100.0% | 38.9% |
| 三重県 | 14 | 15 | ― | 29 | 6 | 2 | ― | 8 | 42.9% | 13.3% | ― | 27.6% |
| 滋賀県 | 13 | 6 | ― | 19 | 8 | 0 | ― | 8 | 61.5% | 0.0% | ― | 42.1% |
| 京都府 | 15 | 10 | 1 | 26 | 9 | 5 | 1 | 15 | 60.0% | 50.0% | 100.0% | 57.7% |
| 大阪府 | 33 | 9 | 1 | 43 | 13 | 6 | 1 | 20 | 39.4% | 66.7% | 100.0% | 46.5% |
| 兵庫県 | 29 | 12 | ― | 41 | 13 | 5 | ― | 18 | 44.8% | 41.7% | ― | 43.9% |
| 奈良県 | 12 | 15 | 12 | 39 | 7 | 12 | 9 | 28 | 58.3% | 80.0% | 75.0% | 71.8% |
| 和歌山県 | 9 | 20 | 1 | 30 | 8 | 19 | 0 | 27 | 88.9% | 95.0% | 0.0% | 90.0% |
| 鳥取県 | 4 | 14 | 1 | 19 | 4 | 14 | 1 | 19 | 100.0% | 100.0% | 100.0% | 100.0% |
| 島根県 | 8 | 10 | 1 | 19 | 8 | 10 | 1 | 19 | 100.0% | 100.0% | 100.0% | 100.0% |
| 岡山県 | 15 | 10 | 2 | 27 | 12 | 7 | 2 | 21 | 80.0% | 70.0% | 100.0% | 77.8% |
| 広島県 | 14 | 9 | ― | 23 | 9 | 5 | ― | 14 | 64.3% | 55.6% | ― | 60.9% |
| 山口県 | 13 | 6 | ― | 19 | 8 | 5 | ― | 13 | 61.5% | 83.3% | ― | 68.4% |
| 徳島県 | 8 | 15 | 1 | 24 | 5 | 10 | 1 | 16 | 62.5% | 66.7% | 100.0% | 66.7% |

| | | | | | | | | | | | |
|---|---|---|---|---|---|---|---|---|---|---|---|
| 香川県 | 8 | 9 | — | 17 | 7 | 9 | — | 16 | 87.5% | 100.0% | — | 94.1% |
| 愛媛県 | 11 | 9 | — | 20 | 8 | 9 | — | 17 | 72.7% | 100.0% | — | 85.0% |
| 高知県 | 11 | 17 | 6 | 34 | 10 | 17 | 6 | 33 | 90.9% | 100.0% | 100.0% | 97.1% |
| 福岡県 | 29 | 29 | 2 | 60 | 28 | 27 | 2 | 57 | 96.6% | 93.1% | 100.0% | 95.0% |
| 佐賀県 | 10 | 10 | — | 20 | 10 | 10 | — | 20 | 100.0% | 100.0% | — | 100.0% |
| 長崎県 | 13 | 8 | — | 21 | 12 | 7 | — | 19 | 92.3% | 87.5% | — | 90.5% |
| 熊本県 | 14 | 23 | 8 | 45 | 13 | 22 | 7 | 42 | 92.9% | 95.7% | 87.5% | 93.3% |
| 大分県 | 14 | 3 | 1 | 18 | 13 | 3 | 0 | 16 | 92.9% | 100.0% | 0.0% | 88.9% |
| 宮崎県 | 9 | 14 | 3 | 26 | 5 | 8 | 1 | 14 | 55.6% | 57.1% | 33.3% | 53.9% |
| 鹿児島県 | 19 | 20 | 4 | 43 | 10 | 7 | 0 | 17 | 52.0% | 35.0% | 0.0% | 39.5% |
| 沖縄県 | 11 | 11 | 19 | 41 | 11 | 10 | 11 | 32 | 100.0% | 90.9% | 57.9% | 78.1% |

注）1. 都道府県や市区からの提供資料を参考に，一部市区町村に個別に確認して作成.
　　2. ここでの「有料化」は，市区町村が家庭系可燃ごみの定日収集・処理について，条例の規定に基づき従量制手数料を徴収すること，と定義とした.
［出典：著者の調査に基づく］

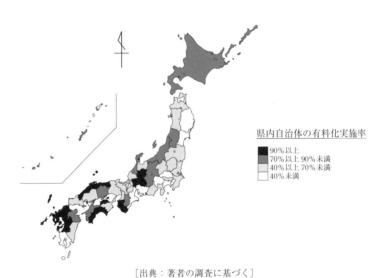

［出典：著者の調査に基づく］

**図 6-1　都道府県別の有料化実施状況（自治体比率）地図（2020 年 4 月現在）**

**表 6-3　都道府県別の有料化人口比率（2020 年 4 月現在）**

| 都道府県 | 総人口（人） | 有料化人口（人） | 有料化人口比率 | 有料化県都 |
|---|---|---|---|---|
| 北海道 | 5,304,413 | 5,140,102 | 96.9% | 札幌市 |
| 青森県 | 1,292,709 | 474,333 | 36.7% | ― |
| 岩手県 | 1,250,142 | 92,742 | 7.4% | ― |
| 宮城県 | 2,303,098 | 1,319,128 | 57.3% | 仙台市 |
| 秋田県 | 1,000,223 | 770,854 | 77.1% | 秋田市 |
| 山形県 | 1,095,383 | 822,724 | 75.1% | 山形市 |
| 福島県 | 1,901,053 | 334,421 | 17.6% | ― |
| 茨城県 | 2,936,184 | 1,295,393 | 44.1% | 水戸市 |
| 栃木県 | 1,976,121 | 734,565 | 37.2% | ― |
| 群馬県 | 1,981,202 | 459,859 | 23.2% | ― |
| 埼玉県 | 7,377,288 | 424,073 | 5.7% | ― |
| 千葉県 | 6,311,190 | 2,498,108 | 39.6% | 千葉市 |
| 東京都 | 13,740,732 | 4,161,361 | 30.3% | ― |
| 神奈川県 | 9,189,521 | 1,068,571 | 11.6% | ― |
| 新潟県 | 2,259,309 | 2,105,766 | 93.2% | 新潟市 |
| 富山県 | 1,063,293 | 562,877 | 52.9% | ― |
| 石川県 | 1,145,948 | 979,638 | 85.5% | 金沢市 |
| 福井県 | 786,503 | 185,274 | 23.6% | ― |
| 山梨県 | 832,769 | 260,919 | 31.3% | ― |
| 長野県 | 2,101,891 | 1,570,420 | 74.7% | 長野市 |
| 岐阜県 | 2,044,114 | 1,518,299 | 74.3% | ― |
| 静岡県 | 3,726,537 | 698,021 | 18.7% | ― |
| 愛知県 | 7,565,309 | 1,270,803 | 16.8% | ― |
| 三重県 | 1,824,637 | 419,695 | 23.0% | ― |
| 滋賀県 | 1,420,080 | 641,575 | 45.2% | ― |
| 京都府 | 2,555,068 | 1,925,118 | 75.3% | 京都市 |
| 大阪府 | 8,848,998 | 1,451,134 | 16.4% | ― |
| 兵庫県 | 5,570,618 | 657,111 | 11.8% | ― |
| 奈良県 | 1,362,781 | 672,356 | 49.3% | ― |
| 和歌山県 | 964,598 | 592,200 | 61.4% | ― |
| 鳥取県 | 566,052 | 566,052 | 100.0% | 鳥取市 |
| 島根県 | 686,126 | 686,126 | 100.0% | 松江市 |
| 岡山県 | 1,911,722 | 1,307,579 | 68.4% | 岡山市 |
| 広島県 | 2,838,632 | 866,239 | 30.5% | ― |
| 山口県 | 1,383,079 | 914,791 | 66.1% | 山口市 |
| 徳島県 | 750,519 | 306,703 | 40.9% | ― |
| 香川県 | 987,336 | 926,870 | 93.9% | 高松市 |

| 愛媛県 | 1,381,761 | 661,159 | 47.8% | — |
|---|---|---|---|---|
| 高知県 | 717,480 | 387,313 | 54.0% | — |
| 福岡県 | 5,131,305 | 5,061,173 | 98.6% | 福岡市 |
| 佐賀県 | 828,781 | 828,781 | 100.0% | 佐賀市 |
| 長崎県 | 1,365,391 | 941,139 | 68.9% | — |
| 熊本県 | 1,780,079 | 1,743,562 | 97.9% | 熊本市 |
| 大分県 | 1,160,218 | 1,073,840 | 92.6% | 大分市 |
| 宮崎県 | 1,103,755 | 720,498 | 65.3% | 宮崎市 |
| 鹿児島県 | 1,643,437 | 548,158 | 33.4% | — |
| 沖縄県 | 1,476,178 | 1,445,392 | 97.9% | 那覇市 |
| 全国 | 127,443,563 | 54,092,815 | 42.4% | |

注）人口は，2019 年 1 月 1 日現在の住民基本台帳人口（外国人住民を含む）による．
［出典：著者の調査に基づく］

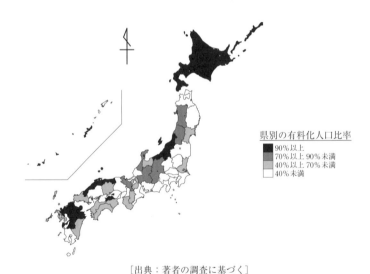

［出典：著者の調査に基づく］

**図 6-2　都道府県別の有料化人口比率地図（2020 年 4 月現在）**

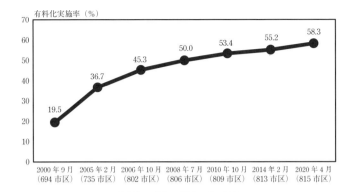

［出典：著者の調査に基づく］

**図 6-3　全国都市の有料化実施率推移**

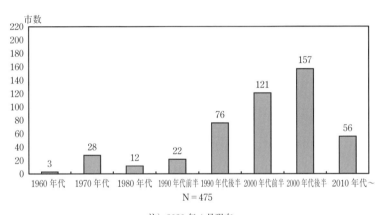

注）2020 年 4 月現在.

［出典：著者の調査に基づく］

**図 6-4　年代別の有料化実施市数推移**

## 2. 手数料の制度と水準

　有料化都市の手数料制度をみると，ごみ1袋目から有料となり，ごみ排出量に比例して手数料支払額が増える単純従量制を採用する市が451市と多数を占め，一定量まで無料または低料率とする超過量従量制を採用する市は24市で全体の5％を占めるにすぎない．超過量従量制については，無料または低料率有料とされる基本量部分について減量インセンティブが十分に働かないこと，世帯人数を勘案してきめ細かく基本量を設定する場合の運用コストが大きいこと，その運用コストに見合う手数料収入を確保できないことなどから，単純従量制に切り替える動きが出ている．

　単純従量制の手数料制度を採用する有料化都市の手数料水準（通常40〜45Lの大袋1枚の価格）は，**図6-5**に示す通りである．中心価格帯は30〜40円台で，全体の45％を占める．しかし，北海道や東京多摩地域には大袋1枚80円といった高い水準の手数料を設定する都市が多く，かなり大きなごみ減量効果を上げている．

　なお，全国の家庭ごみ有料化市町村のリストは，著者ホームページの「ごみ有料化情報」に掲載している．その中の「全国都市家庭ごみ有料化実施状況の県別

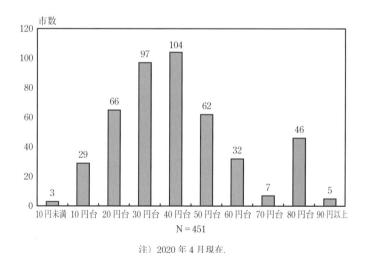

注）2020年4月現在．
［出典：著者の調査に基づく］

**図6-5　価格帯別都市数（単純従量制・大袋1枚の価格）**

一覧」には，手数料制度（単純・超過量）別に，県別有料化市名，有料化実施年月，可燃ごみ大袋1枚の価格，有料化資源物の品目と価格・袋容量，社会的減免・ボランティア袋交付の有無の一覧表が示してある．また「全国町村家庭ごみ有料化実施状況の県別一覧」には県別に有料化町村名と可燃ごみ大袋1枚の価格が示してある．併せてご覧いただきたい．

## 3.　有料化進展の背景となった諸要因

　家庭ごみ有料化進展の背後には，最終処分場の容量切迫や焼却施設の老朽化への対応，ごみ減量による環境負荷の低減やごみ処理費の削減への取り組みなど，各自治体が直面するごみ事情が存在する．有料化進展の背景となったごみ処理に関連した諸要因を一般論として整理すると，概ね次のことが挙げられる．

①最終処分場の埋立容量の逼迫に直面する地方自治体が増加し，ごみ減量・資源化への取り組み強化を迫られたが，その際，家庭ごみ有料化がごみ減量・資源化推進のための有効な手段であるとの認識が高まってきた

②老朽化した焼却施設の更新期に直面した自治体の一部に，有料化の実施によりごみを減量化することで施設規模を縮小し，建設・運営費の削減と環境負荷の低減を図る動きがみられた

③容器包装リサイクル法の制定を受け，各自治体はリサイクル推進の取り組みを強化するようになったが，財政面の制約が厳しくなる状況のもとで，ごみや資源の収集・処理コストについて住民に認識してもらうことが必要と考えられた

④複数の自治体が一部事務組合や広域連合を組織して広域的にごみ処理を行う場合，一部の構成自治体が有料化に踏み切ってごみを減らすと他の構成自治体も分担金の負担増を回避するために，有料化に追随する傾向がみられた

　近年，「経済的手法」や「応益負担」に対する国民の受容性が向上しており，また地域の住民の間にごみ処理を有料化した方が減量努力をする人としない人の公平性を確保できるとの認識が高まってきたことも見逃せない．

　2000年代にいわゆる「平成の大合併」が全国各地で推し進められたことも有料化実施率を押し上げた．市町村合併により新たに市制を施行した新市の有料化実施率が高くなる傾向が認められた．また，非有料化市が有料化自治体との合併を機に有料化実施に踏み込むケースも見られた．

## 4. 国の政策動向

　2000年代に入ってからの政策動向を確認しておこう．循環型社会形成推進基本法の制定を受けて，循環型地域社会づくりを目指して全国各地の自治体で3R（リデュース，リユース，リサイクル）の取り組みが強化されたが，その際にごみ減量・資源化推進の有効な方策として家庭ごみ有料化が位置づけられるようになった．

　2005年5月，廃棄物処理法の規定に基づく国の基本方針が改正され，地方自治体の役割について，「経済的インセンティブを活用した一般廃棄物の排出抑制や再生利用の推進，排出量に応じた負担の公平化および住民の意識改革を進めるため，一般廃棄物処理の有料化を図るべきである」との方針が示された．

　また，2019年3月に環境省が都道府県宛に通知した「循環型社会形成推進交付金交付要綱の取り扱いについて」は，ごみ焼却施設の新設・更新についての交付金交付の要件として，ごみ処理の広域化・施設の集約化，PFI等の民間活用，一般廃棄物会計基準の導入とともに，廃棄物処理の有料化について申請自治体が検討することを新たに求めている．

## 5. おわりに

　家庭ごみ有料化については2000年代に入って以降，意識改革を伴うごみ発生抑制の手法として，またごみ処理費負担の公平化方策として，多くの自治体が関心を寄せ，実施する自治体も増えてきた．実施に至るには，ごみ処理基本計画に有料化の検討方針を盛り込み，市民参加の審議会で議論を重ね，市民説明会開催や意見聴取を行い，議会における条例改正手続きを経ることになるが，現在これらいずれかのステップの途上にある自治体も多い．こうした状況を踏まえると，今後も家庭ごみ有料化を導入する自治体は増えていくものとみられる．

## 第7章

# 家庭ごみ有料化の減量効果

　家庭ごみ有料化は，市民に対してごみ処理コストを可視化し，ごみ減量のインセンティブを提供する．可燃・不燃ごみの排出が有料になると，分別強化により資源化が拡大するイメージが強く持たれる．たしかに有料化で可燃・不燃ごみは減り，資源回収率は高まる．だが，有料化の本領は発生抑制効果で発揮される．本章では，著者の第5回有料化調査で得られた最新のデータに基づいて，このことを解き明かしたい．

## 1. 有料化実施によるごみ減量のルート

　**図 7-1** は，有料化実施によるごみ減量・資源化促進のイメージを示している．

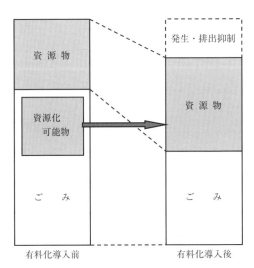

**図7-1　有料化によるごみ減量の2つのルート**

この図から，有料化に対応した住民のごみ減量のルートは2つあることがわかる．一つの減量化ルートは，従来可燃ごみや不燃ごみとして排出していたものの中に含まれた資源化可能物を資源として分別排出し，「資源化」することである．

　有料化実施により分別の強化が最も期待される資源化可能物として古紙類が挙げられる．可燃ごみに混入する資源化可能な古紙の比率は，非有料化自治体では一般に十数％を占める．特に，資源化可能な古紙の4〜5割程度を占める雑がみについては，分別の手間がかかることや，そもそも資源化可能物であるとの認識が市民に十分浸透していないこともあり，資源化されずに可燃ごみとして排出される比率が高くなっている．容器包装プラスチックや繊維類もそれぞれ数％程度の比率で可燃ごみに混入されている．一方，不燃ごみの中にも，びん・缶などの資源化可能物が十数％程度混入していることが多い．

　これらの資源化可能物については，自治体が資源化の受け皿を整備しているにもかかわらず，市民の分別への取り組みに経済的なインセンティブが存在しないことから，安易に廃棄処分されることとなりがちである．可燃ごみや不燃ごみを有料化することで，従来分別されずに廃棄されてきた資源化可能物の分別・資源化が促進される効果が見込める．

　もう一つのルートは，市民がごみをできる限り発生させない行動をとることなどによる「発生抑制」である．家庭ごみ有料化が導入されたとき，これに対応して市民はどのような発生抑制行動をとるか．多摩市が有料化を実施してから3年目に，著者は同市と協働して市民意識調査を実施した[1]（有効回答数1,053件）．調査票には集団回収や店頭回収への資源物排出などを除外する旨の注意書きを付けた上で，さまざまな発生抑制行動の選択肢を提示し，自らの発生抑制行動で最も重要なものから順位を付けて5項目挙げてもらった．その中から第1位に回答された発生抑制行動を抽出すると**図7-2**のようになる．

　家庭ごみ有料化に対応して市民がマイバッグの持参をはじめ，食料品の適量購入やごみを増やさない製品の選択，生ごみの水切り強化，過剰包装の拒否などさまざまな発生抑制行動をとるようになったことを確認できる．

　発生抑制につながる行動については，行政による啓発活動もあって，家庭ごみ有料化を実施していない自治体においても，環境意識が比較的高い市民が日頃実践している．しかし，環境やごみに関する市民意識が関心層と無関心層とに二極

---

1)　多摩市「ごみ減量方策に関する市民アンケート調査」（2011年6月実施）.

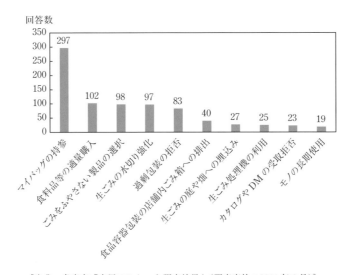

［出典：多摩市「市民アンケート調査結果」（調査実施：2011 年 6 月）］
**図 7-2　有料化に対応した市民の発生抑制行動**

化していると言われる状況のもとで，啓発強化など従来型の手法では無関心層に対しては限界がある．新たな経済的手法としての家庭ごみ有料化の導入により，環境意識の希薄な市民層に対しても，発生抑制行動への誘引を強化することができる．

## 2．有料化導入後の排出原単位ベースでのごみ減量効果

　著者は 2018 年 2 月に，2005 年度から 2014 年度にかけて家庭ごみ有料化を実施した市，有料化実施後に手数料水準を改定した市および手数料制度を改正した市について「第 5 回全国都市家庭ごみ有料化アンケート調査」を行った．この調査によって，これまで著者の調査で単純従量制採用 130 市であった 2000 年度以降有料化減量効果サンプル市数を 155 市に伸ばすことができた．

　**表 7-1** は，この調査の中から，「2000 年度以降に有料化を導入した市の家庭ごみ原単位・資源回収率」の集計結果を示す．単純従量制採用 155 市について，手数料水準（大袋 1 枚の価格）とごみ減量効果の関係を確認しておこう．なお，大袋 1 枚の価格については，手数料改定の有無にかかわらず有料化導入時の価格を記載し，手数料と指定袋代を切り分けている場合には袋代込みの価格に変えて表

表 7-1　2000 年度以降有料化導入市の家庭ごみ原単位・資源回収率

| 市名 | 大袋価格 (円) | 導入前年度 | | | | 導入翌年度 | | | |
|---|---|---|---|---|---|---|---|---|---|
| | | (A) | (B) | (A + B) | (B/(A + B)) | (A) | | (B) | |
| | | 可・不・粗 | 資源物 | 家庭ごみ排出量 | 資源回収率 | 可・不・粗 | 増減 | 資源物 | 増減 |
| X1 | 80 | 796 | 88 | 884 | 10.0% | 558 | − 29.9% | 170 | 92.5% |
| X2 | 80 | 602 | 156 | 758 | 20.6% | 404 | − 32.9% | 262 | 68.0% |
| X3 | 80 | 803 | 87 | 889 | 9.8% | 509 | − 36.5% | 231 | 166.1% |
| X4 | 80 | 612 | 101 | 713 | 14.2% | 436 | − 28.8% | 125 | 23.1% |
| X5 | 103 | 1,032 | 114 | 1,146 | 9.9% | 528 | − 48.8% | 206 | 80.7% |
| X6 | 120 | 611 | 294 | 905 | 32.5% | 545 | − 10.8% | 294 | 0.0% |
| X7 | 90 | 579 | 147 | 726 | 20.2% | 561 | − 3.1% | 218 | 48.3% |
| X8 | 80 | 721 | 251 | 971 | 25.8% | 540 | − 25.1% | 263 | 5.0% |
| X9 | 80 | 1,198 | 148 | 1,346 | 11.0% | 848 | − 29.2% | 144 | − 2.6% |
| X10 | 80 | 721 | 157 | 878 | 17.9% | 505 | − 30.0% | 220 | 40.1% |
| X11 | 80 | 994 | 56 | 1,050 | 5.3% | 525 | − 47.2% | 98 | 75.0% |
| X12 | 80 | 777 | 128 | 905 | 14.2% | 367 | − 52.8% | 215 | 67.6% |
| X13 | 80 | 706 | 254 | 960 | 26.5% | 595 | − 15.7% | 260 | 2.4% |
| X14 | 80 | 1,022 | 101 | 1,123 | 9.0% | 606 | − 40.7% | 183 | 81.2% |
| X15 | 80 | 923 | 158 | 1,081 | 14.6% | 538 | − 41.7% | 225 | 42.4% |
| X16 | 80 | 673 | 156 | 830 | 18.8% | 538 | − 20.2% | 163 | 4.2% |
| X17 | 80 | 810 | 167 | 977 | 17.1% | 545 | − 32.7% | 190 | 13.8% |
| X18 | 80 | 1,052 | 125 | 1,177 | 10.6% | 829 | − 21.2% | 173 | 37.9% |
| X19 | 80 | 861 | 60 | 921 | 6.5% | 520 | − 39.6% | 121 | 101.7% |
| X20 | 80 | 685 | 202 | 887 | 22.8% | 444 | − 35.3% | 226 | 12.1% |
| X21 | 80 | 720 | 158 | 720 | 22.0% | 448 | − 37.9% | 239 | 50.8% |
| X22 | 80 | 551 | 217 | 768 | 28.3% | 434 | − 21.2% | 205 | − 5.5% |
| X23 | 80 | 643 | 151 | 794 | 19.0% | 423 | − 34.2% | 224 | 48.3% |
| X24 | 30 | 688 | 579 | 1,267 | 45.7% | 578 | − 16.1% | 619 | 7.0% |
| X25 | 60 | 1,109 | 129 | 1,238 | 10.4% | 916 | − 17.4% | 127 | − 1.6% |
| X26 | 30 | 691 | 92 | 783 | 11.7% | 528 | − 23.6% | 106 | 15.7% |
| X27 | 63 | 437 | 189 | 626 | 30.2% | 356 | − 18.5% | 183 | − 3.2% |
| X28 | 40 | 596 | 177 | 773 | 22.9% | 499 | − 16.3% | 191 | 7.9% |
| X29 | 45 | 584 | 148 | 732 | 20.2% | 527 | − 9.8% | 161 | 8.8% |
| X30 | 31.5 | 510 | 140 | 650 | 21.5% | 497 | − 2.5% | 131 | − 6.4% |
| X31 | 30 | 651 | 110 | 761 | 14.4% | 608 | − 6.6% | 110 | 0.0% |
| X32 | 40 | 624 | 119 | 743 | 16.0% | 540 | − 13.5% | 118 | − 0.8% |
| X33 | 35 | 631 | 129 | 760 | 17.0% | 565 | − 10.5% | 140 | 8.8% |
| X34 | 35 | 505 | 125 | 630 | 19.8% | 469 | − 7.1% | 120 | − 4.0% |
| X35 | 30 | 897 | 132 | 1,030 | 12.8% | 700 | − 22.0% | 130 | − 1.6% |
| X36 | 30 | 819 | 167 | 986 | 16.9% | 589 | − 28.1% | 161 | − 3.6% |
| X37 | 30 | 1,165 | 127 | 1,292 | 9.8% | 805 | − 30.9% | 83 | − 34.6% |
| X38 | 60 | 733 | 151 | 884 | 17.1% | 609 | − 16.9% | 156 | 3.3% |
| X39 | 50 | 690 | 168 | 858 | 19.6% | 513 | − 25.7% | 149 | − 11.6% |
| X40 | 40 | 522 | 96 | 618 | 15.5% | 483 | − 7.5% | 120 | 25.0% |

（単位：g／人・日，%）

| (A + B) | | (B / (A + B)) | 導入 5 年目年度または 2016 年度 | | | | | | |
| --- | --- | --- | --- | --- | --- | --- | --- | --- | --- |
| | | | (A) | | (B) | | (A + B) | | (B / (A + B)) |
| 家庭ごみ排出量 | 増減 | 資源回収率 | 可・不・粗 | 増減 | 資源物 | 増減 | 家庭ごみ排出量 | 増減 | 資源回収率 |
| 727 | − 17.7% | 23.3% | 558 | − 29.8% | 177 | 101.1% | 736 | − 16.8% | 24.1% |
| 666 | − 12.1% | 39.3% | 419 | − 30.4% | 243 | 55.8% | 662 | − 12.7% | 36.7% |
| 740 | − 16.8% | 31.2% | 474 | − 41.0% | 210 | 141.9% | 684 | − 23.1% | 30.7% |
| 561 | − 21.4% | 22.3% | 448 | − 26.7% | 132 | 30.2% | 580 | − 18.6% | 22.7% |
| 734 | − 36.0% | 28.1% | 526 | − 49.0% | 190 | 66.7% | 716 | − 37.5% | 26.5% |
| 839 | − 7.3% | 35.0% | 426 | − 30.3% | 261 | − 11.2% | 687 | − 24.1% | 38.0% |
| 779 | 7.3% | 28.0% | 510 | − 11.9% | 179 | 21.8% | 689 | − 5.1% | 26.0% |
| 803 | − 17.4% | 32.8% | 571 | − 20.8% | 261 | 4.1% | 832 | − 14.3% | 31.3% |
| 992 | − 26.3% | 14.5% | 862 | − 28.1% | 138 | − 6.8% | 999 | − 25.8% | 13.8% |
| 725 | − 17.4% | 30.3% | 507 | − 29.7% | 206 | 31.2% | 713 | − 18.8% | 28.9% |
| 623 | − 40.7% | 15.7% | 504 | − 49.3% | 42 | − 25.0% | 546 | − 48.0% | 7.7% |
| 582 | − 35.8% | 36.9% | 349 | − 55.1% | 213 | 65.8% | 561 | − 38.0% | 37.9% |
| 855 | − 10.9% | 30.4% | 398 | − 43.6% | 250 | − 1.6% | 648 | − 32.5% | 38.6% |
| 789 | − 29.7% | 23.2% | 586 | − 42.7% | 164 | 62.4% | 750 | − 33.2% | 21.9% |
| 763 | − 29.4% | 29.5% | 485 | − 47.5% | 199 | 25.9% | 684 | − 36.7% | 29.1% |
| 700 | − 15.6% | 23.2% | 533 | − 20.8% | 145 | − 7.5% | 678 | − 18.3% | 21.3% |
| 735 | − 24.8% | 25.9% | 507 | − 37.4% | 205 | 22.8% | 712 | − 27.1% | 28.8% |
| 1,002 | − 14.9% | 17.3% | 799 | − 24.1% | 168 | 33.9% | 967 | − 17.9% | 17.4% |
| 641 | − 30.4% | 18.9% | 520 | − 39.6% | 139 | 131.7% | 659 | − 28.4% | 21.1% |
| 670 | − 24.5% | 33.8% | 468 | − 31.7% | 232 | 14.9% | 700 | − 21.1% | 33.1% |
| 686 | − 4.7% | 34.8% | 484 | − 32.8% | 218 | 38.0% | 703 | − 2.5% | 31.1% |
| 639 | − 16.8% | 32.1% | 307 | − 44.3% | 301 | 38.7% | 608 | − 20.8% | 49.5% |
| 647 | − 18.5% | 34.6% | 420 | − 34.7% | 217 | 43.7% | 637 | − 19.8% | 34.1% |
| 1,197 | − 5.5% | 51.7% | 581 | − 15.6% | 637 | 10.1% | 1,218 | − 3.8% | 52.3% |
| 1,043 | − 15.8% | 12.2% | 935 | − 15.7% | 119 | − 7.8% | 1,054 | − 14.9% | 11.3% |
| 634 | − 19.0% | 16.7% | 533 | − 22.9% | 109 | 19.3% | 643 | − 17.9% | 17.0% |
| 539 | − 13.9% | 34.0% | 357 | − 18.3% | 168 | − 11.1% | 525 | − 16.1% | 32.0% |
| 690 | − 10.7% | 27.7% | 506 | − 15.1% | 187 | 5.6% | 693 | − 10.3% | 27.0% |
| 688 | − 6.0% | 23.4% | 529 | − 9.4% | 153 | 3.4% | 682 | − 6.8% | 22.4% |
| 628 | − 3.4% | 20.9% | 478 | − 6.3% | 123 | − 12.1% | 601 | − 7.5% | 20.5% |
| 718 | − 5.7% | 15.3% | 587 | − 9.9% | 108 | − 1.2% | 695 | − 8.7% | 15.6% |
| 658 | − 11.4% | 17.9% | 561 | − 10.1% | 121 | 1.7% | 682 | − 8.2% | 17.7% |
| 705 | − 7.3% | 19.9% | 573 | − 9.2% | 139 | 8.0% | 713 | − 6.3% | 19.5% |
| 589 | − 6.5% | 20.4% | 499 | − 1.2% | 107 | − 14.4% | 606 | − 3.8% | 17.7% |
| 830 | − 19.3% | 15.7% | 674 | − 24.9% | 106 | − 19.6% | 781 | − 24.2% | 13.6% |
| 750 | − 23.9% | 21.5% | 595 | − 27.4% | 129 | − 22.8% | 724 | − 26.6% | 17.8% |
| 888 | − 31.3% | 9.3% | 856 | − 26.5% | 155 | 22.0% | 1,011 | − 21.7% | 15.3% |
| 765 | − 13.5% | 20.4% | 614 | − 16.2% | 150 | − 0.7% | 764 | − 13.6% | 19.6% |
| 661 | − 22.9% | 22.5% | 513 | − 25.6% | 149 | − 11.3% | 661 | − 22.9% | 22.5% |
| 603 | − 2.4% | 19.9% | 487 | − 6.7% | 103 | 7.3% | 590 | − 4.5% | 17.5% |

| X41 | 50 | 848 | 54 | 902 | 6.0% | 605 | − 28.7% | 154 | 185.2% |
| X42 | 50 | 781 | 191 | 972 | 19.7% | 619 | − 20.7% | 250 | 30.9% |
| X43 | 25 | 742 | 148 | 890 | 16.7% | 547 | − 26.3% | 234 | 57.6% |
| X44 | 36 | 555 | 139 | 694 | 20.0% | 510 | − 8.1% | 132 | − 5.0% |
| X45 | 30 | 1,242 | 206 | 1,448 | 14.2% | 1,151 | − 7.3% | 250 | 21.4% |
| X46 | 30 | 979 | 94 | 1,073 | 8.8% | 819 | − 16.3% | 151 | 60.6% |
| X47 | 45 | 746 | 226 | 972 | 23.3% | 669 | − 10.3% | 245 | 8.4% |
| X48 | 32 | 632 | 165 | 797 | 20.7% | 567 | − 10.2% | 205 | 24.1% |
| X49 | 16 | 773 | 118 | 891 | 13.2% | 696 | − 10.0% | 131 | 11.0% |
| X50 | 35 | 873 | 175 | 1,048 | 16.7% | 778 | − 10.9% | 190 | 8.6% |
| X51 | 50 | 867 | 236 | 1,103 | 21.4% | 792 | − 8.7% | 176 | − 25.5% |
| X52 | 75 | 668 | 84 | 752 | 11.2% | 476 | − 28.7% | 152 | 81.0% |
| X53 | 80 | 611 | 174 | 786 | 22.2% | 503 | − 17.8% | 261 | 50.0% |
| X54 | 75 | 464 | 256 | 720 | 35.6% | 400 | − 13.8% | 261 | 1.9% |
| X55 | 80 | 543 | 177 | 721 | 24.6% | 367 | − 32.5% | 250 | 40.9% |
| X56 | 60 | 622 | 234 | 856 | 27.3% | 518 | − 16.7% | 232 | − 0.9% |
| X57 | 84 | 574 | 261 | 835 | 31.3% | 433 | − 24.5% | 357 | 36.8% |
| X58 | 80 | 596 | 125 | 721 | 17.3% | 490 | − 17.8% | 141 | 12.8% |
| X59 | 80 | 572 | 189 | 761 | 24.9% | 483 | − 15.6% | 234 | 23.4% |
| X60 | 80 | 982 | 150 | 1,132 | 13.3% | 633 | − 35.6% | 261 | 73.5% |
| X61 | 72 | 727 | 213 | 939 | 22.6% | 646 | − 11.1% | 229 | 7.4% |
| X62 | 60 | 727 | 290 | 1,016 | 28.5% | 688 | − 5.3% | 298 | 2.8% |
| X63 | 80 | 616 | 228 | 844 | 27.0% | 515 | − 16.4% | 260 | 13.7% |
| X64 | 40 | 607 | 223 | 830 | 26.9% | 539 | − 11.2% | 216 | − 3.1% |
| X65 | 60 | 552 | 207 | 758 | 27.2% | 457 | − 17.1% | 214 | 3.8% |
| X66 | 60 | 613 | 151 | 764 | 19.8% | 535 | − 12.7% | 196 | 29.8% |
| X67 | 60 | 586 | 303 | 889 | 34.1% | 506 | − 13.6% | 306 | 1.0% |
| X68 | 60 | 841 | 246 | 1,087 | 22.6% | 694 | − 17.4% | 262 | 6.8% |
| X69 | 80 | 536 | 189 | 724 | 26.0% | 391 | − 27.1% | 236 | 25.4% |
| X70 | 80 | 470 | 236 | 706 | 33.4% | 378 | − 19.6% | 265 | 12.3% |
| X71 | 80 | 635 | 231 | 866 | 26.7% | 549 | − 13.5% | 248 | 7.4% |
| X72 | 80 | 823 | 218 | 1,041 | 20.9% | 685 | − 16.8% | 218 | 0.0% |
| X73 | 80 | 642 | 158 | 800 | 19.8% | 458 | − 28.7% | 240 | 51.9% |
| X74 | 45 | 679 | 201 | 880 | 22.9% | 485 | − 28.6% | 268 | 33.1% |
| X75 | 52 | 1,173 | 129 | 1,302 | 9.9% | 891 | − 24.0% | 232 | 79.8% |
| X76 | 45 | 719 | 120 | 839 | 14.3% | 552 | − 23.2% | 141 | 17.5% |
| X77 | 70 | 606 | 149 | 755 | 19.7% | 435 | − 28.3% | 184 | 23.4% |
| X78 | 50 | 590 | 96 | 686 | 14.0% | 502 | − 14.9% | 160 | 66.7% |
| X79 | 35 | 817 | 216 | 1,034 | 20.9% | 632 | − 22.6% | 217 | 0.3% |
| X80 | 45 | 805 | 153 | 958 | 16.0% | 656 | − 18.5% | 188 | 22.9% |
| X81 | 49.5 | 611 | 306 | 917 | 33.3% | 364 | − 40.4% | 304 | − 0.5% |
| X82 | 32 | 994 | 96 | 1,090 | 8.8% | 711 | − 28.5% | 69 | − 28.1% |
| X83 | 50 | 898 | 104 | 1,002 | 10.4% | 628 | − 30.1% | 131 | 26.0% |
| X84 | 45 | 599 | 190 | 789 | 24.1% | 469 | − 21.7% | 197 | 3.7% |

| 759 | − 15.9% | 20.3% | 547 | − 35.5% | 135 | 150.0% | 682 | − 24.4% | 19.8% |
|---|---|---|---|---|---|---|---|---|---|
| 869 | − 10.6% | 28.8% | 614 | − 21.4% | 217 | 13.6% | 831 | − 14.5% | 26.1% |
| 781 | − 12.3% | 30.0% | 566 | − 23.7% | 154 | 3.7% | 720 | − 19.1% | 21.4% |
| 642 | − 7.5% | 20.6% | 502 | − 9.5% | 124 | − 10.8% | 624 | − 10.1% | 19.9% |
| 1,401 | − 3.2% | 17.8% | 1,147 | − 7.6% | 214 | 3.9% | 1,361 | − 6.0% | 15.7% |
| 970 | − 9.6% | 15.6% | 796 | − 18.7% | 134 | 42.6% | 930 | − 13.3% | 14.4% |
| 914 | − 6.0% | 26.8% | 568 | − 23.9% | 185 | − 18.1% | 753 | − 22.5% | 24.6% |
| 772 | − 3.1% | 26.5% | 529 | − 16.3% | 193 | 17.2% | 722 | − 9.4% | 26.8% |
| 827 | − 7.2% | 15.8% | 717 | − 7.2% | 133 | 12.7% | 850 | − 4.6% | 15.6% |
| 968 | − 7.6% | 19.6% | 766 | − 12.3% | 194 | 10.9% | 960 | − 8.4% | 20.2% |
| 967 | − 12.3% | 18.2% | 633 | − 27.0% | 206 | − 12.7% | 839 | − 24.0% | 24.5% |
| 628 | − 16.5% | 24.2% | 450 | − 32.6% | 139 | 65.5% | 589 | − 21.7% | 23.6% |
| 764 | − 2.8% | 34.2% | 491 | − 19.7% | 230 | 31.9% | 721 | − 8.3% | 31.9% |
| 661 | − 8.2% | 39.5% | 393 | − 15.3% | 271 | 5.9% | 664 | − 7.8% | 40.8% |
| 617 | − 14.5% | 40.5% | 376 | − 30.7% | 249 | 40.3% | 625 | − 13.2% | 39.8% |
| 750 | − 12.4% | 30.9% | 496 | − 20.3% | 248 | 6.0% | 744 | − 13.1% | 33.3% |
| 790 | − 5.3% | 45.2% | 395 | − 31.2% | 314 | 20.4% | 709 | − 15.1% | 44.3% |
| 631 | − 12.5% | 22.3% | 468 | − 21.5% | 120 | − 4.0% | 588 | − 18.4% | 20.4% |
| 716 | − 5.9% | 32.6% | 426 | − 25.6% | 210 | 11.1% | 636 | − 16.5% | 33.1% |
| 894 | − 21.1% | 29.2% | 614 | − 37.5% | 253 | 68.0% | 866 | − 23.5% | 29.2% |
| 875 | − 6.9% | 26.1% | 619 | − 14.8% | 229 | 7.4% | 848 | − 9.8% | 27.0% |
| 986 | − 3.0% | 30.2% | 629 | − 13.5% | 359 | 23.9% | 987 | − 2.9% | 36.3% |
| 774 | − 8.2% | 33.5% | 478 | − 22.3% | 220 | − 3.5% | 699 | − 17.2% | 31.5% |
| 755 | − 9.0% | 28.6% | 500 | − 17.6% | 207 | − 7.2% | 707 | − 14.8% | 29.3% |
| 672 | − 11.4% | 31.9% | 456 | − 17.4% | 211 | 2.2% | 667 | − 12.1% | 31.6% |
| 731 | − 4.3% | 26.8% | 495 | − 19.2% | 187 | 23.8% | 682 | − 10.7% | 27.4% |
| 812 | − 8.6% | 37.7% | 511 | − 12.8% | 302 | − 0.3% | 813 | − 8.5% | 37.2% |
| 957 | − 12.0% | 27.4% | 666 | − 20.8% | 246 | 0.1% | 912 | − 16.1% | 27.0% |
| 627 | − 13.4% | 37.7% | 385 | − 28.0% | 235 | 24.5% | 620 | − 14.4% | 37.8% |
| 643 | − 8.9% | 41.2% | 371 | − 21.1% | 258 | 9.3% | 629 | − 10.9% | 41.0% |
| 797 | − 8.0% | 31.1% | 464 | − 26.9% | 237 | 2.6% | 701 | − 19.1% | 33.8% |
| 903 | − 13.3% | 24.1% | 668 | − 18.8% | 211 | − 3.2% | 879 | − 15.6% | 24.0% |
| 698 | − 12.8% | 34.4% | 451 | − 29.8% | 196 | 24.1% | 647 | − 19.1% | 30.3% |
| 752 | − 14.5% | 35.6% | 478 | − 29.6% | 267 | 32.6% | 745 | − 15.4% | 35.8% |
| 1,123 | − 13.7% | 20.7% | 737 | − 37.2% | 232 | 79.8% | 969 | − 25.6% | 23.9% |
| 693 | − 17.4% | 20.3% | 569 | − 20.9% | 152 | 26.7% | 721 | − 14.1% | 21.1% |
| 619 | − 18.1% | 29.7% | 442 | − 27.0% | 197 | 32.0% | 639 | − 15.4% | 30.1% |
| 662 | − 3.5% | 24.2% | 495 | − 16.1% | 174 | 81.3% | 669 | − 2.5% | 26.0% |
| 850 | − 17.8% | 25.6% | 666 | − 18.5% | 190 | − 12.1% | 856 | − 17.2% | 22.2% |
| 844 | − 11.9% | 22.3% | 652 | − 19.0% | 183 | 19.6% | 835 | − 12.8% | 21.9% |
| 668 | − 27.1% | 45.5% | 353 | − 42.3% | 309 | 1.3% | 662 | − 27.8% | 46.7% |
| 780 | − 28.4% | 8.8% | 874 | − 12.1% | 86 | − 10.4% | 960 | − 11.9% | 9.0% |
| 759 | − 24.3% | 17.3% | 671 | − 25.3% | 149 | 43.3% | 820 | − 18.2% | 18.2% |
| 666 | − 15.6% | 29.6% | 462 | − 22.9% | 181 | − 4.7% | 643 | − 18.5% | 28.1% |

| | | | | | | | | | |
|---|---|---|---|---|---|---|---|---|---|
| X85 | 30 | 850 | 178 | 1,028 | 17.3% | 717 | − 15.6% | 167 | 6.2% |
| X86 | 30 | 613 | 32 | 645 | 5.0% | 543 | − 11.4% | 44 | 37.5% |
| X87 | 30 | 946 | 34 | 980 | 3.5% | 649 | − 31.4% | 55 | 61.8% |
| X88 | 30 | 890 | 93 | 983 | 9.5% | 587 | − 34.0% | 156 | 67.7% |
| X89 | 60 | 1,125 | 196 | 1,321 | 14.8% | 966 | − 14.1% | 186 | − 5.1% |
| X90 | 18 | 788 | 80 | 868 | 9.2% | 654 | − 17.0% | 87 | 8.7% |
| X91 | 15 | 821 | 141 | 962 | 14.7% | 746 | − 9.1% | 155 | 9.9% |
| X92 | 39 | 278 | 352 | 630 | 55.9% | 234 | − 15.8% | 354 | 0.6% |
| X93 | 70 | 482 | 202 | 684 | 29.5% | 400 | − 17.0% | 250 | 23.8% |
| X94 | 50 | 407 | 206 | 613 | 33.7% | 329 | − 19.2% | 217 | 5.4% |
| X95 | 14 | 209 | 102 | 311 | 32.8% | 217 | 3.8% | 96 | − 5.9% |
| X96 | 21 | 428 | 177 | 605 | 29.3% | 402 | − 6.1% | 180 | 1.7% |
| X97 | 20 | 529 | 159 | 688 | 23.1% | 496 | − 6.2% | 148 | − 6.9% |
| X98 | 30 | 713 | 162 | 875 | 18.5% | 657 | − 7.9% | 158 | − 2.5% |
| X99 | 50 | 648 | 171 | 819 | 20.9% | 549 | − 15.3% | 177 | 3.5% |
| X100 | 54 | 1,034 | 216 | 1,250 | 17.3% | 641 | − 38.0% | 263 | 21.9% |
| X101 | 45 | 1,401 | 192 | 1,593 | 12.1% | 1,364 | − 2.6% | 181 | − 5.7% |
| X102 | 45 | 453 | 178 | 631 | 28.2% | 436 | − 3.8% | 158 | − 11.2% |
| X103 | 45 | 534 | 36 | 570 | 6.3% | 440 | − 17.6% | 60 | 66.7% |
| X104 | 40 | 1,098 | 103 | 1,201 | 8.6% | 887 | − 19.2% | 191 | 84.5% |
| X105 | 40 | 639 | 30 | 669 | 4.5% | 522 | − 18.2% | 121 | 300.5% |
| X106 | 9 | 1,333 | 163 | 1,496 | 10.9% | 1,108 | − 16.9% | 187 | 14.7% |
| X107 | 45 | 630 | 109 | 739 | 14.7% | 444 | − 29.5% | 145 | 33.0% |
| X108 | 45 | 718 | 176 | 894 | 19.7% | 546 | − 24.0% | 181 | 2.8% |
| X109 | 45 | 513 | 130 | 643 | 20.2% | 433 | − 15.6% | 140 | 7.7% |
| X110 | 50 | 681 | 7 | 688 | 1.0% | 520 | − 23.6% | 12 | 71.4% |
| X111 | 50 | 551 | 153 | 704 | 21.7% | 521 | − 5.4% | 159 | 3.9% |
| X112 | 35 | 637 | 153 | 790 | 19.4% | 481 | − 24.5% | 137 | − 10.5% |
| X113 | 45 | 708 | 36 | 744 | 4.8% | 552 | − 22.0% | 60 | 66.7% |
| X114 | 45 | 812 | 114 | 926 | 12.3% | 661 | − 18.6% | 160 | 40.4% |
| X115 | 47 | 749 | 123 | 872 | 14.1% | 694 | − 7.3% | 135 | 9.8% |
| X116 | 25 | 1,018 | 107 | 1,125 | 9.5% | 924 | − 9.2% | 126 | 17.8% |
| X117 | 60 | 539 | 166 | 705 | 23.5% | 452 | − 16.1% | 166 | 0.0% |
| X118 | 60 | 801 | 189 | 990 | 19.1% | 549 | − 31.5% | 160 | − 15.3% |
| X119 | 30 | 545 | 159 | 704 | 22.6% | 521 | − 4.4% | 159 | 0.0% |
| X120 | 40 | 857 | 235 | 1,092 | 21.5% | 810 | − 5.5% | 265 | 12.8% |
| X121 | 50 | 656 | 117 | 773 | 15.1% | 525 | − 20.0% | 122 | 4.3% |
| X122 | 50 | 868 | 141 | 1,008 | 14.0% | 721 | − 16.9% | 155 | 9.8% |
| X123 | 45 | 653 | 80 | 733 | 10.9% | 477 | − 27.0% | 77 | − 3.7% |
| X124 | 34.5 | 457 | 214 | 671 | 31.9% | 373 | − 18.4% | 175 | − 18.6% |
| X125 | 22 | 505 | 126 | 631 | 20.0% | 458 | − 9.3% | 143 | 13.5% |
| X126 | 45 | 570 | 267 | 837 | 31.9% | 503 | − 11.8% | 226 | − 15.4% |
| X127 | 50 | 700 | 94 | 793 | 11.8% | 486 | − 30.6% | 174 | 85.6% |
| X128 | 10 | 657 | 173 | 830 | 20.8% | 640 | − 2.6% | 178 | 2.9% |

| | | | | | | | | |
|---|---|---|---|---|---|---|---|---|
| 884 | − 14.0% | 18.9% | 692 | − 18.6% | 160 | − 10.1% | 852 | − 17.1% | 18.8% |
| 587 | − 9.0% | 7.5% | 545 | − 11.1% | 42 | 31.3% | 587 | − 9.0% | 7.2% |
| 704 | − 28.2% | 7.8% | 730 | − 22.8% | 92 | 170.6% | 822 | − 16.1% | 11.2% |
| 743 | − 24.4% | 21.0% | 636 | − 28.5% | 204 | 119.4% | 840 | − 14.5% | 24.3% |
| 1,152 | − 12.8% | 16.1% | 937 | − 16.7% | 183 | − 6.6% | 1,120 | − 15.2% | 16.3% |
| 741 | − 14.6% | 11.7% | 658 | − 16.5% | 67 | − 16.3% | 725 | − 16.5% | 9.2% |
| 901 | − 6.3% | 17.2% | 858 | 4.5% | 135 | − 4.3% | 993 | 3.2% | 13.6% |
| 588 | − 6.7% | 60.2% | 235 | − 15.5% | 323 | − 8.2% | 558 | − 11.4% | 57.9% |
| 650 | − 5.0% | 38.5% | 300 | − 37.8% | 227 | 12.4% | 527 | − 23.0% | 43.1% |
| 546 | − 10.9% | 39.8% | 411 | 1.2% | 236 | 14.4% | 647 | 5.6% | 36.4% |
| 313 | 0.6% | 30.7% | 217 | 3.8% | 86 | − 15.7% | 303 | − 2.6% | 28.4% |
| 582 | − 3.8% | 30.9% | 417 | − 2.6% | 180 | 1.7% | 597 | − 1.3% | 30.2% |
| 644 | − 6.4% | 23.0% | 514 | − 2.8% | 130 | − 18.2% | 644 | − 6.4% | 20.2% |
| 815 | − 6.9% | 19.4% | 675 | − 5.3% | 137 | − 15.4% | 812 | − 7.2% | 16.9% |
| 726 | − 11.4% | 24.4% | 540 | − 16.7% | 148 | − 13.5% | 688 | − 16.0% | 21.5% |
| 904 | − 27.6% | 29.1% | 638 | − 38.3% | 255 | 18.2% | 893 | − 28.6% | 28.6% |
| 1,545 | − 3.0% | 11.7% | 1,218 | − 13.1% | 183 | − 4.7% | 1,401 | − 12.1% | 13.1% |
| 594 | − 5.9% | 26.6% | 445 | − 1.8% | 157 | − 11.8% | 602 | − 4.6% | 26.1% |
| 500 | − 12.3% | 12.0% | 405 | − 24.2% | 77 | 113.9% | 482 | − 15.4% | 16.0% |
| 1,077 | − 10.3% | 17.7% | 868 | − 20.9% | 164 | 58.7% | 1,032 | − 14.0% | 15.9% |
| 644 | − 3.8% | 18.9% | 501 | − 21.5% | 131 | 333.3% | 633 | − 5.5% | 20.8% |
| 1,295 | − 13.4% | 14.4% | 979 | − 26.6% | 131 | − 19.6% | 1,110 | − 25.8% | 11.8% |
| 589 | − 20.3% | 24.6% | 421 | − 33.2% | 120 | 10.1% | 541 | − 26.8% | 22.2% |
| 727 | − 18.7% | 24.9% | 540 | − 24.8% | 176 | 0.0% | 716 | − 19.9% | 24.6% |
| 573 | − 10.9% | 24.4% | 426 | − 17.0% | 153 | 17.7% | 579 | − 10.0% | 26.4% |
| 532 | − 22.7% | 2.3% | 422 | − 38.0% | 75 | 971.4% | 497 | − 27.8% | 15.1% |
| 680 | − 3.4% | 23.4% | 479 | − 13.1% | 165 | 7.8% | 644 | − 8.5% | 25.6% |
| 618 | − 21.8% | 22.2% | 453 | − 28.9% | 118 | − 22.9% | 571 | − 27.7% | 20.7% |
| 612 | − 17.7% | 9.8% | 527 | − 25.6% | 68 | 88.9% | 595 | − 20.0% | 11.4% |
| 821 | − 11.3% | 19.5% | 661 | − 18.6% | 146 | 28.1% | 807 | − 12.9% | 18.1% |
| 829 | − 4.9% | 16.3% | 639 | − 14.7% | 204 | 65.9% | 843 | − 3.3% | 24.2% |
| 1,050 | − 6.7% | 12.0% | 909 | − 10.7% | 114 | 6.5% | 1,023 | − 9.1% | 11.1% |
| 618 | − 12.3% | 26.9% | 418 | − 22.4% | 151 | − 9.0% | 569 | − 19.3% | 26.5% |
| 709 | − 28.4% | 22.6% | 530 | − 33.8% | 138 | − 27.0% | 668 | − 32.5% | 20.7% |
| 680 | − 3.4% | 23.4% | 486 | − 10.8% | 137 | − 13.8% | 623 | − 11.5% | 22.0% |
| 1,075 | − 1.6% | 24.7% | 764 | − 10.9% | 296 | 26.0% | 1,060 | − 2.9% | 27.9% |
| 647 | − 16.3% | 18.9% | 520 | − 20.7% | 114 | − 2.6% | 634 | − 18.0% | 18.0% |
| 875 | − 13.2% | 17.7% | 563 | − 35.1% | 134 | − 5.0% | 697 | − 30.9% | 19.2% |
| 554 | − 24.4% | 13.9% | 509 | − 22.1% | 71 | − 11.3% | 580 | − 20.9% | 12.2% |
| 547 | − 18.5% | 31.9% | 356 | − 22.2% | 164 | − 23.6% | 519 | − 22.6% | 31.5% |
| 601 | − 4.8% | 23.8% | 448 | − 11.3% | 203 | 61.1% | 651 | 3.2% | 31.2% |
| 729 | − 12.9% | 31.0% | 469 | − 17.7% | 251 | − 6.0% | 720 | − 14.0% | 34.9% |
| 660 | − 16.9% | 26.4% | 484 | − 30.8% | 178 | 90.3% | 663 | − 16.5% | 26.9% |
| 818 | − 1.4% | 21.8% | 544 | − 17.2% | 186 | 7.5% | 730 | − 12.0% | 25.5% |

| X129 | 13 | 1,114 | 169 | 1,283 | 13.2% | 1,052 | − 5.6% | 173 | 2.4% |
| X130 | 30 | 553 | 244 | 797 | 30.6% | 486 | − 12.1% | 234 | − 4.1% |
| X131 | 30 | 1,363 | 50 | 1,413 | 3.5% | 1,250 | − 8.3% | 55 | 10.0% |
| X132 | 25 | 736 | 143 | 879 | 16.3% | 731 | − 0.7% | 126 | − 11.5% |
| X133 | 17 | 846 | 93 | 939 | 9.9% | 777 | − 8.2% | 173 | 86.0% |
| X134 | 40 | 703 | 170 | 873 | 19.5% | 565 | − 19.6% | 166 | − 2.5% |
| X135 | 45 | 635 | 104 | 739 | 14.1% | 582 | − 8.3% | 128 | 23.1% |
| X136 | 40 | 787 | 159 | 946 | 16.8% | 632 | − 19.7% | 148 | − 6.9% |
| X137 | 60 | 1,044 | 115 | 1,158 | 9.9% | 858 | − 17.8% | 112 | − 2.3% |
| X138 | 45 | 852 | 150 | 1,003 | 15.0% | 760 | − 10.8% | 145 | − 3.3% |
| X139 | 30 | 834 | 108 | 942 | 11.5% | 807 | − 3.2% | 96 | − 11.1% |
| X140 | 40 | 890 | 27 | 917 | 2.9% | 677 | − 24.0% | 104 | 290.2% |
| X141 | 40 | 669 | 247 | 916 | 27.0% | 572 | − 14.5% | 307 | 24.3% |
| X142 | 35 | 585 | 108 | 692 | 15.5% | 486 | − 16.9% | 133 | 23.7% |
| X143 | 45 | 655 | 196 | 851 | 23.0% | 531 | − 18.9% | 173 | − 11.7% |
| X144 | 35 | 711 | 84 | 795 | 10.6% | 655 | − 7.8% | 92 | 9.8% |
| X145 | 31.5 | 549 | 142 | 691 | 20.5% | 508 | − 7.5% | 147 | 3.5% |
| X146 | 30 | 800 | 54 | 854 | 6.3% | 632 | − 21.0% | 38 | − 29.6% |
| X147 | 25 | 506 | 94 | 600 | 15.7% | 497 | − 1.8% | 90 | − 4.3% |
| X148 | 30 | 594 | 98 | 692 | 14.2% | 534 | − 10.1% | 104 | 6.1% |
| X149 | 40 | 916 | 190 | 1,106 | 17.2% | 779 | − 15.0% | 191 | 0.4% |
| X150 | 40 | 706 | 86 | 792 | 10.9% | 537 | − 23.9% | 106 | 23.3% |
| X151 | 32 | 605 | 100 | 705 | 14.2% | 489 | − 19.2% | 154 | 54.0% |
| X152 | 30 | 653 | 90 | 743 | 12.1% | 527 | − 19.3% | 81 | − 10.0% |
| X153 | 20 | 701 | 155 | 856 | 18.1% | 696 | − 0.7% | 240 | 54.8% |
| X154 | 54 | 955 | 94 | 1,049 | 9.0% | 957 | 0.2% | 58 | − 38.3% |
| X155 | 20 | 1,029 | 21 | 1,050 | 2.0% | 854 | − 17.0% | 112 | 433.3% |

［出典：著者の全国都市アンケート調査に基づく］

| | | | | | | | | |
|---|---|---|---|---|---|---|---|---|
| 1,225 | − 4.5% | 14.1% | 1,099 | − 1.3% | 149 | − 11.8% | 1,248 | − 2.7% | 11.9% |
| 720 | − 9.7% | 32.5% | 431 | − 22.1% | 202 | − 17.2% | 633 | − 20.6% | 31.9% |
| 1,305 | − 7.6% | 4.2% | 1,137 | − 16.6% | 57 | 14.0% | 1,194 | − 15.5% | 4.8% |
| 857 | − 2.4% | 14.7% | 727 | − 1.2% | 102 | − 28.6% | 829 | − 5.7% | 12.3% |
| 950 | 1.2% | 18.2% | 630 | − 25.5% | 109 | 17.2% | 739 | − 21.3% | 14.7% |
| 731 | − 16.3% | 22.7% | 527 | − 25.0% | 149 | − 12.2% | 677 | − 22.5% | 22.1% |
| 710 | − 3.9% | 18.0% | 537 | − 15.4% | 112 | 7.7% | 649 | − 12.2% | 17.3% |
| 780 | − 17.5% | 19.0% | 616 | − 21.7% | 133 | − 16.4% | 749 | − 20.8% | 17.8% |
| 970 | − 16.2% | 11.5% | 842 | − 19.4% | 116 | 1.1% | 957 | − 17.3% | 12.1% |
| 905 | − 9.8% | 16.0% | 700 | − 17.8% | 127 | − 15.3% | 826 | − 17.6% | 15.4% |
| 903 | − 4.1% | 10.6% | 830 | − 0.5% | 83 | − 23.1% | 913 | − 3.1% | 9.1% |
| 780 | − 14.9% | 13.3% | 700 | − 21.4% | 95 | 258.6% | 795 | − 13.3% | 12.0% |
| 879 | − 4.0% | 34.9% | 617 | − 7.8% | 251 | 1.6% | 868 | − 5.2% | 28.9% |
| 619 | − 10.6% | 21.5% | 478 | − 18.3% | 143 | 32.8% | 620 | − 10.4% | 23.0% |
| 704 | − 17.3% | 24.6% | 535 | − 18.3% | 150 | − 23.5% | 685 | − 19.5% | 21.9% |
| 747 | − 6.0% | 12.4% | 627 | − 11.8% | 170 | 101.7% | 796 | 0.2% | 21.3% |
| 655 | − 5.2% | 22.4% | 500 | − 8.9% | 142 | 0.0% | 642 | − 7.1% | 22.1% |
| 670 | − 21.5% | 5.7% | 599 | − 25.1% | 84 | 55.6% | 683 | − 20.0% | 12.3% |
| 587 | − 2.2% | 15.3% | 516 | 2.0% | 69 | − 26.6% | 585 | − 2.5% | 11.8% |
| 638 | − 7.8% | 16.3% | 490 | − 17.5% | 75 | − 23.5% | 565 | − 18.4% | 13.3% |
| 969 | − 12.3% | 19.7% | 861 | − 6.0% | 228 | 20.1% | 1,089 | − 1.5% | 20.9% |
| 643 | − 18.8% | 16.5% | 542 | − 23.2% | 100 | 16.3% | 642 | − 18.9% | 15.6% |
| 643 | − 8.8% | 24.0% | 422 | − 30.2% | 165 | 65.0% | 587 | − 16.7% | 28.1% |
| 608 | − 18.2% | 13.3% | 495 | − 24.2% | 79 | − 12.2% | 574 | − 22.7% | 13.8% |
| 936 | 9.3% | 25.6% | 737 | 5.1% | 255 | 64.5% | 992 | 15.9% | 25.7% |
| 1,015 | − 3.2% | 5.7% | 752 | − 21.3% | 57 | − 39.4% | 808 | − 23.0% | 7.1% |
| 966 | − 8.0% | 11.6% | 776 | − 24.6% | 74 | 252.4% | 850 | − 19.0% | 8.7% |

記した.

　検証の対象とする「ごみ」として，人口変動に中立的な排出原単位（1人1日当たりグラム数）ベースでの家庭系の「処分ごみ排出量（A）」（可燃・不燃・粗大ごみ）と，処分ごみに「集団回収を含む資源物（B）[2]」を加えた「家庭ごみ排出量（A＋B）」の2つのカテゴリーを用いる．前者は有料化によるリサイクル促進効果と処分ごみ発生抑制効果を合わせた効果の検証に適した指標であり，後者は有料化によるごみ発生抑制効果をみるのに欠かせない指標である.

　まず，有料化導入後に家庭系処分ごみ排出原単位の減量効果はどう出たか，**図7-3** により減量効果別市数を確認する．有料化導入の翌年度については，全体の99％の市が家庭系処分ごみ排出原単位を減らしており，10％以上家庭系処分ごみ排出原単位が減少した市が全体の77％に及んだ．有料化導入の翌年度について，有料化による家庭系処分ごみ排出原単位の減量効果はかなり大きい．有料化導入の翌年度に，家庭系処分ごみ排出原単位が増加した市は2市にとどまる.

　リバウンドの有無を確認するために，有料化導入5年目の年度（5年経過していない場合は2016年度）について家庭系処分ごみ排出原単位の減量効果をみてみよう．有料化導入5年目の年度においては，有料化導入前年度比で，家庭系処分ごみ排出原単位を減少させた市が全体の97％，10％以上減少させた市も全体の85％，逆に増加させた市は5市にとどまる．導入翌年度と比べると，増加に転じた市の数が若干増えてはいるが，20％以上減量した市数は翌年度の58市か

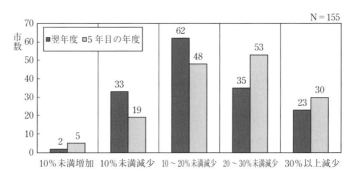

注）横軸は有料化導入前年度比での家庭系処分ごみ排出原単位の平均減量率.
［出典：著者の全国都市アンケート調査に基づく］

**図7-3　有料化導入後の家庭系処分ごみ排出原単位減量効果別市数**
**（2000年度以降有料化導入・単純従量制155市）**

---

2)　発生抑制効果の確認指標により近づける狙いで，ここでの資源物には集団回収を含めている.

ら 5 年目に 83 市に大きく伸びており，全体の傾向としてみるとリバウンドは生
じていない．

　次に，処分ごみと資源物を合わせた家庭ごみ排出量の原単位ベースでの減量効
果はどう出たか，**図 7-4** により減量効果別市数を確認しておこう．有料化導入の
翌年度については，97% の市が家庭ごみ排出原単位を減らしており，10% 以上家
庭ごみ排出原単位が減少した市も全体の 58% に及んだ．有料化導入の翌年度に
ついて，有料化による家庭ごみ排出原単位の減量効果はかなり大きい．有料化導
入の翌年度に，家庭ごみ排出原単位が導入前年度比で増加した市は 4 市にとどま
る．

　リバウンドの有無を確認するために，有料化導入 5 年目の年度について家庭ご
み排出原単位の減量効果をみてみよう．有料化導入 5 年目の年度においては，有
料化導入前年度比で，家庭ごみ排出原単位を減少させた市が全体の 97%，10%
以上減少させた市も全体の 72% に及んでいる．導入翌年度と比べると，導入 5
年目には 10% 以上増加に転じた市が 1 市あるものの，10% 以上減少した市数が
90 市から 112 市に増加しており，大部分の市で減量効果が拡大していることを
確認できる．

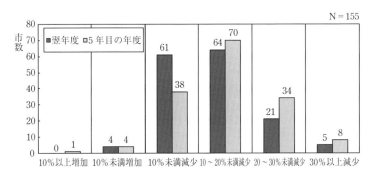

注）横軸は有料化導入前年度比での家庭系ごみ排出原単位の平均減量率．
［出典：著者の全国都市アンケート調査に基づく］

**図 7-4　有料化導入後の家庭ごみ排出原単位減量効果別市数**
**（2000 年度以降有料化導入・単純従量制 155 市）**

## 3.　手数料水準とごみ減量効果

　2000年以降に単純従量制で有料化を実施した155市について，有料化導入後の原単位ベースでの減量効果を手数料水準別にみてみよう．手数料水準として，ここでは通常40Lまたは45Lの大袋1枚の価格（一部に30Lまたは35Lの大袋を用いるケースもある）を用いた．

　**図7-5**と**図7-6**において，横軸には大袋1枚の価格帯（およびその価格帯に包摂されるサンプル市数），下に伸びる縦軸には当の価格帯に包摂される複数の市（市数N）の減量効果の平均値（平均減量率）をとり，2本の棒グラフで有料化導入の翌年度と5年目の年度における価格帯別のごみ減量効果（導入前年度比）を示している．

　まず，家庭系処分ごみ排出原単位の減量効果（導入前年度比）を価格帯別に，有料化導入の翌年度と5年目の年度について示すのが**図7-5**である．導入翌年度，5年目の年度とも，どの価格帯についても減量効果が出ており，価格帯が高くなるにつれ減量率が高くなる傾向が現れている．しかも，どの価格帯についても，導入翌年度よりも5年目の方が減量効果は大きく出ている．中心価格帯である大袋1枚30～60円台の手数料について，有料化翌年度で15～19％，5年目年度

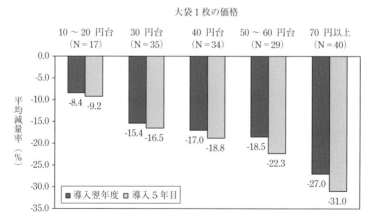

注）有料化導入前年度比での家庭系処分ごみ排出原単位の平均減量率で表記．
[出典：著者の全国都市アンケート調査に基づく]

**図7-5　手数料水準と家庭系処分ごみ排出原単位の減量効果**
**（2000年度以降有料化導入・単純従量制155市）**

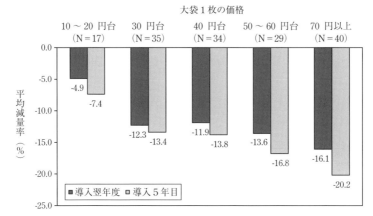

注）有料化導入前年度比での家庭ごみ排出原単位の平均減量率で表記.
［出典：著者の全国都市アンケート調査に基づく］

**図 7-6　手数料水準と家庭ごみ排出原単位の減量効果**
**（2000 年度以降有料化導入・単純従量制 155 市）**

で 17 〜 22％程度の家庭系処分ごみ排出原単位減量効果を確認できる.

　次に，家庭ごみ排出原単位の減量効果（導入前年度比）を価格帯別に，有料化導入の翌年度と 5 年目の年度について示すのが**図 7-6** である．**図 7-5** と同じように，導入翌年度，5 年目の年度とも，どの価格帯についても減量効果が出ており，価格帯が高いと減量率も概ね高くなる傾向が認められる．中心価格帯である大袋 1 枚 30 〜 60 円台の手数料について，有料化翌年度で 13 〜 14％，5 年目年度で 14 〜 17％程度の家庭ごみ排出原単位減量効果を確認できる.

　大袋 1 枚の価格 70 円以上の 40 市の家庭系処分ごみ排出原単位について，翌年度平均 27％，5 年目の年度平均 31％もの減量効果が出ているが，この価格帯に 2000 年代前半に家庭ごみ有料化と同時に，従来埋立処分してきた資源物の分別・資源化を開始して処分ごみの減量が大きく進んだ複数の北海道中小規模都市が含まれていることも減量率押し上げ要因となっている.

　環境省が毎年とりまとめる一般廃棄物実態調査によると，全国ベースでの生活系ごみ排出量はこの 10 年間に，2008 年度の 3,410 万 t から 2018 年度の 2,988 万 t へと 13.0％減少している [3]．このことから，「ごみが減量しているから，有料化

---

3)　環境省「一般廃棄物処理実態調査の結果について」各年度.

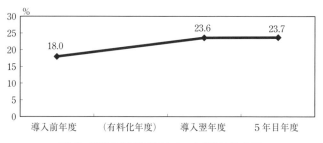

［出典：著者の全国都市アンケート調査に基づく］

**図 7-7　有料化実施前後の資源回収率（2000 年度以降有料化 155 市）**

は不要ではないか」との指摘を受けることがある．しかし，ある程度高い手数料水準の有料化は，10 年間を要した家庭ごみ減量率を，導入の翌年度において実現できるのである．喫緊の課題として深刻なごみ問題に取り組まざるを得ない自治体は，大胆なごみ減量を推し進めるための方策として，家庭ごみ有料化を選択してきた。

　有料化導入前後の家庭系資源回収率（集団回収を含む資源物／家庭ごみ排出量）についても，**図 7-7** により確認しておこう．有料化を導入する前年度に 18.0％であった資源回収率は，有料化導入の翌年度には 23.6％に上昇し，5 年目の年度にも 23.7％を維持している．

　以上の調査結果から，家庭ごみ有料化によるごみ減量・資源化効果について次のように要約できる．

①　有料化実施により家庭系処分ごみ，家庭ごみ排出量ともかなり大きな減量効果が出る

②　手数料水準が高いほど，減量効果は大きくなる傾向がある

③　リバウンドの傾向は見られず，減量効果は有料化実施後も持続している

④　有料化実施により資源回収率が高まる

　処分ごみと資源物を合わせた家庭ごみ排出量の原単位ベースの減量効果をみると，家庭ごみ有料化による発生抑制効果が意外に大きいことに驚かされるのである．著者は，有料化によって市民のごみ減量意識が高まったことが主な要因ではないかと考えている．これについては，第 9 章で取り上げる．

## 4. まとめ

　本章では，家庭ごみ有料化の実施で得られるごみ減量効果を検証した．有料化は全国の多くの自治体において，有料化実施の前後における家庭系処分ごみ排出原単位，家庭系ごみ排出原単位両指標の変化で確認されたように，資源化ルートと発生抑制ルートを通じてかなり大きなごみ減量の成果をもたらしている．減量の成果として，環境負荷の低減，ごみ処理経費の削減，最終処分場の延命化といった便益が地域社会にもたらされると期待されている．家庭ごみ有料化による減量効果が明確に検証されるようになったことを踏まえると，深刻なごみ問題に直面しつつも，まだ有料化を実施していない自治体にとって，有料化プログラムを活用した「ごみ戦略」の構築を真剣に検討する時機に来ているのではなかろうか．

# 第8章

# 手数料水準・制度の見直しとその効果

　この章では，家庭ごみ有料化の手数料を値下げまたは値上げ改定したケースや，手数料制度を超過量従量制から単純従量制に改正したケースでのごみ量変化について，5回目となる全国調査の結果に基づいて検証し，併せて手数料制度の評価を行う．著者が審議会に参加して議論し，見聞した手数料改正と手数料制度論議の事例についても取り上げる．

## 1. 手数料の改定とごみ量の変化

　家庭ごみ処理手数料の改定はどのような背景のもとで実施され，手数料が改定されるとごみ量はどのように変化するのだろうか．手数料改定には値下げと値上げがあるが，今回調査の回答22市の内訳は，**図8-1**に示すように，値下げ14市，値上げ8市であった．この10年余りの間，値上げ改定よりも，値下げ改定する有料化市の方が多かったことを確認できる．

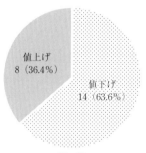

値上げ
8（36.4％）

値下げ
14（63.6％）

N＝22

［出典：第5回全国都市家庭ごみ有料化アンケート調査（2018年2月，著者実施）の結果とりまとめ］
**図8-1　回答手数料改定市の内訳**

## (1)　値下げ改定

まず手数料値下げ改定の理由を**図 8-2** で確認しておこう．値下げの理由として多く挙げられたのは「市長の選挙公約に掲げられたため」（6 市），「市民の協力により十分なごみ減量が達成されたため」（5 市），「家計負担軽減を求める市民からの要望があったため」（4 市）であった．「議会からの要望」（2 市）を含めると，8 市において政治的要因により値下げ改定が実施されたことを確認できる．

次に**表 8-1** により，値下げ改定前後のごみ量の推移を排出原単位ベースで家庭系ごみ排出量（行政回収資源物を含む，集団回収を含まない）と家庭系可燃ごみ排出量についてみてみよう．値下げ改定 10 市のうち，家庭系ごみ排出量について，値下げ改定年度から 3 年目まで 3 年度連続して改定前年度を上回ったのは 3 市にとどまり，値下げしたにもかかわらず改定前年度を下回って推移しているのが 6 市，改定年度とその翌年度に改定前年度を上回ったものの 3 年目に下回ったのが 1 市であった．家庭系可燃ごみ排出量については，値下げ改定年度から 3 年目まで 3 年度連続して改定前年度を上回ったのは 3 市で，残り 7 市については値下げ後も改定前年度をほぼ下回って推移している．

栃木県足利市の場合は，有料化実施の翌年春に市長選があり，無料化を公約した候補者が当選して 2010 年度に 1 L ＝ 1.33 円から指定袋製造・流通費に等しい1 L ＝ 0.33 円に値下げされ，さすがにその翌年度には家庭系ごみ排出量が値下げ前年度比 1.6％ほど原単位ベースで増加したが，それでも有料化の前年にあたる

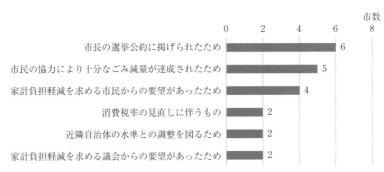

※他に「新焼却施設の稼働による非常事態の解除」「ごみ処理広域化による他自治体との調整」が各 1 市

注）2 つまで複数回答可．

［出典：第 5 回全国都市家庭ごみ有料化アンケート調査（2018 年 2 月，著者実施）の結果とりまとめ］

**図 8-2　手数料値下げ改定の理由**

**表 8-1　手数料値下げ改定前後の家庭系ごみ排出原単位推移**

(g ／人・日)

| 市名 | 可燃大袋 (円) | 家庭系ごみ | | | | 家庭系可燃ごみ | | | |
|---|---|---|---|---|---|---|---|---|---|
| | | 改定前年度 | 改定年度 | 改定翌年度 | 改定3年目 | 改定前年度 | 改定年度 | 改定翌年度 | 改定3年目 |
| 足利市 | 60 → 15 | 690 | 691 | 701 | 692 | 572 | 580 | 589 | 588 |
| | | | 0.1% | 1.6% | 0.3% | | 1.4% | 3.0% | 2.8% |
| 鹿沼市 | 40 → 30 | 618 | 658 | 603 | 593 | 505 | 515 | 466 | 467 |
| | | | 6.5% | − 2.4% | − 4.0% | | 2.0% | − 7.7% | − 7.5% |
| 安中市 | 21 → 10.5 | 760 | 737 | 751 | 754 | 687 | 667 | 683 | 687 |
| | | | − 3.0% | − 1.2% | − 0.8% | | − 2.9% | − 0.6% | 0.0% |
| 町田市 | 80 → 64 | 602 | 588 | 582 | 578 | 426 | 419 | 413 | 416 |
| | | | − 2.3% | − 3.3% | − 4.0% | | − 1.6% | − 3.1% | − 2.4% |
| 西東京市 | 80 → 60 | 570 | 577 | 571 | 567 | 341 | 335 | 333 | 331 |
| | | | 1.2% | 0.2% | − 0.5% | | − 1.8% | − 2.4% | − 3.1% |
| 大和市 | 80 → 64 | 679 | 665 | 647 | 647 | 418 | 420 | 410 | 416 |
| | | | − 2.1% | − 4.7% | − 4.7% | | 0.5% | − 1.9% | − 0.5% |
| 加賀市 | 60 → 50 | 714 | 690 | 683 | | 381 | 377 | 379 | |
| | | | − 3.4% | − 4.3% | | | − 1.0% | − 0.5% | |
| 五條市 | 50 → 30 | 970 | 963 | 890 | 910 | 937 | 925 | 870 | 880 |
| | | | − 0.7% | − 8.2% | − 6.2% | | − 1.3% | − 7.2% | − 6.1% |
| 三原市 | 45 → 36 | 503 | 514 | 528 | 527 | 401 | 415 | 425 | 421 |
| | | | 2.2% | 5.0% | 4.8% | | 3.5% | 6.0% | 5.0% |
| 下関市 | 45 → 30 | 1,006 | 1,013 | 1,010 | 1,021 | 750 | 757 | 762 | 779 |
| | | | 0.7% | 0.4% | 1.5% | | 0.9% | 1.6% | 3.9% |

注）1．下段の％は改正前年度比の原単位増減率．
　　2．改定直後で翌年度データがとれない市，短期間に値上げと値下げを行った市を除く．
［出典：第5回全国都市家庭ごみ有料化アンケート調査（2018年2月，著者実施）の結果とりまとめ］

2007 年度の 806g と比べると 13％も少ない水準であった．そしてその翌年度から再び減少傾向をたどっている．

　値下げをしても直ちにごみ排出量の増加に結び付くとは限らず，実質無料化しても有料化前の水準に戻ることがない．有料化制度の導入が市民のごみ減量の意識を高め，減量行動がライフスタイルに組み込まれたことが，値下げ後の減量効果維持につながったものと考えられる．

（2）　**値上げ改定**

　値上げ改定についても，まずその理由を**図 8-3** で確認しておこう．値上げの理由として複数の有料化市により挙げられたのは「近隣自治体の水準との調整を図るため」（3 市），「ごみ処理費の増大を反映させるため」（3 市），「ごみ減量効果の強化が必要とされたため」（2 市），「消費税率の見直しに伴うもの」（2 市）であった．一般には，近隣自治体とのバランス調整，ごみ処理費増加の反映，ごみ減量効果の強化が値上げ改定の理由とされることが多い．

　値上げ改定前後のごみ量の推移を**表 8-2** により，排出原単位ベースで家庭系ごみ排出量と家庭系可燃ごみ排出量についてみてみよう．値上げ改定 6 市すべてにおいて，改定翌年度に家庭系ごみ排出量と家庭系可燃ごみ排出量いずれについても減量効果が現れている．何らかの特殊要因がない限り値上げ改定は減量効果を発揮するが，茂原市や多治見市のように値上げ幅が大きいと減量効果も大きくなり，リバウンドも起こりにくくなる．

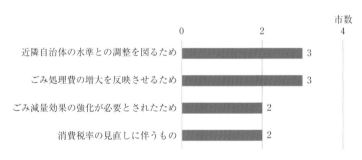

※他に「市民の意識向上を図るため」「財政健全化方針に基づき受益者負担率を見直すため」「持ち手付き袋に形状を変更したため」「指定袋の容量に応じた手数料体系に変更したため」が各 1 市

注）2 つまで複数回答可．

［出典：第 5 回全国都市家庭ごみ有料化アンケート調査（2018 年 2 月，著者実施）の結果とりまとめ］

**図 8-3　手数料値上げ改定の理由**

**表 8-2　手数料値上げ改定前後の家庭系ごみ排出原単位推移**

(g／人・日)

| 市名 | 可燃大袋(円) | 家庭系ごみ | | | | 家庭系可燃ごみ | | | |
|---|---|---|---|---|---|---|---|---|---|
| | | 改定前年度 | 改定年度 | 改定翌年度 | 改定3年目 | 改定前年度 | 改定年度 | 改定翌年度 | 改定3年目 |
| 紋別市 | 60 → 80 | 802 | 797 | 747 | 773 | 492 | 469 | 452 | 464 |
| | | | − 0.6% | − 6.9% | − 3.6% | | − 4.7% | − 8.1% | − 5.7% |
| 茂原市 | 12 → 65 | 955 | 874 | 846 | 797 | 693 | 610 | 592 | 576 |
| | | | − 8.5% | − 11.5% | − 16.6% | | − 12.0% | − 14.5% | − 16.8% |
| 小矢部市 | 20 → 30 | 735 | 840 | 667 | 788 | 553 | 487 | 480 | 560 |
| | | | 14.3% | − 9.3% | 7.2% | | − 11.9% | − 13.2% | 1.3% |
| 多治見市 | 18 → 50 | 582 | 551 | 517 | 500 | 571 | 541 | 507 | 493 |
| | | | − 5.3% | − 11.2% | − 14.1% | | − 5.3% | − 11.2% | − 13.7% |
| 山口市 | 10 → 18 | 704 | 694 | 689 | 682 | 520 | 519 | 513 | 508 |
| | | | − 1.4% | − 2.1% | − 3.1% | | − 0.2% | − 1.3% | − 2.3% |
| 荒尾市 | 45 → 46.3 | 700 | 705 | 694 | 664 | 528 | 531 | 524 | 505 |
| | | | 0.7% | − 0.9% | − 5.1% | | 0.6% | − 0.8% | − 4.4% |

注）1. 下段の％は改正前年度比の原単位増減率.
　　2. 改定直後で翌年度データがとれない市を除く.
[出典：第5回全国都市家庭ごみ有料化アンケート調査（2018年2月，著者実施）の結果とりまとめ]

## 2. 手数料制度改正の効果と超過量従量制の評価

　手数料制度の改正は，超過量従量制から単純従量制への手数料制度の改正を指す．その反対の単純従量制から超過量従量制への見直しの事例は寡聞にして著者の知るところではない．ここで単純従量制は，ごみの排出量に単純比例して課金する手数料制度である．これに対して，超過量従量制とは，排出するごみが一定量を超えると有料になる手数料制度，または一定量を超えると料率がより高くなる手数料制度のことである．

　手数料制度改正の理由を聞いたところ，最も多かった回答は「ごみ減量効果の強化を図るため」（6市）で，他に「手数料収入の増加を図るため」（2市），「事務的な負担の軽減を図るため」（1市）があった（**図8-4**）．

　有効回答5市の制度改正前後の排出原単位の推移を**表8-3**に示した．すべての市で制度改正による減量効果が家庭系ごみ，家庭系可燃ごみとも出ている．大阪府池田市は2006年4月に超過量従量制で有料化を実施した翌年度以降毎年度，

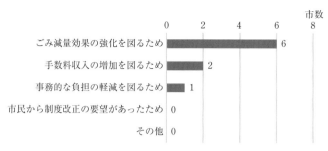

注）2 つまで複数回答可.
［出典：第 5 回全国都市家庭ごみ有料化アンケート調査（2018 年 2 月，著者実施）の結果とりまとめ］

**図 8-4 手数料制度改正の理由**

**表 8-3 手数料制度改正（超過量→単純）前後の家庭系ごみ排出原単位推移**

(g／人・日)

| 市名 | 家庭系ごみ | | | | 家庭系可燃ごみ | | | |
|---|---|---|---|---|---|---|---|---|
| | 改定前年度 | 改定年度 | 改定翌年度 | 改定3年目 | 改定前年度 | 改定年度 | 改定翌年度 | 改定3年目 |
| 長野市 | 609 | 602 | 568 | 576 | 452 | 430 | 381 | 389 |
| | | − 1.1% | − 6.7% | − 5.4% | | − 4.9% | − 15.7% | − 13.9% |
| 須坂市 | 776 | 772 | 759 | 743 | 570 | 572 | 563 | 555 |
| | | − 0.5% | − 2.2% | − 4.3% | | 0.4% | − 1.2% | − 2.6% |
| 岸和田市 | 564 | 489 | 501 | 498 | 465 | 384 | 397 | 394 |
| | | − 13.3% | − 11.2% | − 11.7% | | − 17.4% | − 14.6% | − 15.3% |
| 池田市 | 527 | 514 | 514 | 510 | 443 | 437 | 432 | 430 |
| | | − 2.5% | − 2.5% | − 3.2% | | − 1.4% | − 2.5% | − 2.9% |
| 三原市 | 611 | 553 | 562 | 573 | 453 | 400 | 415 | 426 |
| | | − 9.5% | − 8.0% | − 6.2% | | − 11.7% | − 8.4% | − 6.0% |

注）1. 下段の％は改正前年度比の原単位増減率.
　　2. 改正直後で改正翌年度データが取れない市を除く.
［出典：第 5 回全国都市家庭ごみ有料化アンケート調査（2018 年 2 月，著者実施）の結果とりまとめ］

　有料化前年度比 25 〜 26％もの家庭系可燃ごみ減量効果を上げたにもかかわらず，超過量方式導入からわずか 6 年目の 2012 年 4 月から単純方式に制度改正している．その理由として，「事務的な負担の軽減を図るため」と「ごみ減量効果の強化を図るため」が挙げられていた．

　超過量従量制については，たくさんごみを出す家庭だけが経済的な負担をする

から，有料化制度の導入に市民の理解が得られやすい．しかし，この制度には次のような限界が存在する．

① 最適な制度設計の困難さ

大きな減量効果が期待でき，かつ世帯人数に配慮した最適な基本量（無料配布枚数と容量種の組み合わせ）の設定や超過量ごみの手数料など制度設計が簡単ではない．これらは条例に盛り込まれ，議会マターであることから無料配布枚数など基本量の設定について政治的要因が入り込みやすく，減量化インセンティブを弱めるような枚数設定がもたらされやすい．

② 基本量についての減量化誘因の弱さ

無料または低料率の一定量（基本量）のごみ排出について，減量インセンティブが弱くなる恐れがある．このことは，①と関連して，無料配布枚数が多くなる場合に大きな問題となる．

③ 行政の過重な運用コスト

超過量方式をきめ細かく運用するには，世帯人数に応じて無料配布枚数や容量種を設定する必要がある．住民の転出入がかなり頻繁に発生する都市部においては，行政職員は移動に伴う住民対応や煩雑な事務処理に追われることになりかねない．

④ 行政の財政負担の発生

超過量方式では指定袋作製流通費を手数料収入でまかなえないケースが大部分である．つまり有料化を実施しても，自治体に手数料収益が得られず，逆に財政負担が生じる．したがって，手数料収益を活用した住民によるごみ減量の取り組みに対する支援など，ごみ行政サービス水準引き上げのための原資を確保できない．

以上のような超過量方式固有の限界を経済学的に表現すれば，取引費用（transaction cost）が大きいというに尽きる[1]．こうした限界に直面した少なからぬ数の超過量従量制採用自治体が単純従量制に制度改正している．2005 年度に全国に 42 市を数えた超過量従量制採用市は，現在 24 市に減少している．

---

[1] 超過量従量制の特徴である超過量に課せられる禁止的に高い手数料が，新型コロナウイルス感染症拡大に伴う外出自粛要請で在宅時間が長くなり，家庭のごみ排出量が増えたことで家計負担を重くし，新たな取引費用を発生させている．2020 年 4 月，箕面市は家計負担の軽減を図るため，市内全世帯を対象に，市指定の可燃ごみ専用袋引換えはがきを追加配布した．一部の超過量従量制採用市では，条例違反となる指定ごみ袋購入補助券のネット転売が横行し，複数のサイト運営会社への削除申し入れなど対応に追われている．

# 3.　手数料見直しの事例研究

## (1)　西東京市手数料値下げの経緯

　手数料値下げは政治的要因によることが多いが，審議会に参加してその経緯について身近で見聞した西東京市の値下げを取り上げる．西東京市は 2008 年 1 月，家庭ごみの有料化を実施した．有料化に数か月先だって戸別収集，プラスチック製容器包装（以下，プラ容器）の分別収集もそれぞれ実施されている．市はこれらを「家庭ごみ 3 事業」と呼んでいる [2]．

　有料化の対象品目には可燃・不燃ごみだけでなくプラ容器も含まれ，すべて 1 L ＝ 2 円の手数料が設定された．プラ容器についてごみと同じ料率の手数料を設定したのは，処理経費が大きいことを認識してもらう，発生抑制を図るといった狙いのほか，隣接する小金井市のごみ・プラ同料率手数料の影響もあったとみられる．

　有料化実施により家庭系ごみの減量やリサイクル推進で大きな成果がもたらされた．有料化実施前の 2005 年度と有料化実施翌年の 2008 年度の指標を比較すると，1 人 1 日当たり家庭系ごみ排出量（集団回収を含む）について 733 g → 625 g（14.7％減），総資源化率について 23.3％ → 39.9％の改善がみられた．

　だがその一方で，一部市民からは手数料の負担が重いとして，値下げを求める意見が出ており，これに同調する市議会会派もあった．市議会は 2009 年 3 月の定例会において手数料値下げについて 2 件の陳情を採択している．そうした状況のもとで，有料化実施 1 年後に，市は有料化の点検・評価・見直し作業の一環として市民アンケート調査（発送数 4,000 件，有効回答 1,893 票）を実施した．

　「指定収集袋の支払いについて負担を感じていますか」との質問に対して，最も回答率が高かったのは「負担感はあるが，ごみの減量などに効果的であればやむを得ない」で全回答者の 39％を占めた．以下，「少し負担に感じている」の 22％,「かなり負担に感じている」の 17％,「ほとんど負担に感じていない」の 8％,「負担は許容範囲」の 7％などの順となっている．現行手数料の負担について許容する回答が過半数の 57％を占め，「少し」または「かなり」負担とする回答の 39％を上回った．

---

[2]　西東京市の家庭ごみ有料化や 3 事業検証のための市民アンケート調査については，山谷修作『ごみ見える化』（丸善出版，2010 年）第 13 章を参照．

　これに対して，プラ容器の手数料については，全回答者の半数近く（48％）が「分別を促進するため，可燃ごみ・不燃ごみより価格を下げた方がよい」と回答し，約4割が無料でよいと答えていた（複数回答可により両方を回答した人もいる）．資源物と位置づけられるプラ容器について，ごみと同じ手数料を負担することに対して市民の不満感がかなり強いことが窺える結果となった．

　アンケート調査の結果を受けて，市は廃棄物減量等推進審議会に対して手数料の見直しを含む「家庭ごみ3事業の検証と評価」および「今後のごみ減量対策について」諮問した．諮問を受けた審議会は8回にわたる集中的な審議を経て2009年10月，答申をとりまとめた．ごみ処理手数料の見直しに関しては，プラ容器の手数料について，可燃・不燃ごみと同料率設定による発生抑制効果が明確に検証できず，市民アンケートでも値下げ要望が多かったことから，今後プラ容器の分別を徹底するためには可燃・不燃ごみよりも低料率に設定すべきであるとの提言をとりまとめ，市に答申した[3]．

　これを受けて市は，手数料の具体的な水準について原価計算等に基づいて審議する使用料等審議会に諮った．この審議会ではプラ容器の処理原価について「基礎的で非市場的なサービス」の受益者負担比率の上限である30％を市民に負担してもらうとして1L＝1.02円の算定結果が示され，新たな手数料を1L＝1円とする答申をとりまとめ，市に提出している．

　こうした手数料改定に必要とされる手順を経て，市はプラ容器の手数料率を1L＝2円から1L＝1円に引き下げるための条例改正の準備に入った．だが，市議会議員への説明や折衝の過程で，可燃ごみ・不燃ごみ手数料を含めた値下げ論が優勢となり，結果的に3品目全体の手数料率引き下げが実施されることとなった．**表8-4** に示すように，2010年10月に施行された新たな手数料の水準は，可燃・不燃ごみが1L＝1.5円，プラ容器が1L＝0.5円となった．値下げ改定において政治的要因が強く働いたことを確認できる．

　この値下げ改定によって市の家庭ごみ処理手数料収入は，値下げ改定前年度の4億4,451万円から改定翌年度の2億7,425万円へと1億7,026万円も減少した[4]．当初，プラ容器のみの値下げ改定により約8,500万円の減収を見込んでいた

---

3）　この答申には，プラ容器指定収集袋の透明化についての提言も盛り込まれていた．これについては，第10章で触れることとする．

4）　西東京市ごみ減量推進課「エコ羅針盤」第8号（2011年7月）および第15号（2013年11月）掲載の決算報告による．

表8-4　西東京市の家庭ごみ手数料（2010年10月改定）

| 種類 | 容量 | 旧手数料／枚 | 新手数料／枚 |
|---|---|---|---|
| 可燃ごみ<br>不燃ごみ | 40 L | 80 円 | 60 円 |
| | 20 L | 40 円 | 30 円 |
| | 10 L | 20 円 | 15 円 |
| | 5 L | 10 円 | 7.5 円 |
| プラスチック<br>容器包装 | 40 L | 80 円 | 20 円 |
| | 20 L | 40 円 | 10 円 |
| | 10 L | 20 円 | 5 円 |

市にとっては手痛い収入減がもたらされた．

　値下げに伴う家庭系ごみ量の変化を表8-1で確認しておこう．まず資源を含む家庭系ごみの排出原単位については改定前年度比で改定年度に1.2％増，その翌年度に0.2％増と微増したものの，3年目からは減量に転じている．これに対して家庭系可燃ごみの排出原単位の方は，改定前年度比で改定年度に1.8％減，翌年度2.4％減，3年目3.1％減と，値下げしたにもかかわらず増加していない．懸念された値下げによるごみ量の増加は概ね回避できたと言える．

(2)　「国立型指定ごみ袋」論議

　東京多摩地域のほぼ中心に位置する国立市では，東京市長会の有料化方針や日野市など有料化実施市でのごみ減量実績も踏まえて，最終処分場問題に対応したごみ減量化策として，市が設置したごみ問題市民委員会の場において家庭ごみ有料化の検討が行われた．2002年4月，有料化実施を盛り込んだ制度改正について審議した市民委員会は，ごみ処理費について市民が応分の負担をすべきであり，負担金額の決定にあたっては，①市民の十分な納得のもとに行うこと，②費用は廃棄物等の処理費用を基礎に算定すること，③徴収された費用の使途を明確にすること，④社会的弱者に対して廃棄物等の適正な処理のためのサポートが行われること，とする「新たな条例の在り方について」の答申を市長に提出した．

　これを受けて家庭ごみ有料化の機運が高まったが，当時の市長が有料化推進に慎重で，市議会が消極的なこともあって，有料化の実施には至らなかった．後継数期のごみ問題審議会（市民委員会から改称）においては，ごみ処理基本計画の施策体系に有料化を位置づけたものの，有料化実施については審議会委員の間で意見の合意点が見いだせず，賛否両論併記の答申が続いた．

　2013 年 3 月に第 8 期審議会がとりまとめた答申書には，異例の会長私案「家庭ごみ有料化に関する制度提案」が資料として盛り込まれていた [5]．名付けて「国立型指定ごみ袋制度」．その 2 年前，神奈川県葉山町でゼロウェイスト推進の手段として半減袋の配布を伴う超過量従量制の制度設計と半減袋の体験実験が行われたことがあったが，そのアイデアを参考にしたものとみられる [6]．答申ではこの国立型制度について「今後一層の検討が求められる」としている．

　その後，著者が会長を務めた第 9 期ごみ問題審議会における手数料制度の検討では，単純従量制，超過量従量制それぞれの仕組み，得失を確認した上で，超過量従量制については基本量の見定めが実務的に難しい制度であること，減量効果の維持に限界があること，家族人数に応じた無料指定袋配布の事務負担が大きくなること，多摩地域で単純従量制が採用され大きな減量効果が出ていることなどから，退けることとした．

　第 8 期会長私案が提案した超過量方式は，①毎年度，市民 1 人当たりの年間排出量に目標値を設定し，毎年目標値を少しずつ厳しくして減量効果を持続させる，②目標排出量に相当する分の指定ごみ袋の無料引換券を半年に 1 回郵送する，という制度であった．これにより，ごみ減量効果が継続的に発揮され，減量努力をした人は実質的な費用負担がなくなるから「税の二重取り」批判（各期審議会で有料化反対委員が主張）にも対応できるとされた．賛否両論で委員意見が収斂しない状況のもとで，エコノミストである会長から会期終了間際になって折衷案として提示されたものであった．

　著者も，理論的な観点からは，超過量方式はすぐれた制度と評価している．ただし，この制度をよしとする前提として，手数料が政策当局の適時適切な判断によって臨機応変に改定できる可変価格（variable price）でなければならない．実際には，手数料の改正については，超過量従量制であれば手数料水準，無料指定袋配布枚数と容量種まで，市民が参加する審議会での審議を経た上で，議会での条例の改正手続きを必要とする．実務的な観点も加味すると，毎年の無料配布枚数絞り込みは不可能で，非現実的な提案であることがわかる．

---

5)　「国立市ごみ問題審議会 2012 年度答申書」，2013 年 3 月．

6)　詳しくは山谷修作『ごみゼロへの挑戦』第 5 部 5「成果が見えてきた葉山町ゼロウェイスト戦略」を参照．

# 4. おわりに

　手数料値下げは往々にして政治的な背景のもとで，首長選挙の公約や議会会派の支持拡大絡みで実施されてきた．だが，有料化実施による意識改革，減量行動習慣化の結果とみられるが，値下げしてもごみ量がさほど増えず減量効果は維持される傾向にあることを確認できた．

　一方，値上げ改定や制度改正の見直しについては，PDCAサイクルにそった有料化制度の点検・評価の結果として実施されることも多くなってきた．手数料水準が低すぎて十分なごみ減量効果が出ていない場合や，超過量方式での諸問題に直面している場合は見直し作業に着手して，よりよい手数料システムに変えていく必要がある．

## 第9章

# 有料化に意識改革効果はあるか

　ごみ処理費用を可視化する家庭ごみの有料化は，ごみの発生抑制や分別適正化へのインセンティブを創出するのに有効なだけでなく，ごみ排出量に応じて課金できることから負担の公平化も図れるプログラムと位置づけられている．著者は有料化について，住民のごみ減量への関心や意識を高める手段としても効果的だと考えている．本章は，有料化の意識改革効果を検証する．

## 1. 意識調査による検証

　有料化の意識改革効果については，有料化を導入する自治体もしばしば言及している．最近の例として，2018年10月からの有料化実施を控えていた土浦市のホームページ（当時）には，その効果の説明として「家庭ごみ処理手数料の導入により，ごみの減量や分別に対する意識が高まることで，ごみの減量化とリサイクル化がさらに進むことが期待でき，また，ごみを減らした人の費用負担の公平化が図れます」（下線著者）とあった．この何気なく使ってしまいそうで，定量化が難しそうな「意識改革効果」の存在をどう確認したらよいか．

　検証方法その1は，有料化自治体による住民意識調査である．西東京市が家庭ごみ有料化の1年後に実施した市民意識調査では，「ごみが有料化になってから，減量やリサイクルの取り組みは変わりましたか」との問に対して回答総数1,832人（無回答を除く）の51％にあたる929人の市民が「ごみが有料化になってから，より一層積極的に取り組んでいる」と回答している（**表9-1**）.

　「より一層取り組むようになった」理由については，「ごみ処理（指定袋）にかかる費用を節約したいから」が61％にあたる585人と圧倒的に多かった．これに対して，「ごみが有料化になってからも，特には積極的には行っていない」という回答は，5％と少数にとどまっていた．この調査結果をみると，家庭ごみ有料化実施のあと，多くの市民のごみ減量・リサイクルへの取り組みの意識が高ま

表 9-1　西東京市民意識調査結果（有料化 1 年後実施，有効回答数＝ 1,832）

| 選　択　肢 | 件数 | 割合 |
|---|---|---|
| ごみが有料化になってから，より一層積極的に取り組んでいる | 929 | 50.7% |
| ごみが有料化になってからも，以前と同様に積極的に取り組んでいる | 726 | 39.6% |
| ごみが有料化になってからも，特には積極的に取り組んでいない | 99 | 5.4% |
| 有料化直後は積極的に取り組んでいたが，最近は意識が下がり取り組んでいない | 45 | 2.5% |
| その他 | 33 | 1.8% |

［出典：西東京市「家庭ごみ 3 事業実施後の市民アンケート調査結果報告書」2009 年 5 月］

り，行動に結びついたことが窺える．

　有料化実施前後にほぼ同じ形式の調査を実施した例はきわめて少ない．その希少な市民意識調査が前後各 2,000 人を対象として京都市で実施されている．調査結果をみると，「ごみ・リサイクルの取り組みへの関心度」は有料化実施前の82.3％から，実施後には 86.1％に上昇している（**図 9-1**）．有料化実施後に市民意識が高まったことを確認できる．

　著者の第 5 回全国都市有料化調査では，大部分の有料化実施市が「有料化で市民意識が向上したと思う」と回答している（**図 9-2**）．そう判断した根拠については，有効回答として，「目視によるごみの分別など排出状況の改善」が最も多く，次いで「組成調査に基づく分別改善や分別協力率の向上」，「市民や自治会との各

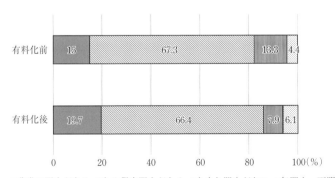

［出典：京都市環境局「有料指定袋制導入前後の市民アンケート調査結果」2007 年 7 月］
**図 9-1　有料化前後における京都市民意識の変化**
**「ごみ問題やリサイクルの取組への関心度について」の回答率**

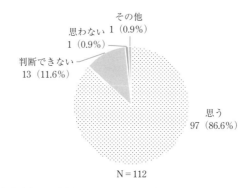

［出典：第5回全国都市家庭ごみ有料化アンケート調査（2018年2月，著者実施）の結果とりまとめ］
**図9-2　有料化を機に市民のごみ減量意識は向上したと思うか（有料化市回答）**

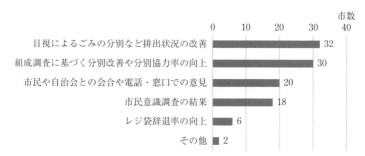

注）回答112市，複数回答あり．上記以外の回答として「ごみ排出量の減少」が37市，「資源物の増加
　やリサイクル率向上」が8市あったが，調査の趣旨に沿って無効とした．
［出典：第5回全国都市家庭ごみ有料化アンケート調査（2018年2月，著者実施）の結果とりまとめ］
**図9-3　有料化で市民意識が向上したと判断する根拠（有料化市回答）**

種会合や電話・窓口での意見」，「市民意識調査の結果」が続いた（**図9-3**）．
　意識向上による分別改善を証拠立てる数値も示しておこう．2009年7月に家
庭系可燃ごみ・不燃ごみの有料化を導入した札幌市における資源物の分別協力率
は，有料化実施前後の年度比較で，容器包装プラスチックについて46％→67％，
ペットボトルについて84％→98％と改善されている（**図9-4**）．

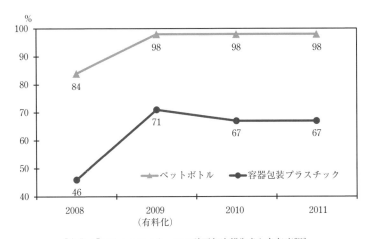

［出典：「スリムシティさっぽろ計画年次報告書」各年度版］

**図9-4　有料化前後のプラスチック分別協力率（札幌市）**

## 2. 値下げ後のごみ量変化による検証

　検証方法その2は，有料化実施後における政治的要因などによる手数料水準引き下げがごみ排出量の増加を誘発する効果の確認作業である．手数料値下げ改定の前後における有効回答10市の家庭系ごみ排出原単位の推移については，第8章で取り上げた．

　再掲するとこうである．「家庭系ごみ排出量について，値下げ改定年度から3年目まで3年度連続して改定前年度を上回ったのは3市にとどまり，値下げしたにもかかわらず改定前年度を下回って推移しているのが6市，改定年度とその翌年度に改定前年度を上回ったものの3年目に下回ったのが1市であった．家庭系可燃ごみ排出量については，値下げ改定年度から3年目まで3年度連続して改定前年度を上回ったのは3市で，残り7市については値下げ後も改定前年度をほぼ下回って推移している」（第8章表8-1の解説）．つまり，「値下げしても直ちにごみ排出量の増加に結びつくとは限らず，実質無料化しても有料化前の水準に戻ることがない」（同）．

　手数料を値下げ改定しても，ごみ排出量の増加を誘発する効果が小さいことは，**図9-5**のような屈折需要曲線で示せる．値上げ改定時にかなり大きなごみ減量が

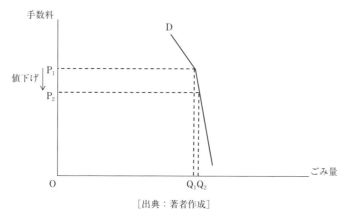

［出典：著者作成］

**図 9-5　手数料値下げ改定時の家庭系ごみ量変化**

誘発されるのに対し，P₁ から P₂ への値下げ改定については需要曲線がより非弾力的となることにより，ごみ排出量は Q₁ から Q₂ へとわずかな増加にとどまることになる．

　ここで**表 9-2** により，代表的な値下げ 4 市について，有料化実施による減量効果と，その後の値下げ改定前後のごみ量変化を家庭系ごみ排出原単位（g ／人・日）ベースで示す．2005 年 10 月に有料化を実施した町田市では，有料化実施翌年度に有料化前年度比 12.5% の減量効果が出た．同市に隣接する大和市は 2006 年 7

**表 9-2　意識改革を値下げ後の減量維持に見る**

| 市　名〈値下げ年月〉 | 有料化前年度 | 有料化翌年度 | 値下げ前年度 | 値下げ実施 | 値下げ翌年度 | 値下げ3 年目 |
|---|---|---|---|---|---|---|
| 大和市〈2009.4〉 | 800 | 702 | 679 | 665（80 → 64） | 647 | 647 |
| 町田市〈2009.8〉 | 721 | 631 | 602 | 588（80 → 64） | 582 | 578 |
| 西東京市〈2010.10〉 | 687 | 578 | 570 | 577（80 → 60） | 571 | 567 |
| 足利市〈2010.4〉 | 806 | 690 | 690 | 691（80 → 64） | 701 | 692 |

注）1.　数値は家庭ごみ排出原単位（g/ 人・日）
　　2.　（　）内は大袋 1 枚の価格変化（円）

［出典：第 5 回全国都市家庭ごみ有料化アンケート調査（2018 年 2 月，著者実施）の結果とりまとめ］

月に有料化を実施して翌年度12.3％の減量効果を上げた．2008年1月に有料化を実施した西東京市では15.9％，2008年4月有料化実施の足利市では14.4％のそれぞれ実施翌年度減量効果が上がっている．ここでの家庭系ごみ排出原単位は資源（集団回収を除く）を含む家庭系ごみ総量の1人1日当たりの量であるから，いずれの都市においてもかなり大きな減量効果が出たと言える．

　さて，その後の値下げ改定によるごみ量の変化に移ろう．2009年度に手数料を相前後して1L＝2円から1.6円に引き下げた大和市と町田市では家庭系ごみ排出原単位の増加は見られなかった．2010年度に1L＝2円から1.5円に値下げした西東京市の場合，原単位は値下げ実施年度に前年度を1.2％上回ったが，その翌年度から減少軌道をたどっている．

　栃木県足利市の場合は，有料化実施の翌年春に市長選があり，無料化を公約した候補者が当選して2010年度に1L＝1.33円から指定袋製造・流通費に等しい1L＝0.33円に値下げされ，さすがにその翌年度には前年度比1.6％増加したが，それでも有料化の前年度と比べると13％も少ない水準であった．そしてその翌年度から再び減少軌道に復している．

　値下げをしても直ちにごみ排出量の増加に結び付くとは限らず，実質無料化しても有料化前の水準に戻ることがない．こうした現象は価格インセンティブだけでは説明できない．有料化は価格インセンティブを活用して市民のごみ減量という合理的な選択行動を引き出すと考えられているが，行政は実施にあたって区域内の各地域を回わり集中的に排出方法変更の説明や適正排出の啓発に取り組む．

　こうした啓発活動とセットになった有料化制度の導入と運用は，住民の環境意識を向上させ，環境配慮行動を誘発することにつながる．有料化の価格インセンティブと啓発活動の相乗効果によりごみ減量の意識や行動が住民のライフスタイルに組み込まれたことが，自治体による住民意識調査の結果や値下げ後の減量効果維持につながったものと考えられる．

　有料化実施による価格インセンティブ効果と意識改革効果について，**図9-6**を用いて解説する．家庭ごみ有料化が実施される以前のごみ排出量は$Q_0$で示される．有料化実施によって手数料$P_1$が設定されるとごみ排出量は$Q_1$に減少する．これが価格インセンティブ効果である．有料化と啓発により住民のごみ減量意識が高まると，ごみ処理サービスの需要曲線が$D_1$から$D_2$にシフトして，ごみ排出量は$Q_2$に減少する．これが意識改革効果である．効果的な啓発プログラムを有料化と併用して，有料化の意識改革効果を引き上げることが重要となる．

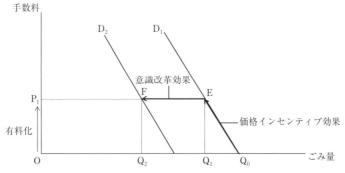

［出典：公益事業学会大会（2018年6月）での松波淳也法政大学教授からのコメントを参考に作成］

**図9-6　有料化の価格インセンティブ効果と意識改革効果**

# 3. おわりに

　自治体の有料化意識調査および著者の第5回全国都市有料化調査の結果から，家庭ごみ有料化に伴う減量意識向上を確認できた．また，有料化実施後に手数料値下げ改定があっても，ごみ排出原単位の価格弾力性がきわめて小さく，増加に転じないケースも見られる．有料化制度の導入と運用は，併用される啓発活動とも相まって，住民のごみ減量意識を高め，ごみ減量行動がライフスタイルに組み込まれることで，値下げ後の減量効果維持につながったと推定される．意識変化は指定袋容量のダウンサイジングにも見られるので，次章で取り上げたい．

第10章

# 有料指定袋の容量種と形状

　家庭ごみ有料化の制度は，ほとんどの自治体において，有料指定袋を用いて運用されている．本章では，著者の調査で得られた可燃ごみ指定袋容量種データを分析して，容量種類別の指定袋サイズ分布，取扱店納品枚数比率，手数料水準と売れ筋容量種の関連を明らかにする．また，袋の透明化による分別適正化など有料指定袋の形状に関する論点についても取り上げる．

## 1.　有料指定袋のラインアップ

　可燃ごみ有料指定袋容量に関する第5回有料化調査（対象は2005年度以降の有料化市と制度・手数料改定市）の質問に対する112市からの回答のとりまとめ結果を**表10-1**に示す．まず，「容量種の設定」欄の見方であるが，ほとんどの有料化市の指定袋が5容量区分に収まることから，5区分の欄を設け，各市について最も大きい指定袋の容量種を「大袋」と名付け，次に大きなサイズの袋を「中袋」，3番目のサイズの袋を「小袋」，4番目を「極小袋」，5番目を「超小袋」と表記した．いずれも容量種を5区分とした場合のサイズをイメージしやすくするための便宜上の名称に過ぎず，当の都市がそう呼んでいるものではない．

　表の大袋欄には，50Lを上回るサイズの特大袋も表記されている．特大袋を採用しているのは，山形市・上山市（一組処理，60L），富士吉田市（70L），鳥羽市（90L），舞鶴市（90L），名護市（90L，70L）の6市である．他方で，須坂市，掛川市，守山市のように30Lサイズの指定袋を最も大きな容量種としている市もある．

　「大袋」として最も多用される容量は45Lで，62市が採用している．次いで40Lが35市で採用されている．42Lの1市も加えると合わせて98市となり，40〜45Lを最も容量の大きい指定袋とする市が全体の約9割を占める．

　最も小さな指定袋の容量については，10Lとする市が37市と一番多く，8L

表 10-1 可燃ごみ有料指定袋の容量種別納品枚数比率

| | 都道府県 | 市 | 容量種の設定（L） | | | | | 容量区分 | 容量種別納品枚数順位 | | | | | 容量種別納品枚数比率 | | | | |
|---|---|---|---|---|---|---|---|---|---|---|---|---|---|---|---|---|---|---|
| | | | 大袋 | 中袋 | 小袋 | 極小袋 | 超小袋 | | 1位 L | 2位 L | 3位 L | 4位 L | 5位 L | 1位 % | 2位 % | 3位 % | 4位 % | 5位 % |
| 1 | 北海道 | 札幌市 | 40 | 20 | 10 | 5 | | 4 | 20 | 10 | 5 | 40 | | 35 | 33 | 19 | 13 | |
| 2 | 北海道 | 旭川市 | 40 | 30 | 20 | 10 | 5 | 5 | 10 | 20 | 5 | 40 | 30 | 45 | 25 | 17 | 7 | 6 |
| 3 | 北海道 | 釧路市 | 40 | 30 | 20 | 10 | 6 | 5 | 20 | 10 | 30 | 40 | 6 | 34 | 34 | 14 | 10 | 8 |
| 4 | 北海道 | 稚内市 | 40 | 30 | 20 | 10 | 5 | 5 | 20 | 40 | 30 | 10 | 5 | 31 | 23 | 22 | 18 | 6 |
| 5 | 北海道 | 美唄市 | 40 | 30 | 20 | 10 | 5 | 5 | 20 | 30 | 10 | 40 | 5 | 31 | 23 | 20 | 19 | 7 |
| 6 | 北海道 | 北広島市 | 40 | 20 | 10 | 5 | | 4 | 10 | 40 | 5 | | | 41 | 26 | 20 | 13 | |
| 7 | 北海道 | 石狩市 | 40 | 30 | 20 | 10 | 5 | 5 | 20 | 30 | 40 | 10 | 5 | 34 | 26 | 18 | 12 | 10 |
| 8 | 北海道 | 恵庭市 | 40 | 20 | 10 | 5 | | 4 | 20 | 40 | 10 | 5 | | 50 | 28 | 16 | 6 | |
| 9 | 北海道 | 苫小牧市 | 40 | 20 | 10 | 5 | | 5 | 10 | 20 | 40 | 30 | 5 | 24 | 24 | 22 | 18 | 12 |
| 10 | 北海道 | 紋別市 | 40 | 20 | 10 | | | 3 | 40 | 20 | 10 | | | 40 | 34 | 26 | | |
| 11 | 北海道 | 留萌市 | 40 | 30 | 20 | | | 3 | 40 | 20 | 30 | | | 46 | 28 | 27 | | |
| 12 | 北海道 | 岩見沢市 | 40 | 30 | 20 | 10 | 5 | 5 | 20 | 40 | 30 | 10 | 5 | 35 | 21 | 19 | 16 | 9 |
| 13 | 青森県 | 黒石市 | 45 | 30 | 20 | 10 | | 4 | 45 | 30 | 20 | 10 | | 48 | 35 | 14 | 3 | |
| 14 | 宮城県 | 仙台市 | 45 | 30 | 20 | 10 | | 4 | 30 | 45 | 20 | 10 | | 35 | 26 | 23 | 16 | |
| 15 | 秋田県 | 秋田市 | 45 | 30 | 20 | 10 | | 4 | 45 | 30 | 20 | 10 | | 48 | 33 | 14 | 5 | |
| 16 | 秋田県 | 由利本荘市 | 45 | 25 | 15 | | | 3 | 45 | 25 | 15 | | | 81 | 17 | 3 | | |
| 17 | 秋田県 | 大仙市 | 45 | 30 | 20 | | | 3 | 45 | 30 | 20 | | | 79 | 15 | 6 | | |
| 18 | 山形県 | 山形市 | 60 | 35 | 20 | 10 | | 4 | 35 | 20 | 60 | 10 | | 50 | 32 | 12 | 6 | |
| 19 | 山形県 | 上山市 | 60 | 35 | 20 | 10 | | 4 | 35 | 20 | 60 | 10 | | 52 | 32 | 10 | 6 | |
| 20 | 茨城県 | 水戸市 | 45 | 20 | 10 | | | 3 | 45 | 20 | 10 | | | 79 | 18 | 4 | | |
| 21 | 茨城県 | 行方市 | 45 | 30 | | | | 2 | 45 | 30 | | | | 90 | 10 | | | |
| 22 | 栃木県 | 足利市 | 45 | 30 | 20 | | | 3 | 45 | 20 | 10 | | | 76 | 20 | 4 | | |
| 23 | 栃木県 | 那須塩原市 | 45 | 30 | 20 | | | 3 | 45 | 30 | 20 | | | 51 | 37 | 12 | | |
| 24 | 栃木県 | 鹿沼市 | 45 | 40 | 20 | 10 | | 4 | 45 | 20 | 10 | 40 | | 60 | 28 | 11 | 1 | |
| 25 | 群馬県 | 安中市 | 45 | 20 | | | | 2 | 45 | 20 | | | | 90 | 10 | | | |
| 26 | 埼玉県 | 幸手市 | 45 | 30 | 15 | | | 3 | 15 | 30 | 45 | | | 36 | 33 | 31 | | |
| 27 | 埼玉県 | 加須市 | 45 | 30 | 20 | 15 | | 4 | 45 | 30 | 20 | 15 | | 37 | 26 | 18 | 18 | |
| 28 | 千葉県 | 千葉市 | 45 | 30 | 20 | 10 | | 4 | 45 | 30 | 20 | 10 | | 42 | 31 | 19 | 8 | |
| 29 | 千葉県 | 南房総市 | 45 | 30 | 20 | 10 | | 4 | 45 | 30 | 20 | 10 | | 55 | 21 | 18 | 6 | |
| 30 | 千葉県 | 君津市 | 40 | 30 | 20 | 10 | | 4 | 30 | 40 | 20 | 10 | | 40 | 35 | 19 | 5 | |
| 31 | 千葉県 | 東金市 | 45 | 30 | 20 | | | 3 | 45 | 30 | 20 | | | 58 | 36 | 6 | | |
| 32 | 千葉県 | 茂原市 | 40 | 30 | 20 | | | 3 | 40 | 30 | 20 | | | 51 | 30 | 19 | | |
| 33 | 千葉県 | 八千代市 | 45 | 30 | 20 | 10 | | 4 | 45 | 30 | 20 | 10 | | 40 | 31 | 25 | 4 | |
| 34 | 東京都 | 三鷹市 | 40 | 20 | 10 | 5 | | 4 | 20 | 10 | 5 | 40 | | 34 | 32 | 17 | 17 | |
| 35 | 東京都 | 府中市 | 40 | 20 | 10 | 5 | | 4 | 10 | 20 | 5 | 40 | | 38 | 34 | 19 | 9 | |

| | | | | | | | | | | | | | | | | | | |
|---|---|---|---|---|---|---|---|---|---|---|---|---|---|---|---|---|---|---|
| 36 | 東京都 | 町田市 | 40 | 20 | 10 | 5 | | 4 | 20 | 40 | 10 | 5 | | 45 | 34 | 16 | 5 | |
| 37 | 東京都 | 小金井市 | 40 | 20 | 10 | 5 | | 4 | 20 | 10 | 5 | 40 | | 35 | 32 | 21 | 12 | |
| 38 | 東京都 | 狛江市 | 40 | 20 | 10 | 5 | | 4 | 20 | 40 | 10 | 5 | | 44 | 27 | 23 | 6 | |
| 39 | 東京都 | 多摩市 | 40 | 20 | 10 | 5 | | 4 | 20 | 10 | 40 | 5 | | 43 | 26 | 23 | 8 | |
| 40 | 東京都 | 西東京市 | 40 | 20 | 10 | 5 | | 4 | 20 | 10 | 40 | 5 | | 30 | 29 | 25 | 16 | |
| 41 | 東京都 | 国分寺市 | 40 | 20 | 10 | 5 | 3 | 5 | 10 | 20 | 5 | 40 | 3 | 31 | 30 | 15 | 14 | 10 |
| 42 | 東京都 | 立川市 | 40 | 20 | 10 | 5 | | 4 | 10 | 20 | 5 | 40 | | 36 | 32 | 17 | 15 | |
| 43 | 東京都 | 東久留米市 | 40 | 20 | 10 | 5 | | 4 | 10 | 20 | 5 | 40 | | 34 | 30 | 19 | 17 | |
| 44 | 東京都 | 国立市 | 40 | 20 | 10 | 5 | | 4 | 10 | 20 | 5 | 40 | | 32 | 31 | 19 | 18 | |
| 45 | 神奈川県 | 藤沢市 | 40 | 20 | 10 | 5 | | 4 | 10 | 20 | 5 | 40 | | 36 | 35 | 18 | 11 | |
| 46 | 神奈川県 | 大和市 | 40 | 30 | 20 | 10 | 5 | 5 | 10 | 20 | 40 | 30 | 5 | 30 | 27 | 16 | 14 | 13 |
| 47 | 神奈川県 | 鎌倉市 | 40 | 20 | 10 | 5 | | 4 | 10 | 20 | 5 | 40 | | 32 | 31 | 20 | 17 | |
| 48 | 神奈川県 | 逗子市 | 40 | 20 | 10 | 5 | | 4 | 10 | 20 | 5 | 40 | | 33 | 28 | 21 | 18 | |
| 49 | 新潟県 | 新潟市 | 45 | 30 | 20 | 10 | 5 | 5 | 10 | 20 | 30 | 5 | 45 | 30 | 30 | 18 | 11 | 11 |
| 50 | 新潟県 | 柏崎市 | 50 | 25 | 10 | 5 | | 4 | 10 | 25 | 5 | 50 | | 45 | 41 | 8 | 6 | |
| 51 | 新潟県 | 上越市 | 45 | 20 | 10 | 5 | | 4 | 20 | 10 | 45 | 5 | | 40 | 36 | 18 | 6 | |
| 52 | 新潟県 | 小千谷市 | 45 | 25 | 10 | 5 | | 4 | 25 | 10 | 5 | 45 | | 44 | 34 | 11 | 11 | |
| 53 | 富山県 | 小矢部市 | 45 | 20 | 10 | | | 3 | | | | | | | | | | |
| 54 | 富山県 | 氷見市 | 45 | 20 | 10 | | | 3 | | | | | | | | | | |
| 55 | 石川県 | 小松市 | 45 | 30 | 20 | 12 | | 4 | 45 | 30 | 20 | 12 | | 65 | 15 | 15 | 5 | |
| 56 | 石川県 | 羽咋市 | 45 | 20 | 10 | | | 3 | 45 | 20 | 10 | | | 74 | 21 | 5 | | |
| 57 | 石川県 | 加賀市 | 45 | 20 | 10 | | | 3 | 45 | 20 | 10 | | | 51 | 39 | 11 | | |
| 58 | 山梨県 | 富士吉田市 | 70 | 45 | 30 | 15 | | 4 | 45 | 30 | 70 | 15 | | 54 | 22 | 19 | 5 | |
| 59 | 山梨県 | 山梨市 | 45 | 25 | 15 | | | 3 | 45 | 25 | 15 | | | 80 | 10 | 2 | | |
| 60 | 長野県 | 長野市 | 40 | 30 | 20 | 10 | | 4 | 30 | 20 | 10 | 40 | | 59 | 29 | 7 | 5 | |
| 61 | 長野県 | 小諸市 | 45 | 30 | | | | 2 | 45 | 30 | | | | 48 | 13 | | | |
| 62 | 長野県 | 塩尻市 | 45 | 25 | 14 | | | 3 | 45 | 25 | 14 | | | 53 | 38 | 9 | | |
| 63 | 長野県 | 須坂市 | 30 | 15 | | | | 2 | 30 | 15 | | | | 74 | 26 | | | |
| 64 | 岐阜県 | 多治見市 | 42 | 30 | 20 | | | 3 | 42 | 30 | 20 | | | 67 | 27 | 6 | | |
| 65 | 岐阜県 | 各務原市 | 45 | 30 | 15 | | | 3 | | | | | | | | | | |
| 66 | 岐阜県 | 関市 | 45 | 30 | 20 | | | 3 | 45 | 30 | 20 | | | 77 | 18 | 5 | | |
| 67 | 岐阜県 | 中津川市 | 36 | 28 | 18 | | | 3 | 36 | 28 | 18 | | | 63 | 27 | 10 | | |
| 68 | 静岡県 | 御殿場市 | 45 | 30 | 20 | | | 3 | 45 | 30 | 20 | | | 79 | 16 | 5 | | |
| 69 | 静岡県 | 掛川市 | 30 | 20 | | | | 2 | 30 | 20 | | | | 85 | 15 | | | |
| 70 | 愛知県 | 犬山市 | 45 | 30 | 15 | 10 | | 4 | 30 | 45 | 15 | 10 | | 36 | 27 | 27 | 10 | |
| 71 | 愛知県 | 常滑市 | 45 | 30 | 20 | 10 | | 4 | 30 | 45 | 20 | 10 | | 39 | 37 | 18 | 6 | |
| 72 | 愛知県 | 知多市 | 45 | 30 | 20 | | | 3 | 45 | 30 | 20 | | | 54 | 35 | 11 | | |
| 73 | 三重県 | 鳥羽市 | 90 | 45 | 30 | 20 | 10 | 5 | 30 | 20 | 45 | 10 | 90 | 42 | 37 | 12 | 6 | 3 |
| 74 | 滋賀県 | 守山市 | 30 | 20 | 10 | | | 3 | 30 | 20 | 10 | | | 36 | 33 | 31 | | |
| 75 | 京都府 | 京都市 | 45 | 30 | 20 | 10 | 5 | 5 | 20 | 30 | 45 | 10 | 5 | 27 | 24 | 22 | 20 | 7 |

| No. | 都道府県 | 市 | | | | | | | | | | | | | | | | |
|---|---|---|---|---|---|---|---|---|---|---|---|---|---|---|---|---|---|---|
| 76 | 京都府 | 舞鶴市 | 90 | 45 | 30 | 20 | 10 | 5 | 45 | 30 | 20 | 10 | 90 | 38 | 27 | 19 | 13 | 3 |
| 77 | 大阪府 | 岸和田市 | 45 | 30 | 20 | 10 | | 4 | 45 | 20 | 30 | 10 | | 33 | 27 | 22 | 18 | |
| 78 | 大阪府 | 池田市 | 40 | 30 | 20 | 10 | | 4 | 30 | 40 | 20 | 10 | | 28 | 27 | 27 | 18 | |
| 79 | 大阪府 | 阪南市 | 45 | 30 | 15 | 10 | | 4 | 30 | 15 | 45 | 10 | | 34 | 30 | 24 | 13 | |
| 80 | 大阪府 | 泉南市 | 45 | 30 | 20 | 10 | | 4 | 20 | 45 | 30 | 10 | | 30 | 29 | 28 | 13 | |
| 81 | 大阪府 | 和泉市 | 45 | 30 | 20 | 10 | 5 | 5 | 45 | 20 | 10 | 5 | 30 | 47 | 38 | 11 | 4 | 0 |
| 82 | 大阪府 | 泉大津市 | 45 | 30 | 15 | 7.5 | | 4 | 30 | 15 | 45 | 7.5 | | 33 | 29 | 28 | 10 | |
| 83 | 大阪府 | 泉佐野市 | 50 | 30 | 20 | 10 | | 4 | 20 | 30 | 10 | 50 | | 42 | 39 | 17 | 2 | |
| 84 | 奈良県 | 生駒市 | 45 | 30 | 15 | 7 | | 4 | 30 | 45 | 15 | 7 | | 29 | 28 | 25 | 18 | |
| 85 | 奈良県 | 大和高田市 | 45 | 30 | 15 | | | 3 | 45 | 30 | 15 | | | | | | | |
| 86 | 奈良県 | 五條市 | 45 | 22.5 | | | | 2 | 45 | 22.5 | | | | 60 | 40 | | | |
| 87 | 和歌山県 | 海南市 | 45 | 25 | 15 | | | 3 | 45 | 25 | 15 | | | 63 | | | | |
| 88 | 鳥取県 | 鳥取市 | 45 | 30 | 20 | 10 | | 4 | 30 | 45 | 20 | 10 | | 44 | 29 | 18 | 9 | |
| 89 | 鳥取県 | 米子市 | 40 | 30 | 20 | 10 | | 4 | 40 | 20 | 30 | 10 | | 48 | 23 | 22 | 7 | |
| 90 | 島根県 | 松江市 | 45 | 30 | 20 | 10 | | 4 | 10 | 20 | 30 | 45 | | 42 | 35 | 15 | 8 | |
| 91 | 岡山県 | 岡山市 | 45 | 30 | 20 | 10 | 5 | 5 | 30 | 20 | 45 | 10 | 5 | 31 | 28 | 26 | 13 | 3 |
| 92 | 岡山県 | 津山市 | 45 | 30 | 20 | 10 | | 4 | 30 | 45 | 20 | 10 | | 46 | 38 | 12 | 4 | |
| 93 | 岡山県 | 井原市 | 45 | 30 | 15 | 10 | | 4 | 45 | 30 | 15 | 10 | | 35 | 31 | 24 | 10 | |
| 94 | 岡山県 | 総社市 | 45 | 30 | 20 | 10 | | 4 | 45 | 30 | 20 | 10 | | 55 | 29 | 12 | 4 | |
| 95 | 岡山県 | 新見市 | 45 | 25 | 18 | 13 | | 4 | 45 | 25 | 18 | 13 | | | | | | |
| 96 | 広島県 | 三原市 | 45 | 30 | 15 | | | 3 | 45 | 30 | 15 | | | 43 | 37 | 20 | | |
| 97 | 広島県 | 大竹市 | 45 | 30 | 20 | | | 3 | 45 | 30 | 20 | | | 46 | 40 | 14 | | |
| 98 | 広島県 | 東広島市 | 40 | 20 | 10 | | | 3 | 40 | 20 | 10 | | | 61 | 26 | 13 | | |
| 99 | 山口県 | 山口市 | 45 | 30 | 20 | | | 3 | 45 | 30 | 20 | | | 61 | 27 | 12 | | |
| 100 | 山口県 | 下関市 | 45 | 30 | 18 | 10 | | 4 | 30 | 45 | 18 | 10 | | 37 | 27 | 26 | 11 | |
| 101 | 山口県 | 山陽小野田市 | 45 | 35 | 15 | | | 3 | 45 | 35 | 15 | | | 65 | 27 | 8 | | |
| 102 | 福岡県 | 福岡市 | 45 | 30 | 15 | | | 3 | 45 | 30 | 15 | | | 60 | 29 | 11 | | |
| 103 | 福岡県 | 大牟田市 | 40 | 25 | 15 | | | 3 | 40 | 25 | 15 | | | 41 | 37 | 21 | | |
| 104 | 福岡県 | 春日市 | 45 | 30 | 15 | | | 3 | 45 | 30 | 15 | | | 63 | 30 | 7 | | |
| 105 | 熊本県 | 熊本市 | 45 | 30 | 15 | 5 | | 4 | 45 | 30 | 15 | 5 | | 38 | 34 | 19 | 10 | |
| 106 | 熊本県 | 荒尾市 | 45 | 30 | 15 | 8 | | 4 | 45 | 30 | 15 | 8 | | 36 | 35 | 22 | 7 | |
| 107 | 大分県 | 大分市 | 45 | 30 | 20 | 10 | 5 | 5 | 45 | 30 | 20 | 10 | 5 | 33 | 27 | 21 | 13 | 6 |
| 108 | 大分県 | 豊後高田市 | 45 | 30 | | | | 2 | 45 | 30 | | | | 65 | 35 | | | |
| 109 | 大分県 | 宇佐市 | 45 | 20 | | | | 2 | 45 | 20 | | | | 84 | 16 | | | |
| 110 | 宮崎市 | 延岡市 | 40 | 20 | 10 | | | 3 | 40 | 20 | 10 | | | 51 | 36 | 13 | | |
| 111 | 沖縄県 | 名護市 | 90 70 | 45 | 30 | 20 | 10 | 6 | 45 | 30 | 20 | 90 | 70 10 | 33 | 23 | 14 | 12 | 10 8 |
| 112 | 沖縄県 | 宮古島市 | 45 | 30 | 20 | | | 3 | | | | | | | | | | |

［出典：第5回全国都市家庭ごみ有料化アンケート調査（2018年2月，著者実施）の結果とりまとめ］

と 12 L の 2 市を加えると 39 市となる．次いで多いのが 5 L で 31 市あり，これ
に 3 L，6 L，7 L，7.5 L の 4 市を加えると 3 〜 7.5 L では 35 市となる．特異なのは，
5 L 袋の次に 3 L 袋を設けて 5 容量区分とする国分寺市の品揃えである．同市で
の 3 L 袋の納品枚数比率は 10% と容量種別で最下位にとどまっている．

　極小サイズの 3 〜 12 L に最小容量種を設定する 74 市は回答市全体の 66% を
占める．近年の有料化市の多くがかなり小さなサイズの指定袋を最小容量種に設
定していることが窺える．極小サイズの袋を設定するのは，核家族化が進展し，
高齢の単身世帯が増加する状況のもとで，容量の小さな袋を利用することで，ご
み減量に取り組んでもらい，併せて負担を軽減してもらう狙いである．しかし，
小容量の指定袋の利用が増えると，収集作業の効率が低下するという問題もある．

　回答全市の有料指定袋の容量区分数の分布を**図 10-1** に示す．容量種を 4 区分
とするケースが 52 市と最も多く，3 区分が 35 市でそれに続く．両区分で全体の
8 割近くを占めている．

　**表 10-2** は，有料指定袋の容量区分数別に，採用頻度の高い順に容量種構成（ラ
インアップ）を示す．4 容量区分について見ると，最も採用頻度の高い容量種構
成は，40 L，20 L，10 L，5 L で，16 市（いずれも北海道，東京多摩地域，また
は神奈川県の市）で採用されている．次に採用頻度が高いのは，45 L，30 L，
20 L，10 L で，12 市で採用されている．3 容量区分では，45 L，30 L，20 L の容

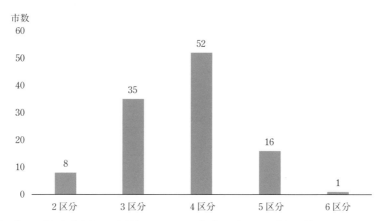

[出典：第 5 回全国都市家庭ごみ有料化アンケート調査（2018 年 2 月，著者実施）の結果とりまとめ]

**図 10-1　可燃ごみ有料指定袋の容量区分（全 112 市）**

**表 10-2　可燃ごみ有料指定袋の容量区分別容量種構成**

| 容量区分 | 順位 | 市数 | 有料指定袋の容量種構成 |
|---|---|---|---|
| 2区分 | 1位 | 3市 | 45 L，30 L |
|  | 2位 | 2市 | 45 L，20 L |
| 3区分 | 1位 | 9市 | 45 L，30 L，20 L |
|  | 2位 | 6市 | 45 L，20 L，10 L |
|  | 2位 | 6市 | 45 L，30 L，15 L |
| 4区分 | 1位 | 16市 | 40 L，20 L，10 L，5 L |
|  | 2位 | 12市 | 45 L，30 L，20 L，10 L |
|  | 3位 | 5市 | 40 L，30 L，20 L，10 L |
| 5区分 | 1位 | 7市 | 40 L，30 L，20 L，10 L，5 L |
|  | 2位 | 5市 | 45 L，30 L，20 L，10 L，5 L |

［出典：第5回全国都市家庭ごみ有料化アンケート調査（2018年2月，著者実施）の結果とりまとめ］

量種構成が9市と，最も多く採用されている．

　容量が多種類化すると，市民の利便性が高まり，容量に応じた手数料設定によりごみ減量への動機付けが働きやすい．しかし，配送センターや小売店にとって，在庫管理の手間が増えるとか，陳列棚スペースの確保が難しくなるという問題もある．

## 2. 指定袋容量種と納品枚数

　近年有料化を実施した市について，容量種別に指定袋取扱店への納品枚数の順位や比率を見ると，旭川市，苫小牧市，府中市，国分寺市，立川市，藤沢市，大和市，新潟市，柏崎市，松江市の10市において10Lサイズの指定袋の納品枚数が最も多くなっている．その中から，可燃ごみの収集回数を週3回としている新潟県2市を除いた8市を抽出する[1]．これら8市の手数料水準は，1L＝1円程度の松江市を除く7市が1L＝2円とかなり高い．

　いずれの市についても，納品枚数第2位には，10L袋の次に大きなサイズの20L袋が続いている．10Lと20Lを併せた納品枚数比率でみると，48%（苫小牧市）〜77%（松江市）で，8市平均で65.5%となる．これらの市では有料化実

---

1)　可燃ごみの収集頻度は，全国的には週2回とする自治体が多いが，新潟市と柏崎市では週3回としている．両市については，収集頻度も売れ筋容量種の小サイズ化をもたらした要因の一つと考えられる．

施後に大幅なごみ減量が実現しており，市民の減量意識も向上して，小さなサイズの指定袋が使用されているものと見られる.

20 L サイズの指定袋の納品枚数が最も多くなっているのは 26 市（15 L 袋と 25 L 袋の 2 市を含む）である. これらのうち 14 市において，納品枚数第 2 位に 10 L サイズの指定袋が続いている. 10 L または 20 L サイズの指定袋が最多納品枚数となっているのは 36 市である. その中に，1 L＝1.5 円以上の比較的高い手数料水準の市が 26 市含まれる. 手数料水準が高くなると，小さなサイズの指定袋の使用枚数が増える傾向が窺える.

**図 10-2** により，標準的な 4 容量区分をとる，高い手数料水準 1 L＝2 円の 12 市について最多納品枚数容量種の分布を見てみよう. 最多納品枚数の指定袋について，20 L サイズが 9 市，10 L サイズが 3 市であった. 12 市すべてで 20 L または 10 L サイズの指定袋が最多納品枚数容量種となっている. なお，回答全市を通して，5 L サイズの指定袋を最多納品枚数とする市は存在しなかった.

大きな袋から小さな袋への容量種構成の順と，容量種別納品枚数の順位が完全に逆転しているケースが 2 市ある. 3 容量区分をとる幸手市のラインアップは 45 L，30 L，15 L であるが，納品枚数の順位は 15 L，30 L，45 L となっている. また，松江市についても，4 容量区分で 45 L，30 L，20 L，10 L の構成であるが，指定袋の販売枚数の売れ筋は 10 L，20 L，30 L，45 L の順で，完璧に逆転している.

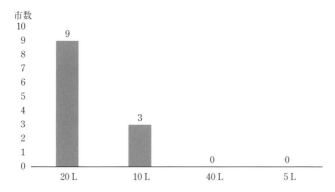

［出典：第 5 回全国都市家庭ごみ有料化アンケート調査（2018 年 2 月，著者実施）の結果とりまとめ］
**図 10-2　可燃ごみ 4 容量区分，手数料 1 L＝2 円 12 市の最多納品枚数容量種分布**

# 3. 有料指定袋の形状

有料指定袋の形状については，透明度，材質，共通袋，記名欄，広告などの論点や選択肢が挙げられるが，ここでは透明化，共通袋，持ち手について取り上げる．

## ⑴　指定袋の透明化

有料指定袋には，着色が施されていることが多い．その理由として，偽装対策，他自治体のごみ袋との区別明確化，ごみ品目の区分明確化，プライバシーの確保などが挙げられている．しかし，着色は薄めとし，透明性をできるだけ確保できるようにした方がよい．中身が見えることで，分別の改善が容易になり，収集作業員や処理設備の安全確保にもつながる．

ベルトコンベアに乗せて手選別作業を必要とする容器包装プラスチックについては，特に指定袋透明化の必要性が高い．西東京市では，2010年10月からの手数料値下げ改定に合わせて，容器包装プラスチック専用袋の色について，中身の見えないピンク色から，無色透明に変更している．

透明指定袋に変わって，容器包装プラスチックの分別はどう変化したか．市の協力を得て，日本容器包装リサイクル協会が毎年実施するベール品質調査の結果を経年で確認することができた．**表 10-3** に示すように，指定袋透明化の前に行われた2010年度調査で90.88％であった容器包装比率は，透明化後の2011年度調査で93.99％に向上し，改善はその後5年間にわたって続いた．指定袋「見える化」の成果が如実に表れる結果となった．

## ⑵　可燃・不燃共通袋の得失

有料指定袋は，分別適正化や収集作業円滑化の観点から，ごみ品目ごとに作製するのが一般的である．しかし近年，作製費の節減と取扱店の陳列・保管スペースの縮小を狙いとして，可燃ごみと不燃ごみについて共通の指定袋を採用する自

**表 10-3　西東京市容器包装プラスチックのベール品質調査結果**

| 年　度 | 2010 | 2011 | 2012 | 2013 | 2014 | 2015 | 2016 |
|---|---|---|---|---|---|---|---|
| ランク | A | A | A | A | A | A | A |
| 容器包装比率 | 90.88％ | 93.99％ | 95.86％ | 96.11％ | 96.80％ | 97.32％ | 96.64％ |

注）指定袋透明化後の品質調査は2011年度調査から．
［出典：調査実施者は日本容器包装リサイクル協会．西東京市資料より作成］

治体も現れてきた．共通袋で運用する自治体に聞くと，集合住宅の管理者から，不適正排出されたごみの可燃・不燃の判別が難しくなるとのクレームが寄せられるそうである．どちらを選択するかは，地域の特性に照らして慎重に判断する必要がある．

### ⑶　平袋と持ち手付き袋

手数料が含まれない市販のごみ袋には平袋が多い．平袋の利点は，作製費が安く付くから，製品価格が低廉なことである．これに対して，有料化制度で用いられる指定袋の多くは「持ち手付き」である．持ち手付き袋は，縛りやすく，持ち運びが容易である．マチが施されているから，平袋よりごみを入れやすい．持ち手が付いていると，レジ袋代わりに使えるように，取扱店がばら売りの対応をすることも可能となる．ただし，持ち手付きは平袋よりも5％程度作製費が割高となる．

## 4.　おわりに

これまで有料指定袋の容量について本格的な調査が実施されたことはなかった．有料化導入の検討を行う自治体，指定袋容量種構成の変更を検討する自治体，指定袋の透明化による分別適正化に関心を寄せる自治体の参考にしていただけると幸いである．

# 第11章

# 有料化の併用事業

　家庭ごみ有料化の実施にあたり，ごみ減量・資源化の受け皿整備などを狙いとして，新たな資源品目の分別収集・資源化，ごみ収集方法の見直しなど併用事業が導入されることが多い．著者の第5回有料化調査の質問に対する有料化市からの併用事業に関する回答をとりまとめ，いくつかの市の取組事例にも触れて，近年の併用事業の運用状況を明らかにする．

## 1. 新資源品目の収集と収集頻度見直し

　第5回有料化調査（対象は2005年度以降の有料化市と制度・手数料改定市）では，家庭ごみ有料化を導入したときに，新たな資源品目の分別収集・資源化，収集方法の戸別収集への切り換えなどの併用事業を開始したかどうかについて尋ねた．回答総数110市からの，複数回答を可能とした回答結果は，**図11-1**に示す通りであった．

　有料化との併用事業として最も多かったのは「新たな資源品目の分別収集・資源化の開始」で，49市（回答市全体の45%）が実施している．次いで多かった

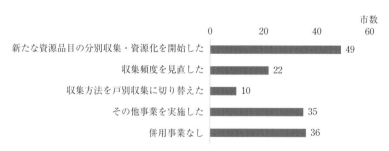

［出典：第5回全国都市家庭ごみ有料化アンケート調査（2018年2月，著者実施）の結果とりまとめ］
**図 11-1　有料化の併用事業（回答110市）**

のが「収集頻度の見直し」で，22 市（回答市全体の 20％）が回答している．「収集方法の戸別収集への切り換え」の回答が 10 市からあった．「その他の併用事業」の記述回答も 35 市から出された．「併用事業なし」は 36 市で，回答市全体の 3 分の 1 にとどまる．

　有料化実施時に分別収集・資源化が開始された新たな資源品目を**図 11-2** に示す．品目別で最も多かったのは容器包装プラスチックで 19 市，次いで紙類を 13 市，剪定枝葉を 12 市が挙げていた．ここで，容器包装プラスチックの回答は，容器包装プラスチックを構成する一部品目の分別収集を含む．また紙類の回答には，雑がみを紙資源に追加が 4 市，紙パックを紙資源に追加が 2 市含まれている．そして剪定枝の回答には，庭草を剪定枝に追加が 1 市含まれている．

　それらに次ぐ新たな資源品目としては，ペットボトルを 6 市，小型家電を 5 市，金属類，廃食用油を各 4 市，発泡スチロール，蛍光管を各 3 市，布類，スプレー缶，トレイを各 2 市が挙げていた．1 市単独の回答品目には，製品プラスチック，有料指定袋による生ごみの分別回収などが挙げられていた．

　新資源品目の分別収集に次いで多かった併用事業「収集頻度の見直し」の主な内容を**図 11-3** に示す．最も多かったのは「収集頻度（回数）の削減」で 8 市，次いで「祝祭日のごみ収集開始」が 5 市，「収集頻度の増加」が 4 市の順であった．

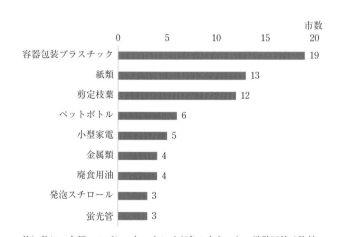

注）他に，布類，スプレー缶，トレイが各 2 市あった．単数回答は除外．

［出典：第 5 回全国都市家庭ごみ有料化アンケート調査（2018 年 2 月，著者実施）の結果とりまとめ］

**図 11-2　有料化時の新規資源品目**

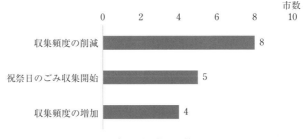

注）単数回答は除外.
［出典：第5回全国都市家庭ごみ有料化アンケート調査（2018年2月，著者実施）の結果とりまとめ］
**図11-3　収集頻度見直しの主な内容**

他に1市単独の回答として，市内全地区の古紙・古着収集体系統一化，収集曜日・地区の見直し，粗大ごみの月1回から随時申込制への変更があった.

収集頻度の見直しについては，収集の効率化を狙いとした見直しと，住民サービス向上を狙いとした見直しの2方向に分かれる. 1つの方向は，有料化を機に，従来過剰サービスとなっていた週1回といった資源物の収集回数を隔週などに変更するとか，週3回の可燃ごみの収集回数を週2回に変更するといった効率的な収集システムへの再編である. もう1つの方向は，有料化を機に，資源物の分別排出促進を狙いとして資源物の収集回数を増やすとか，住民のわかりやすさや利便性の向上を狙いとして祝祭日のごみ収集を開始するといった収集サービスの充実である. かつては，有料化の併用事業として，資源化推進の受け皿整備の観点から，資源物の収集回数を増やす自治体が多かった. しかし，近年は有料化を機に収集頻度を削減する方向での見直しのケースが徐々に増えている.

有料化と併せた収集効率化の事例として，2017年9月に家庭ごみ有料化を実施した国立市の収集頻度変更を見てみよう. 有料化実施前の収集回数は，週2回の可燃ごみ以外のすべての品目について週1回であった. 有料化実施後の収集回数は，容器包装プラスチックについては変えなかったものの，不燃ごみ・有害ごみ・缶・びん・ペットボトル（それに新規収集の小型家電）が2週に1回に切り替わった. 古紙・古布については，新聞・紙パックが4週に1回，その他古紙品目・古布が2週に1回とされた. 新聞・紙パックの収集頻度を大きく削減したのは，新聞販売店回収や店頭回収など民間ルートの利用を促す狙いである.

収集頻度削減の背景には，ペットボトルなど一部の資源物を除き，資源物全体

の収集量が減少している状況がある．収集頻度を落とすことで，収集業務の効率化，民間回収ルート活用による拡大生産者責任の推進，さらには収集車両の台数削減や走行距離短縮化による環境負荷低減に結び付くことが期待されている．

## 2. 併用事業としての戸別収集

　有料化の併用事業として 3 番目に多かった，「収集方法を戸別収集に切り換えた」との回答は，その大部分が東京多摩地域と神奈川県の市であった．戸別収集を併用実施することで，有料指定袋を使用しないなどの不適正なごみ排出を防止しやすくなる．また，ごみ排出量の減少が多少なりと見込める，高齢者がごみを出しやすくなる，集積所の設置場所や管理をめぐるトラブルを無くせる，小規模事業所のごみ処理を適正化できるなどのメリットもある．ただし，作業量が増えることから，収集コストが増加する．

　ここで市民，行政が関心を寄せる，戸別収集のごみ減量効果に触れておこう．戸別収集の家庭系ごみ減量効果については，いくつかのモデル事業において，かなり大きな効果が報告されている．台東区が 2002 年度からかなり整然とした住宅街で約 500 世帯を対象として実施したモデル事業では，実施後に可燃ごみ，不燃ごみともに排出原単位ベースで 11 ％減少している [1]．しかし，モデル事業の結果も踏まえて，2013 年度から 3 年間かけて全区域で戸別収集を実施したところ，それほど大きな減量効果は得られていない．2013 年度の可燃ごみ減量効果について，戸別収集に切り換えた上野・谷中地区（前年度比 3 ％減）と集積所地区（同1.5 ％減）で比較すると，その差はわずか 1.5 ％にとどまっていた [2]．

　海老名市が 2011 年度から 3 年間にわたって整然とした住宅街で約 860 世帯を対象として実施した戸別収集のモデル事業では，実施前の年度と比較すると2013 年度に可燃ごみの排出原単位ベースで 6.6 ％，可燃ごみ総量では 13.7 ％減少している．しかし，同時に実施した繁華街に近く，事業系ごみの混入や住民の転入出も多い地区でのモデル事業では同じ期間に可燃ごみ総量がわずか 2.9 ％の減量にとどまり，この間に市全体で約 3 ％減量していることから，戸別収集による減量効果は認められなかった [3]．戸別収集のごみ減量効果については，地域特性によりかなり大きな違いが現れる傾向がある．

1)　台東区清掃リサイクル課「2003 年度一般廃棄物基礎調査報告書」．
2)　台東区清掃リサイクル課資料．
3)　海老名市資源対策課「戸別収集モデル事業結果報告書」2016 年．

戸別収集には一定のごみ減量効果が認められるものの，さほど大きなものではない．有料化の併用施策としての戸別収集の最大の狙いは，排出者責任の明確化にある．戸建て住宅については，敷地内の道路に面した場所にごみを出してもらうことで，不適正な排出があった場合に，注意シール貼付などによる指導をしやすくなる．これまで専用の集積所を設置していた集合住宅についてはこれまで通りであるが，小さな集合住宅で専用の集積所を設置していなかったところは，町内の集積所がなくなるので，新たに敷地内に集積所を設置することになる．したがって，ごみの排出者と集合住宅管理者の責任をより明確化できることになる．

## 3. その他の併用事業

「その他の主な併用事業」として自由記述された回答をとりまとめた結果を**図11-4**に示す．最も多かったのは「生ごみ処理機器購入補助金の増額」と「集団回収助成金の増額」で各7市，次いで「集積所設置補助の開始」が6市，「高齢者世帯ごみ出し支援」が4市，「粗大ごみ事前申込制の導入」が3市，「事業系ごみ処理手数料の改定」，「剪定樹木粉砕機車の貸出・派遣」が各2市の順であった．

1市単独の回答としては，ステーション監視カメラの貸与（千葉市），カラス防護ネットの貸与（岡山市），大型ごみの基準見直し（札幌市），市内全校区に最低1箇所の紙リサイクルボックス設置（福岡市），市内全体での集団資源回収導入（逗子市），白色トレイ拠点回収の全市域開始（宇佐市），専属の分別指導員配置（紋別市），激変緩和措置としての世帯人数に応じた有料指定袋無料引換券配

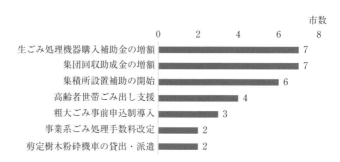

注）単数回答と，社会的減免8市，ボランティア袋配布3市を除外．
［出典：第5回全国都市家庭ごみ有料化アンケート調査（2018年2月，著者実施）の結果とりまとめ］
**図11-4　その他の主な併用事業**

布（関市，超過量→単純），生ごみ堆肥化の拠点回収支援（国分寺市），汚泥再生処理センターでの生ごみ堆肥化開始（小諸市）などが挙げられていた．

　その他の代表的な併用事業として「生ごみ処理機器購入補助金の増額」を取り上げる．この事業を併用事業の1つとして回答した国立市の事例を少し詳しく見ておこう．同市は木箱に黒土を入れておき，そこに生ごみを投入して土中のバクテリアに消化分解させて消滅させる「バクテリア de キエーロ」の廉価な小型簡易版として，プラスチック製の箱を用いた「ミニ・キエーロ」を考案した．サイズが大小2種類あって，製造単価は大2,500円，小2,000円程度である．市は希望する市民に無償で提供し，使用後に簡単なアンケートに答えてもらうモニター事業を2014年2月から開始した．2015年度からは製造元の造形店での販売も開始し，市民が大1,000円，小800円で購入できるように助成した．

　2017年9月の家庭ごみ有料化に併せて，市は同年度から助成比率を高めて，市民が大500円，小400円で購入できるようにした．**表11-1**に示すように，モニターの申込件数は有料化の前年度に約5割増加し，有料化実施年度にさらに増えている．販売基数も有料化実施年度に3倍程度に増加している．有料化と購入助成比率引き上げがミニ・キエーロの普及を促進したことが見て取れる．

　家庭ごみ有料化の実施が2018年2月で，本調査の対象から外れた金沢市からの提供資料でも，補助金の増額および有料化実施による生ごみ処理機器購入助成件数の増加を確認できる．**表11-2**に示すように，2015年度に助成比率と上限額を引き上げると，助成件数が4倍に増加し，有料化が実施された2017年度にはさらに7割増えている．なお，市は電気式生ごみ処理機（助成対象）とダンボールコンポスト（助成対象外）でできた堆肥を市内8店舗で回収し，ためると商品券やダンボールコンポストと交換できるポイントを提供している．回収店舗での

**表11-1　国立市ミニ・キエーロ普及実績**

| 年　　度 | モニター | 販　売 | 合　　計 |
|---|---|---|---|
| 2014 | 116 基 | — | 116 基 |
| 2015 | 98 基 | 48 基 | 146 基 |
| 2016 | 159 基 | 44 基 | 203 基 |
| 2017（有料化） | 225 基 | 157 基 | 382 基 |
| 2018 | 91 基 | 57 基 | 148 基 |

［出典：国立市ごみ減量課まとめ］

**表 11-2　金沢市電気式生ごみ処理機助成件数**

| 年　度 | 2014 | 2015 | 2016 | 2017（有料化） | 2018 |
|---|---|---|---|---|---|
| 件　数 | 23 | 88 | 84 | 142 | 89 |
| 助成割合 | 1/3 上限2万円 | 1／2 上限3万円 | | | |

［出典：金沢市リサイクル推進課まとめ］

堆肥回収量も，有料化実施に伴って増加している．

　家庭ごみ有料化の導入について審議会で議論され，市主催の説明会が市内各所で行われて，条例の改正を経て実際に導入されるに至る過程で，市民のごみ減量への関心が高まる．生ごみ処理機器購入件数の増加傾向は，有料化の意識改革効果の発露でもある．

## 4.　おわりに

　本章では，有料化の併用事業の運用状況について，いくつかの具体的な取組事例を含めて，調査結果を紹介した．全国の有料化市は，創意工夫を凝らして様々な併用事業を開始していた．こうした取り組みは，これから有料化の制度設計に取り組む自治体，すでに有料化を実施していてさらなるごみ減量事業の導入に関心を寄せる自治体にとって参考になると思われる．

第12章

# 有料化市の制度運用に関する評価

　家庭ごみ有料化を実施した市は，有料化の利点や課題点をどう評価しているのだろうか．有料化市に対する第5回有料化アンケート調査の最後の設問では，有料化市担当者が有料化制度の導入と運用において，どんなメリットが得られるようになったか，そしてどんな課題に直面しているかを尋ねた．

## 1. 有料化を実施してよかったと実感したこと

　第5回調査（対象は2005年度以降の有料化市と制度・手数料改定市）では，家庭ごみ有料化を実施してよかったと実感したことは何か，有料化市担当者に自由記述で書いてもらった．回答87市からの，1件の回答の複数項目への仕分け（著者による）を含む回答結果は，**図12-1**に示す通りであった．

　最も多かったのは「ごみ減量・資源化の進展」で，64市（回答市全体の74%）

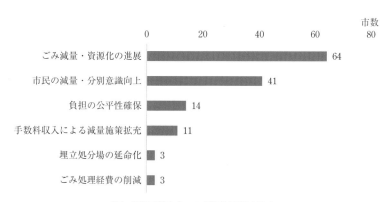

注）複数回答あり．1市単独回答は除く．
［出典：第5回全国都市家庭ごみ有料化アンケート調査（2018年2月，著者実施）の結果とりまとめ］
**図12-1　有料化をしてよかったと実感したこと**

が挙げていた．秋田市からは「2012 年 7 月から実施した本制度によって，…減量目標を 2013 年度に達成するとともに，その後も排出量は緩やかではあるが減少傾向にあり，排出量の抑制効果が維持できていること」との回答があった．

　減量効果について具体的な数値を示した回答もあった．2014 年 2 月有料化実施の千葉市から「有料化実施後，1 年間で年間焼却ごみ量が 6% 削減され，ごみの減量に寄与した」との回答が寄せられた．同市は従来 3 工場体制でごみを焼却してきたが，効率化や環境負荷軽減の観点から 2 工場体制への移行を計画していた．家庭ごみ有料化実施によるごみ減量効果もあって，2 工場による安定的なごみ処理体制に移行できた．

　また 2015 年 4 月に有料化を実施した鎌倉市からは「家庭系ごみのうち，燃やすごみの収集量について，有料化実施前と比較して約 17% の削減効果を得ることができたこと」が挙げられた．同市は長年にわたり 2 工場体制でごみを焼却してきたが，両工場が老朽化し，1 工場が停止した．これにより老朽化が進むもう 1 つの工場だけで新工場が整備されるまでつないでいけるよう焼却ごみを削減することが喫緊の課題であったが，有料化によって何とか苦境を凌ぐことができた．

　そして 2006 年 10 月に有料化を実施した京都市からは「市民のごみ減量の意識が高まり，2016 年度においては，家庭からのごみ量は有料指定袋導入前の 7 割にまで減量できた」との回答が寄せられた．資源化の進展については，加須市から「有料化を含めたごみ処理方法の再編により，ごみの資源化量が増加し，リサイクル率が全国トップレベルに向上した」との記載があった．

　次いで多かったのが「市民の減量・分別意識向上」で，41 市（回答市全体の 47%）が回答している．恵庭市から「資源物を含む全体の収集量が年々減少していることから，市民一人ひとりの発生抑制の意識が向上していると感じられる」，小千谷市から「市民のごみ減量に対する意識の高揚が見て取れる」，仙台市から「有料化を契機として市民のごみに対する意識の向上に寄与」，那須塩原市から「市民がごみ減量について考える契機となった」，東広島市から「市民の意識改革とごみ見える化につながった」といった意見が寄せられた．

　3 番目に多かったのは「負担の公平性確保」で，旭川市，稚内市，釧路市，君津市，上越市，長野市，富士吉田市，岸和田市，三原市，山陽小野田市，大分市など 14 市から，「排出量に応じたごみ処理費用負担の公平性の確保」が挙げられていた．

　4 番目に多かったのは「手数料収入による減量施策拡充」で 11 市が回答して

いた．上越市や鹿沼市，常滑市から「手数料を財源としたごみ減量施策の充実」
といった回答が寄せられた．超過量従量制から単純従量制に切り換えた須坂市の
回答は「手数料収入が見込める」と，シンプルであるものの，実感がこもってい
るように感じられた．

　その他の複数回答として，ごみ減量の成果としての「埋立処分場の延命化」が
札幌市，北広島市，大牟田市の3市，「ごみ処理経費の削減」が美唄市，泉大津市，
和泉市の3市からあった．

　単独回答についても，特徴的なものをしるしておこう．小松市から「集積所が
きれいになり，町内会の管理が楽になった」との意見が出された．また，藤沢市
からは「市民満足度が高まった」との回答が寄せられた．同市は併用事業として
戸別収集を実施していることから，収集サービスに対する市民の満足度向上に結
びついたものとみられる．国立市からは「（併用事業としての）収集頻度の見直
しにより，収集・中間処理が効率化された」との回答があった．

　有料化実施に伴ってさまざまな側面でメリットが得られることは，札幌市から
の「ごみに対する市民の意識が高まり，家庭ごみの量が大幅に減少したことや，
分別協力率が向上したこと．清掃工場1カ所の廃止や埋立地の延命化を図ること
ができたこと」との回答からも窺える．

## 2.　有料化の実施・運用上の課題点

　有料化の実施や運用にあたって何らかの問題や課題に直面することが当然考え
られる．良いこと尽くめは，どんな施策でもあり得ない．そこで，有料化に関連
して直面した課題点について記述式で回答してもらった．回答49市からの回答
の複数項目への仕分け（著者による）を含む回答結果は，**図12-2**に示す通りで
あった．

　多かったのは「不適正排出の抑制」，「ごみ減量意識の持続」，「有料指定袋の取
扱い事務負担」の3項目で，それぞれ9〜10市が挙げていた．不適正排出につ
いては，集合住宅入居者，とりわけ学生や単身者，外国人への分別・排出マナー
の周知に苦労したとする市が複数あり，「有料化実施後も指定袋以外での排出や
分別が不十分であることが目立った」，「分別違反や取り残しにより，一部町内会
において負担が増えた旨の声があった」などの回答も寄せられた．

　ごみ減量意識の持続について，有料化から10年が経過した多摩市からは「当
時のようなインパクトや意識が薄れている部分がある」，8年が経過した井原市

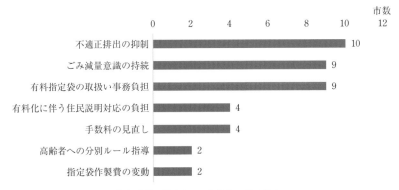

注）複数回答あり．1市単独回答は除く．
［出典：第5回全国都市家庭ごみ有料化アンケート調査（2018年2月，著者実施）の結果とりまとめ］
**図12-2　有料化実施・運用上の課題点**

からも「当初に比べて減量への意識が薄くなりつつある」との意見が寄せられた．
「有料化導入により得られた，ごみに対する意識の高まりを持続させるための施策展開が必要」（長野市），「継続的な広報や周知が必要」（上山市）とする意見もあった．

　有料指定袋の取扱い事務負担については，指定袋の在庫管理や手数料徴収の事務負担をはじめ，指定袋取扱店の確保，買取りや併用期間など旧指定袋の取り扱い，指定袋の品質管理や不良品への対応など，さまざまな側面で問題に直面した経験が綴られていた．

　次いで，「有料化に伴う住民説明対応の負担」，「手数料の見直し」が各4市，「高齢者への分別ルール指導」，「指定袋作製費の変動」が各2市であった．

　有料化に伴う住民説明対応の負担については，東広島市から「あらゆる媒体を利用して時間をかけて周知しても，情報が行き渡るのに限界がある」との苦労譚が綴られ，福岡市からは条例の可決前後で説明会を282回実施して市民の理解を求めたことが記述されていた．仙台市は町内会単位の説明会，各種マスコミの活用により市民に制度を周知したとし，岩見沢市も「有料化に先だって，細やかな住民説明が必要となった」と回答している．

　手数料の見直しについては，「近年横ばい傾向なので値上げを検討」といった回答が2市あったが，他方で手数料の改定は有料指定袋の切り換えに伴う事務負担が大きくハードルが高いとする回答も2市あった．

## 3. 有料化実施後の不適正排出の状況

　有料化実施・運用上の課題として最も多い数の市が回答した不適正排出について，第5回調査では有料化実施後の状況を尋ねている．「有料化実施当初，有料指定袋を使用しない，分別が適切でないなど不適正な排出が見られたと思いますが，その後の状況はどのように推移していますか？」という質問に対する112市からの回答結果を**図 12-3** に示す．

　最も多かったのは「不適正な排出は概ね3カ月以内に収束した」で，32市（回答市全体の29%）が挙げていた．次いで多かったのが「不適正な排出は半年から1年程度続いた」で，24市（回答市全体の21%）が回答している．3番目に多かったのは「有料化実施後の排出状況は有料化導入前と変化しない」で，17市（回答市全体の15%）が回答している．

　4番目は「不適正な排出はなかなか収束しない」で，11市であった．この回答については，収束しない期間を記入してもらったが，記入された期間はいずれの市についても有料化を導入してから回答時までの期間となっていた．最長は関東地方の都市の12年9カ月であった．5番目は「不適正な排出は1年以上続いた」で，7市であった．

　他に，「その他」としての記述回答が16市，状況「不明」が5市あった．「その他」の回答からいくつか引用しておこう．

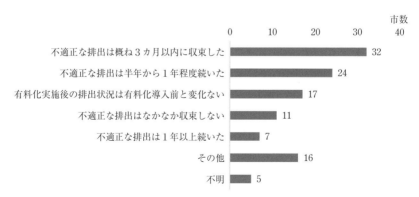

［出典：第5回全国都市家庭ごみ有料化アンケート調査（2018年2月，著者実施）の結果とりまとめ］
**図 12-3　有料化実施後の不適正排出の状況**

「戸別収集方式に変更したため，不適正排出は減少した」（石狩市）

「季節による変動はあるものの不適正な排出は減少傾向にある」（秋田市）

「近年，不適正な排出については減少しているが，組成調査では資源物（紙類等）の混入があるという結果が出ており，不適正な排出はなくなっていない状況である」（山口市）

「プラスチック容器包装について，一部ではあるが不適正な排出が見られる」（下関市）

「不適正な排出は概ね3カ月程度で大幅に減少したものの，一定量は残っている状況」（大分市）

市の対策強化により，不適正排出が概ね収束したとしても，完全になくすることは難しく，不断の防止対策を積み重ねることが求められている．

戸別収集の不適正排出抑制効果を検証する狙いで，有料化と戸別収集を併用した東京多摩地域7市からの回答の内訳を確認しておこう．「有料化実施後の排出状況は有料化導入前と変化しない」が3市，「不適正な排出は半年から1年程度続いた」が2市，「不適正な排出は概ね3カ月以内に収束した」と「不適正な排出はなかなか収束しない」が各1市という回答結果であった．集積所収集を主体とする全国都市の回答結果と比較すると，戸別収集による不適正排出抑制効果が出ているように見受けられる．だが，戸建て住宅について戸別収集を導入しても，排出マナーが徹底されない一部の集合住宅についての不適正排出対策は引き続き，取組課題として残る．

## 4. おわりに

第5回有料化調査のとりまとめにより，家庭ごみ有料化の得失が浮き彫りにされた．有料化実施に伴って，ごみ減量・資源化の推進効果，市民のごみ減量・分別意識の向上，負担の公平性確保，手数料収入による減量施策拡充など，さまざまな側面でメリットが得られたことを確認できた．その一方で，有料化制度の実施や運用にあたって，不適正排出の抑制，ごみ減量意識の持続，有料指定袋の取り扱い事務負担，住民への説明対応の負担といった問題や課題に直面している市が多くあることも把握できた．自治体が有料化の実施や制度見直しを検討する際には，これらの得失を勘案しておく必要がある．

# 第II部（家庭ごみ有料化）の小括

　自治体のごみ減量政策における代表的な経済的手法は家庭ごみ有料化である．自治体アンケート調査の結果に基づいて，家庭ごみ有料化の実施状況，減量効果，手数料見直しの効果，意識改革効果，指定袋容量種の採用状況，併用施策の状況などを考察した．その中から，ごみ減量効果と意識改革効果に関して得られた知見を要約する．

　家庭ごみ有料化の価格帯別減量効果として，どの価格帯についても減量効果が出ており，価格帯が高いと減量率も概ね高くなる傾向が認められた．中心価格帯である大袋1枚30〜60円台の手数料について，有料化翌年度で13〜14%，5年目年度で14〜17%程度の家庭ごみ排出原単位（行政回収と集団回収の資源物を含む）減量効果を確認できた．

　また有料化の意識改革効果の実証分析も試みた．意識改革効果の検証方法は，有料化実施後における手数料値下げがごみ排出量の増加を誘発する効果の確認作業である．手数料値下げ前後における有効回答市の家庭系ごみ排出原単位の推移を確認すると，値下げしても直ちにごみ排出量の増加に結びつくとは限らず，実質無料化しても有料化前の水準に戻ることがなかった．

　こうした現象は価格インセンティブだけでは説明できない．有料化は価格インセンティブを活用して市民のごみ減量という合理的な選択行動を引き出すと考えられているが，行政は実施にあたって区域内の各地域を回わり集中的に排出方法変更の説明や適正排出の啓発に取り組む．

　こうした啓発活動とセットになった有料化制度の導入と運用は，住民の環境意識を向上させ，環境配慮行動を誘発することにつながる．有料化の価格インセンティブと啓発活動の相乗効果によりごみ減量の意識や行動が住民のライフスタイルに組み込まれたことが，値下げ後の減量効果維持につながったと考えられる．

# 第Ⅲ部

# 事業系ごみ減量化

# 第 13 章

# 事業系ごみ対策と多量排出事業所指導

　本章から第 19 章までは，著者が実施した全国都市アンケート調査の集計結果の分析を通して，事業系ごみ対策の新たな展開と課題を取り上げる．まず本章では，事業系ごみ減量化の必要性と調査の概要に触れた上で，規制的手法としての多量排出事業所指導の実施状況や課題について考察する．

　事業系ごみをたくさん排出する大規模な事業所については，廃棄物処理法と各市の廃棄物処理条例に，廃棄物管理責任者の選任，減量計画書の提出などの指導規定が置かれている．近年，地方自治体は法令の改正も伴って，多量排出事業所に対する指導の充実・強化に乗り出すようになった．指導の対象とする事業所の範囲についても，大都市を中心として拡大する動きが見られる．

## 1. 高まる事業系ごみ減量化の必要性

　市町村が総ごみ量を減らすには，家庭ごみの減量を推進するだけでなく，事業系ごみの減量にも取り組まなければならない．全国で見ると一般廃棄物の総量に占める事業系ごみの割合は 3 割程度であるが，大都市地域の市区では 5 割以上を占めることもある．

　**図 13-1** は，環境省が毎年とりまとめる一般廃棄物処理実態調査のデータをもとに，この 10 年間の一般廃棄物排出量の推移を，生活系ごみ，事業系ごみ，総計について 2008 年度の排出量を 100 として指数化したものである．ごみ排出量全体の 7 割を占める生活系ごみは，継続的な減量により右肩下がりで推移してきた．多くの自治体が有料化の実施を含め家庭系ごみの減量施策に注力した結果である．これに対して事業系ごみは，リーマン危機後に大きく減量したものの，この 8 年間は減量が進まず横ばい傾向にある．そこで近年，総ごみ量を削減するための次の取組課題として事業系ごみ減量化への関心が高まってきた．

　事業系ごみ対策の分野では，手数料など経済的手法から規制的手法，奨励的手

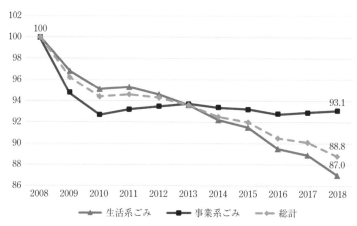

注）生活系ごみ，事業系ごみ，総計について 2008 年度の排出量を 100 として指数化.
［出典：環境省「一般廃棄物処理実態調査」各年度版より作成］
**図 13-1　ごみ排出量（生活系・事業系・総計）の推移**

法まで，地方自治体によりさまざまな取り組みが行われてきた．第 3 部では，事業系ごみ減量化対策のさまざまな手法を取り上げ，それらの手法の総合化の重要性を指摘する．

## 2.　事業系ごみ対策調査の概要

　著者は 2019 年 2 月に全国の人口規模の大きな都市に対して事業系ごみ対策アンケート調査を実施し，172 市から回答を得た（回答率 86%）．この調査の対象とした市は，人口規模およそ 12 万 6,000 人以上の 200 市である．東京特別区については，人口規模の比較的大きな 23 の区が一部事務組合（以下，一組）で共同して中間処理を行っていることから，集計上の偏りを避けるため平均的な人口規模の 1 区のみに依頼して回答してもらった（以下，1 特別区を含めて回答 172 市という）．

　回答を寄せていただいた 172 市の人口区分別の内訳を**図 13-2** に示す．大規模な都市はほとんど網羅している．人口区分を施したのは，搬入ごみの展開検査の実施，展開検査機の導入状況，大規模事業所指導の運用，定期的な訪問調査の実施などについて，都市規模別のクロス集計を試みることによる．

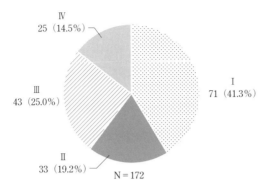

（人口区分）Ⅰ. 12 万人以上 20 万人未満　Ⅱ. 20 万人以上 30 万人未満
Ⅲ. 30 万人以上 50 万人未満　Ⅳ. 50 万人以上
［出典：全国都市事業系ごみ対策アンケート調査（2019 年 2 月，著者実施）の回答結果とりまとめ］
**図 13-2　回答市の人口規模別市数**

## 3.　多量排出事業所指導の枠組み

　事業者のごみ処理については，廃棄物処理法および自治体の廃棄物処理条例に
その責務が定められている．廃棄物処理法第 3 条は事業者の責務として次の 3 点
を挙げている．自治体の廃棄物処理条例にも，ほぼ同様の規定が設けられている．

　①　事業活動に伴って生じた廃棄物を自らの責任で適正に処理すること
　②　事業活動に伴って生じる廃棄物の再生利用等を行うことにより減量化に努
　　　めること
　③　国および地方公共団体の施策に協力すること

　そして，同法第 6 条の 2 第 5 項には，市町村長が，事業活動に伴い多量の一般
廃棄物が生じる建築物の占有者に対し，減量計画の作成，運搬の場所や方法等を
指示できるとする規定が置かれている．これを受けて，多くの自治体は条例の規
定に基づき，事業系ごみを多量に排出する事業所に対して，次のような規制の枠
組みを設けている．

　①　減量計画書の作成・提出
　②　廃棄物管理責任者の選任・届出
　③　廃棄物・再生利用物の保管場所の設置・届出
　④　上記提出・届出義務に違反した場合の改善勧告・公表・受入拒否等の措置

　減量計画書は，自治体により名称と様式が異なるが，ごみの品目別の発生量や資源化量の前年度実績，本年度の減量計画量，それに各品目の回収業者名と最終持込先も付けて，前年度の実績の振り返りと本年度の減量・資源化の取り組み目標を示した書面である．事業所サイドは所内のごみ管理に用いることができ，自治体の方は提出を受けた書面をデータベース化するなどして，事業所指導に活用している．

　事業所内でごみの管理を担い，減量計画書を作成するのが廃棄物管理責任者である．大阪市のガイドブックには，その職務として次の事項を列挙している[1]．

① 廃棄物の実態把握―当該年だけでなく，前年の排出量と再生量の実態を把握する

② 減量資源化のための具体的計画の立案―少しでも前年実績量を上回るようにする

③ 目標値の設定―具体的な数字を設定する

④ 社員・テナントの啓発―設定数値の教示と，それに向けた具体的な取り組みを全員に示す

⑤ 計画の実行―計画を実行に移せる環境を整備する

⑥ 進行状況のチェック―常に進捗状況をチェックする

　このように，ごみ管理について廃棄物管理責任者が事業所内で担う役割は重要であるが，管理責任者任せにせず，チームを立ち上げて組織的に減量・資源化に取り組むことが望ましい．

　著者が2019年2月に実施した全国主要都市アンケート調査において，廃棄物管理責任者の選任や減量計画書の提出などを求める多量排出事業所指導制度を運用しているか否かを尋ねたところ，**図13-3**に示すように，回答172市の68％にあたる117市が運用していると答えていた．人口区分別に制度の運用状況を確認すると，**表13-1**に示すように，人口規模が大きい都市ほど実施率が高くなっていた．大規模な都市における事業系ごみ対策の必要性の高さ，制度の運用にさける人員の余裕度といった要因がその背後にあるとみられる．

　**表13-2**は，多量排出事業所指導制度を運用する117市について，制度の対象となる事業所の範囲を一覧表にしたものである．規制の対象となる多量排出事業所の範囲は，自治体によって異なる．対象範囲のメルクマールは，①ビル管理の

---

1)　大阪市環境局「事業系ごみの減量と適正処理の促進のために」，2018年3月．

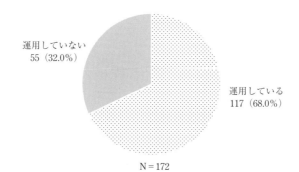

N = 172

[出典：全国都市事業系ごみ対策アンケート調査（2019 年 2 月，著者実施）の回答結果とりまとめ]

**図 13-3　管理責任者選任や減量計画書提出を求める制度の運用**

**表 13-1　人口区分別の多量排出事業所指導制度運用状況**

| 人口区分 | 回答市数 | 実施市数 | 実施率 |
|---|---|---|---|
| Ⅰ：12 万人以上 20 万人未満 | 71 | 35 | 49.3% |
| Ⅱ：20 万人以上 30 万人未満 | 33 | 25 | 75.8% |
| Ⅲ：30 万人以上 50 万人未満 | 43 | 33 | 76.7% |
| Ⅳ：50 万人以上 | 25 | 24 | 96.0% |

[出典：全国都市事業系ごみ対策アンケート調査（2019 年 2 月，著者実施）の回答結果とりまとめ]

**表 13-2　多量排出事業所指導制度の対象範囲**

| 都道府県 | 市区 | 延べ床面積（m²） | 店舗面積（m²） | ごみ排出量（t / 年月） | （kg / 日） | その他 |
|---|---|---|---|---|---|---|
| 北海道 | 札幌市 | 1,000 | | | | |
| 北海道 | 旭川市 | | 1,000 | | | |
| 青森県 | 青森市 | | 1,000 | | | |
| 岩手県 | 盛岡市 | 3,000 | 1,000 | | | 床面積が 500 m² 以上，1,000 m² 以下のスーパーマーケット，収容人員 150 人以上の飲食店 |
| 宮城県 | 仙台市 | 3,000 | 1,000 | 36 / 年 | | |
| 秋田県 | 秋田市 | | 500 | 36 / 年 | | |
| 山形県 | 山形市 | 3,000 | 1,000 | | | |
| 福島県 | いわき市 | 3,000 | 1,000 | | | |
| 茨城県 | 水戸市 | | | | 150 | |
| 茨城県 | つくば市 | | | | 100 | |
| 栃木県 | 宇都宮市 | 3,000 | 1,000 | | | |

| 県 | 市 | | | | | |
|---|---|---|---|---|---|---|
| 群馬県 | 高崎市 | | | | 10 | |
| 埼玉県 | さいたま市 | 3,000 | | | | |
| 埼玉県 | 川越市 | | | 5／月 | | |
| 埼玉県 | 川口市 | 3,000 | | | | |
| 埼玉県 | 所沢市 | | | 60／年 | | |
| 埼玉県 | 上尾市 | 3,000 | | | | |
| 埼玉県 | 狭山市 | | | | 100 | |
| 埼玉県 | 草加市 | | | | 100 | |
| 埼玉県 | 朝霞市 | 3,000 | | | | |
| 埼玉県 | 新座市 | | | 48／年 | | |
| 埼玉県 | 三郷市 | | | 18／年 | | |
| 千葉県 | 千葉市 | 3,000 | 1,000 | 36／年 | | |
| 千葉県 | 市川市 | 3,000 | 1,000 | | | |
| 千葉県 | 船橋市 | 3,000 | | | | |
| 千葉県 | 木更津市 | 3,000 | 1,000 | | | |
| 千葉県 | 松戸市 | 3,000 | 500 | | | |
| 千葉県 | 野田市 | 3,000 | 300 | | | 市長が必要と認めるもの |
| 千葉県 | 成田市 | | | | | ごみ排出量上位200社 |
| 千葉県 | 佐倉市 | 3,000 | | | | |
| 千葉県 | 習志野市 | 1,000 | | | 50 | |
| 千葉県 | 柏市 | 3,000 | 1,000 | | 10 | |
| 千葉県 | 市原市 | | | 36／年 | | |
| 千葉県 | 流山市 | 1,500 | | | | |
| 千葉県 | 八千代市 | 3,000 | 3,000 | | 100 | |
| 千葉県 | 浦安市 | 3,000 | 500 | | | |
| 東京都 | 北区 | 3,000 | | | | |
| 東京都 | 八王子市 | 3,000 | | 20／年 | | |
| 東京都 | 立川市 | 3,000 | | | | |
| 東京都 | 武蔵野市 | | | 10／年 | | |
| 東京都 | 府中市 | 1,000 | | | | |
| 東京都 | 調布市 | 1,500 | | | | |
| 東京都 | 町田市 | 3,000 | | | | |
| 東京都 | 小平市 | 3,000 | | | | |
| 東京都 | 日野市 | 3,000 | | | | |
| 東京都 | 東村山市 | 3,000 | | | | |
| 東京都 | 多摩市 | 3,000 | | | | |
| 東京都 | 西東京市 | 3,000 | | | | |
| 神奈川県 | 横浜市 | 3,000 | 500 | | | |
| 神奈川県 | 川崎市 | | | 36／年 | 100 | |

| 神奈川県 | 相模原市 | 1,000 | | 36 / 年 | | |
|---|---|---|---|---|---|---|
| 神奈川県 | 横須賀市 | | | | 50 | |
| 神奈川県 | 平塚市 | | | 36 / 年 | | |
| 神奈川県 | 鎌倉市 | | | 40 / 年 | 100 | |
| 神奈川県 | 藤沢市 | | | 36 / 年 | | |
| 神奈川県 | 小田原市 | 3,000 | | | | |
| 神奈川県 | 茅ヶ崎市 | | | 60 / 年 | | |
| 神奈川県 | 秦野市 | | | 2 / 月 | | |
| 神奈川県 | 厚木市 | | | 36 / 年 | | |
| 神奈川県 | 大和市 | 3,000 | | | | |
| 神奈川県 | 海老名市 | | | 12 / 年 | | |
| 神奈川県 | 座間市 | | | 120 / 年 | | |
| 新潟県 | 新潟市 | 3,000 | 500 | | | |
| 新潟県 | 長岡市 | 3,000 | 1,000 | | | |
| 富山県 | 富山市 | 3,000 | 1,000 | 50 / 年 | | 3,000 m² 未満の事業所で OA 用紙等が排出されると思われる金融・証券・保険会社等 |
| 富山県 | 高岡市 | 3,000 | 3,000 | 50 / 年 | | |
| 石川県 | 金沢市 | 3,000 | 500 | | | |
| 福井県 | 福井市 | | | 100 / 年 | | |
| 長野県 | 長野市 | | | | 50 | |
| 長野県 | 松本市 | | 1,000 | 18 / 年 | | 建築物衛生法に規定する特定建築物 |
| 岐阜県 | 岐阜市 | 3,000 | 1,000 | | | 50 kg / 週を超え，かつ延べ床面積が 500 m² を超える事業所または小売店 |
| 岐阜県 | 大垣市 | 1,000 | | | | |
| 静岡県 | 静岡市 | | | | | 建築物衛生法に規定する特定建築物 |
| 静岡県 | 沼津市 | 3,000 | 1,000 | 12 / 年 | | |
| 静岡県 | 富士宮市 | | | 100 / 月 | | （条例で排出届の提出を義務付け） |
| 静岡県 | 富士市 | | 1,000 | 36 / 年 | | 建築物衛生法に規定する特定建築物 |
| 愛知県 | 名古屋市 | 1,000 | 500 | 36 / 年 | | |
| 愛知県 | 豊橋市 | 1,000 | | | | 市長が現に多量の一般廃棄物を排出すると認めるもの |
| 三重県 | 津市 | 3,000 | 500 | | 10 | |
| 滋賀県 | 大津市 | 1,000 | | | | |
| 滋賀県 | 草津市 | | | 24 / 年 | | |
| 京都府 | 京都市 | 1,000 | | | | |
| 大阪府 | 大阪市 | 3,000 | 1,000 | | | 事務所については 1,000 m² 以上 |
| 大阪府 | 堺市 | 3,000 | 1,000 | | | |
| 大阪府 | 豊中市 | 3,000 | | 36 / 年 | | |
| 大阪府 | 吹田市 | | | 2 / 月 | | |

| 大阪府 | 守口市 | | | | 100 | |
|---|---|---|---|---|---|---|
| 大阪府 | 茨木市 | | | 3／月 | | |
| 大阪府 | 八尾市 | 3,000 | 1,000 | | | |
| 大阪府 | 寝屋川市 | 3,000 | 1,000 | 60／年 | 152 | |
| 大阪府 | 和泉市 | 3,000 | 1,000 | 36／年 | | |
| 大阪府 | 箕面市 | | 1,000 | 5／月 | | |
| 兵庫県 | 神戸市 | 3,000 | 1,000 | | | |
| 兵庫県 | 明石市 | 3,000 | 1,000 | 200／年 | | |
| 兵庫県 | 西宮市 | 3,000 | 500 | | 10 | |
| 兵庫県 | 伊丹市 | | | 5／月 | | |
| 奈良県 | 奈良市 | 3,000 | 1,000 | | | |
| 和歌山県 | 和歌山市 | | | 36／年 | | |
| 岡山県 | 岡山市 | 3,000 | | | | |
| 岡山県 | 倉敷市 | 1,000 | 1,000 | | 100 | |
| 広島県 | 広島市 | 2,500 | 500 | | | 従業員数200人以上の建築物 |
| 広島県 | 福山市 | 3,000 | 1,000 | | | 市長が必要と認める事業者 |
| 山口県 | 宇部市 | 500 | | | 100 | 市長が特に必要と認めるとき |
| 山口県 | 山口市 | 3,000 | | | | |
| 山口県 | 岩国市 | 3,000 | 1,000 | | | |
| 香川県 | 高松市 | 3,000 | | | | |
| 愛媛県 | 松山市 | 1,000 | 1,000 | | | 延べ床面積が3,000 m² 以上の特定建築物 |
| 福岡県 | 北九州市 | 3,000 | 500 | 36／年 | | |
| 福岡県 | 福岡市 | 1,000 | | | | |
| 佐賀県 | 佐賀市 | | | 36／年 | | |
| 長崎県 | 長崎市 | 3,000 | 500 | | | |
| 長崎県 | 佐世保市 | 3,000 | 500 | | | 多量に一廃を排出する事業者として市長が指定する者 |
| 熊本県 | 八代市 | 1,000 | 500 | | 10 | |
| 大分県 | 大分市 | 3,000 | | | | 延べ床面積 500 m² 以上の建築物で，ごみ減量効果が特に大きいと認めるもの |
| 宮崎県 | 宮崎市 | 3,000 | 1,000 | | | |
| 鹿児島県 | 鹿児島市 | | | 6／年 | | |
| 沖縄県 | 那覇市 | 3,000 | 500 | | | 医療法に規定する「病院」，その他市長が指定する事業所又は建築物 |

注）　1. 延べ床面積，店舗面積，ごみ排出量の数値は，それ以上または超を示す．
　　　2. 回答記載の「ビル管理法」は表記を「建築物衛生法」に統一．
［出典：全国都市事業系ごみ対策アンケート調査（2019年2月，著者実施）の回答結果とりまとめ］

基本法と位置づけられている建築物衛生法（通称，ビル管理法）の適用対象となる特定建築物の基準である「床面積 3,000 m² 以上」（学校は 8,000 m² 以上），②小売店舗について大規模小売店舗立地法の適用対象となる「床面積 1,000 m² 以上」，それに③年，月または日あたり一定量以上のごみ排出量である。

　どれか 1 つの基準を設けている自治体もあれば，複数の基準を併用する自治体もある。かつては対象範囲の設定はメルクマール①，それにメルクマール②が多く用いられたが，近年における大規模都市を中心とした事業系ごみ対策強化の方針を反映して，指導対象の範囲はより規模の小さな事業所にまで拡大する傾向にある。また，ごみ排出量に着目した現実的な対象範囲の設定も増えてきた。対象事業所拡大の動きを京都市と千葉市について確認しておこう。

　京都市は 2007 年度に，指導対象とする大規模建築物の延べ床面積を従来の3,000 m² 以上から 1,000 m² 以上に拡大し，対象事業所を約 900 件から約 2,300 件に増やした。その後，ごみ半減をめざして 2015 年 10 月に施行した「しまつのこころ条例」に基づき，チェーン店について延べベースとした一定面積以上の店舗で小売業や飲食業，ホテル・旅館業を営む事業者およびすべての大学を対象として，前年度の実績報告と当年度の計画の提出を義務づける「事業者報告制度」を実施し，約 500 事業所を指導対象に取り込んだ。近年注力する食品ごみの削減に主眼を置いた施策とみられる。

　千葉市は従来，事業用大規模建築物として，大規模小売店舗立地法に規定する大規模小売店舗用の建築物，および建築物衛生法に規定する特定建築物の約 500件を大規模事業所指導の対象としてきた。それに加えて条例改正により，2019年 4 月から新たに，事業系ごみを年間 36 t 以上排出する「多量排出事業所」の指導制度を設け，飲食店など 26 事業所を減量計画書の提出や管理責任者届出等の指導の対象とした。ごみ排出量の把握は，収集運搬を担う許可業者と自己搬入を受入れる清掃工場がそれぞれ市に提出する多量排出事業所調査票（排出事業所ごとの年間排出量を記入）に基づく。事業所指導の強化は，市が重点的な取組課題と位置づける「さらなる焼却ごみの削減」を図る狙いで実施されたとみられる。

## 4. 排出事業者に対する訪問指導

　**図 13-4** は，回答市における定期的な訪問（立入）調査の実施状況を示す。**図13-2** と比べて回答数が減ったのは，定期的ではなく，不定期に実施している市が，回答を差し控えたことによるとみられる。上尾市，成田市，富士宮市，神戸市，

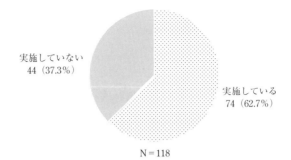

N＝118

[出典：全国都市事業系ごみ対策アンケート調査（2019 年 2 月，著者実施）の回答結果とりまとめ]

**図 13-4　定期的な訪問（立入）調査の実施**

　広島市などの回答票には，不定期に実施しているとの記載があった．搬入物展開検査や減量計画書精査の結果と連動した立入指導に重点を置く場合などではそうなる．定期的な訪問調査の実施状況は，「実施している」が 74 市（実施率 63%）であった．

　人口区分別に定期的な訪問調査の実施状況を確認すると，**表 13-3** に示すように，人口規模が大きい都市ほど実施率が高くなっていた．大規模な都市における事業系ごみ対策の必要性の高さ，訪問調査の運用に当てる人員の余裕度などの要因によるとみられる．

　訪問調査を実施している市における，対象とする 1 事業所に対する調査の頻度（間隔期間）を**表 13-4** にとりまとめた．全体の 7 割程度の市が，1 事業所について複数年間隔で訪問調査を実施している．対象となる事業所について毎年 1 回訪問調査を行っている市も 15 市あった．武蔵野市と佐世保市は 1 対象事業所について，春と秋の年 2 回立入調査を実施している．

**表 13-3　人口区分別の定期的な訪問調査の実施状況**

| 人口区分 | 回答市数 | 実施市数 | 実施率 |
|---|---|---|---|
| Ⅰ：12 万人以上 20 万人未満 | 71 | 19 | 26.8% |
| Ⅱ：20 万人以上 30 万人未満 | 33 | 13 | 39.4% |
| Ⅲ：30 万人以上 50 万人未満 | 43 | 24 | 55.8% |
| Ⅳ：50 万人以上 | 25 | 18 | 72.0% |

[出典：全国都市事業系ごみ対策アンケート調査（2019 年 2 月，著者実施）の回答結果とりまとめ]

**表 13-4　訪問調査の頻度**

| 都道府県 | 市区 | 調査頻度<br>(年間隔) | 都道府県 | 市（区） | 調査頻度<br>(年間隔) |
|---|---|---|---|---|---|
| 北海道 | 旭川市 | 2〜3 | 富山県 | 高岡市 | 数 |
| 秋田県 | 秋田市 | 1 | 石川県 | 金沢市 | 9 |
| 福島県 | いわき市 | 1 | 福井県 | 福井市 | 2 |
| 栃木県 | 宇都宮市 | 2 | 長野県 | 松本市 | 1 |
| 埼玉県 | さいたま市 | 5 | 岐阜県 | 岐阜市 | 3 |
| 埼玉県 | 川越市 | 12 | 静岡県 | 静岡市 | 3 |
| 埼玉県 | 所沢市 | 2 | 静岡県 | 沼津市 | 4 |
| 埼玉県 | 草加市 | 3〜5 | 愛知県 | 名古屋市 | 2〜3 |
| 埼玉県 | 朝霞市 | 1 | 京都府 | 京都市 | 3 |
| 千葉県 | 千葉市 | 1〜3 | 大阪府 | 堺市 | 7〜8 |
| 千葉県 | 市川市 | 5〜6 | 大阪府 | 豊中市 | 4 |
| 千葉県 | 船橋市 | 1.5 | 大阪府 | 吹田市 | 5〜6 |
| 千葉県 | 松戸市 | 3 | 大阪府 | 枚方市 | 2〜3 |
| 千葉県 | 習志野市 | 5 | 大阪府 | 茨木市 | 1 |
| 千葉県 | 柏市 | 1 | 大阪府 | 寝屋川市 | 3 |
| 千葉県 | 市原市 | 1 | 大阪府 | 和泉市 | 1 |
| 東京都 | 北区 | 3〜5 | 兵庫県 | 伊丹市 | 2 |
| 東京都 | 武蔵野市 | 年2回 | 岡山県 | 倉敷市 | 1 |
| 東京都 | 府中市 | 6 | 広島県 | 福山市 | 5 |
| 東京都 | 調布市 | 1 | 山口県 | 宇部市 | 数 |
| 神奈川県 | 横浜市 | 2〜3 | 福岡県 | 北九州市 | 4 |
| 神奈川県 | 川崎市 | 9 | 福岡県 | 福岡市 | 10 |
| 神奈川県 | 平塚市 | 数 | 佐賀県 | 佐賀市 | 3 |
| 神奈川県 | 藤沢市 | 数 | 長崎県 | 長崎市 | 年2〜3件 |
| 神奈川県 | 茅ヶ崎市 | 1 | 長崎県 | 佐世保市 | 年2回 |
| 神奈川県 | 厚木市 | 1 | 熊本県 | 八代市 | 1 |
| 神奈川県 | 海老名市 | 3〜5 | 大分県 | 大分市 | 3 |
| 神奈川県 | 座間市 | 1 | 沖縄県 | 那覇市 | 1 |

注）年間隔欄の「数」は数年間隔を意味する.
［出典：全国都市事業系ごみ対策アンケート調査（2019年2月，著者実施）の回答結果とりまとめ］

　毎年1回訪問調査を行う市の中から，茅ヶ崎市の多量排出事業者（年間約60 t以上）に対する2017年度の訪問指導を市の資料で確認すると，「事業所を訪問の上，減量化等計画書に基づく聞き取り調査を実施し，24社すべてに対し，事業系一般廃棄物の減量化への取り組みに関する啓発を行いました[2]」とある．市では，条例で定める多量排出事業所だけでなく，許可業者が提出する事業実績報告書をもとに排出量の多い50社程度を選んで毎年訪問し，事業所内に設置されたごみ保管場所に立ち入り，ごみの排出状況を調査し，指導している．

　立入調査の具体的な調査事項について，簡潔ながら充実した内容にまとめてある仙台市ガイドブックを参考にして示しておこう[3]．

　①　減量計画書の保管および進捗状況

　②　ごみの減量・再生利用の推進状況

　③　ごみの分別・保管など適正処理と帳簿類保存の状況

　④　社内教育の実施，テナント事業者への啓発や協力

　⑤　ごみ・資源物の保管場所の有無や管理状況

　そのほか，立入調査に備えて，減量計画書の記載事項全般について，日頃から関係書類を整理しておくよう求めている．

　比較的規模の大きな都市では，専従の検査チームを組んで，多量排出事業者の指導にあたることもある．立入調査は廃棄物管理責任者の立ち会いのもとに，複数の職員で実施する．一般に，立入調査では，事業所内に設置されたごみ保管場所に立ち入り，ごみ箱やごみ袋の中身を確認するなど排出状況を調査し，不適切な排出が見られた場合は口頭指導を行い，併せて立入検査票を交付して是正指導を行っている．

　立入検査票の仕様は自治体により異なるが，概ね，可燃物への産業廃棄物の混入，可燃物への資源古紙の混入，保管場所の分別区分，清潔な維持管理といったチェック項目があり，それぞれに適合，不適合の評価と指摘・指示事項の欄を設けている．指摘事項について証拠写真を添付することもある．一部の自治体は，改善状況を確認の上，改善されない場合に再検査を実施している．

　訪問調査の対象事業所を選定するにあたって，提出を受けた減量計画書の記載内容を精査して決めている都市もある．神戸市では「対象事業所1,800箇所の中

2)　茅ヶ崎市「一般廃棄物処理基本計画年次報告書2017年度評価」，2019年1月．

3)　仙台市環境局「事業ごみの分け方・出し方」2018年12月．

から，提出された減量計画書の内容等により抽出している」（調査票回答）．岐阜市では，「立入調査時にごみ減量・資源化への取り組み状況を評価し，その結果によって訪問頻度を変えている」（調査票回答）．

減量計画書を未提出の事業所や搬入物展開検査で違反ごみの排出が疑われる事業者を重点的に立入指導の対象とする都市もある．川崎市は，「減量計画書の未提出や不適正排出が疑われる事業者に対し実施している」（調査票回答）．長崎市は，減量計画書を提出しない事業所を対象に訪問して計画書提出の督促とごみ減量の啓発を行い，それとは別に指導担当チームがごみ排出量の多い小売店舗などの事業所のごみ保管場所に立ち入って指導している[4]．

## 5.　対応が分かれる弁当ガラの扱い

排出事業所への立入検査においては，ごみ保管場所の分別区分とそれに応じた分別状況がチェックされる．その分別区分は自治体により異なる．自治体によっては，一定の資源物を自らの資源化センターで受入れているところもある．保管場所の分別区分は，業種によっても運用に違いが出る．

多量排出事業所のごみ種は業種により大きく異なる．事務所では紙類の割合が高くなり，自治体の指導もコピー紙，雑誌・雑がみ，新聞，段ボール，シュレッダー紙など細かな分別保管に重点が置かれる．飲食業なら食品ごみ（生ごみ）の比率が大きくなり，保管場所の検査では衛生状態やプラスチック容器の混入状況などが確認され，また自家処理や資源化施設での処理が推奨されることもある．

主要都市の事業系ごみ組成（重量比）を見ると，生ごみと紙類の比率がそれぞれ 30 ～ 40％程度を占め，次いでプラスチックの順となっていることが多い．経年では，資源化可能な紙類の搬入規制の実施や資源化の受け皿整備に伴って，紙類の比率は低下する傾向にある．

これに対して，事業系食品ごみについては，焼却施設の搬入手数料水準が資源化施設の受入れ料金を下回る自治体が多く，また近隣に民間の食品リサイクル施設が存在しない地域もあるなど，資源化の推進は容易ではない．食品リサイクルの促進については，搬入手数料の値上げと食リ施設の整備が待たれる状況にある．こうした事情から，自治体の焼却施設において，生ごみは搬入規制の対象外とされている．

---

4)　長崎市廃棄物対策課からの電話ヒアリング（2019 年 9 月）による．

　焼却施設への搬入の可否について自治体の対応が分かれるのが，事業活動から生じた弁当ガラなどのプラスチック類である．事業所から排出されるプラスチック類は，廃棄物処理法では産業廃棄物に区分されている．どの自治体も事業所から大量のプラスチックが持ち込まれれば，焼却施設への搬入を拒否するはずである．問題となるのは，従業員の食事に伴って排出される少量の弁当ガラなどの扱いである．

　著者によるアンケート調査では，オフィスや学校などの事業所から排出される弁当ガラの扱いをどうしているか，全国の主要都市に尋ねた．この問に対する回答は，「産業廃棄物としての処理を求め，市の処理施設では受入れていない」が最も多い65市，次いで「生活ごみに近いので，一般廃棄物と見なして市の処理施設で受入れている」が50市，「少量の混入であれば市の処理施設で受入れている」が17市，「その他」の自由記述が39市であった（**図13-5**）．

　「その他」の自由記述を子細に点検して整理すると，次のように仕分けできる．①市の施設に受入れるとする回答20市（内訳：従業員個人の飲食に伴うものは一般廃棄物と見なして受入れ18市，あわせ産業廃棄物として市の処理施設で処理2市），②産業廃棄物として施設に受入れないとする回答9市（内訳：会議用など事業所購入分については産業廃棄物としての扱い2市，プラスチック製容器は産業廃棄物として処理するよう説明7市），③中間的な回答1市（産業廃棄物の扱いであるが，搬入物検査では検査対象外の扱い），④これら以外の回答10市．

　「その他」回答仕分け後でみると，「産業廃棄物としての処理を求め，市の処理施設では受入れていない」が74市，「生活ごみに近いので，一般廃棄物と見なして市の処理施設で受入れている」が70市となり，ほぼ拮抗する．「少量の混入で

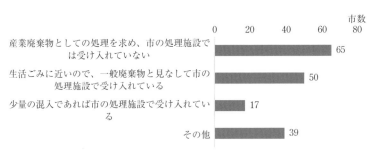

[出典：全国都市事業系ごみ対策アンケート調査（2019年2月，著者実施）の回答結果とりまとめ]

**図13-5　事業所から排出される弁当ガラの扱い**

あれば受入れ」の17市を受入れ側に加えれば，弁当ガラを受入れる市の方が多いということになる．

浦安市のホームページで「事業系ごみ分け方出し方一覧」を見ると，事業系一般廃棄物の可燃ごみとして「従業員または一般消費者（顧客）自らの消費に伴って生じた弁当ガラやプラスチック製品」を例示しているが，それ以外の廃プラスチック類は産業廃棄物となり，清掃工場で受入れないとの注記が付けられている．

一方，中野区のホームページに掲載された「事業系ごみ処理ガイド」には，事業所がプラスチック製弁当容器を廃棄する場合，生ごみと弁当ガラを分別し，生ごみは一般廃棄物，弁当ガラは産業廃棄物のそれぞれ許可を持つ収集運搬業者に委託することを求めている．プラスチック製容器入りの弁当が従業員の私物であっても事業所から排出された場合は事業活動から排出されたと見なし，弁当ガラを産業廃棄物としている．このように，弁当ガラについての扱いは，事業系ごみ対策の方針，廃プラスチック処理施設の利用可能性などに応じて，自治体によって対応が分かれている．

理想的には，弁当ガラは消費した従業員等がきれいにして分別排出し，事業所に設置されたプラスチック専用コンテナで保管し，産業廃棄物の許可業者にマニフェスト交付の上で引き渡してマテリアルリサイクルやケミカルリサイクルのルートに乗せることが望ましい．だが現実には，規制当局としての自治体の指導方針が区々であり，排出事業所側も一部のエコ事業所を除けばコスト重視に傾き，廃プラスチックの処理施設もサーマルリサイクルが大部分というのが実情である．

弁当ガラ問題への対応は，自治体の守備範囲に収まらない．上流におけるリターナブル容器の利用とデポジットシステムの導入，メーカーによる代替素材の開発といった取り組み，下流でのマテリアルリサイクル施設の整備促進などが，これからの課題である．

## 6. おわりに

近年，多量排出事業所に対する指導の取り組みは全国的に進展が見られ，その内容も充実してきた．指導の対象とする事業所の範囲も拡大する傾向にある．多量排出事業所を指導する立場の自治体関係者に聞くと，指導にあたる担当スタッフの確保や強化が課題という答えが返ってくることが多い．熟練者からなる専従の検査チームを組織して，排出事業者に対する指導力を強化することが望まれる．

# 第14章

# 事業系ごみ搬入時の展開検査

　規制的プログラムとしての搬入物展開検査は，資源化可能な古紙類や産業廃棄物など，自治体が定める焼却施設の受入基準に適合しない不適正なごみの搬入を防止することで，事業系ごみの減量・資源化の推進，施設の安定的な運用などに寄与する．本章では，著者の全国都市アンケート調査にもとづいて，事業系ごみ減量方策としての展開検査の実施状況，運用上の工夫や課題を考察する．

## 1. 搬入物展開検査の運用状況

　焼却施設のピット投入前に，搬入車両に積み込まれたごみをプラットホームや自動投入式ダンピングボックス，あるいはベルトコンベア付き検査機に落とさせ，鳶口などで破袋して受入基準に適合しないごみがないか検査するのが展開検査である．

　著者が行った搬入物展開検査のアンケート調査においては，まず，搬入ごみを受入れる焼却施設の運用方法を確認することとした．市の単独運用か，一部事務組合による広域運用かざっくりとした切り口での質問に答えてもらった．単独施設と広域施設の両建てで運用する場合は，処理量の多い方とした．集計結果は**図14-1**に示すように，市の単独処理が7割，他自治体との広域処理が3割であった．

　その上で，搬入物展開検査の実施状況について質問した．回答は**図14-2**に示すように，前問の施設運用方法を反映して，「市が実施している」が111市と最も多く，次いで「一組と市が共同または分担して実施している」の23市，「一組が実施している」が13市，「その他の実施」6市となり，「実施していない」は20市（回答全市の11.6％）にとどまった．なお，「その他の実施」の回答のうち4市がDBO（公設民営）方式などでの施設管理委託業者による検査実施であった．

　搬入物展開検査の実施状況を人口区分別に示すと**表14-1**のようになる．人口規模が大きくなるほど，展開検査の実施率が高くなっている．これは，人口規模

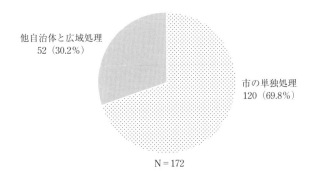

注）単独施設と広域施設の両建てによる場合は，処理量の多い方での回答とした.
［出典：全国都市事業系ごみ対策アンケート調査（2019 年 2 月，著者実施）の回答結果とりまとめ］

**図 14-1　焼却施設の運用方法（単独か広域か）**

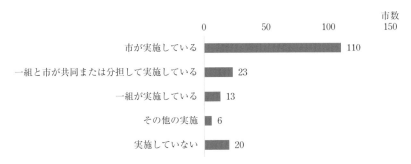

注）「その他の実施」のうち 4 市は，施設管理委託業者による実施.
［出典：全国都市事業系ごみ対策アンケート調査（2019 年 2 月，著者実施）の回答結果とりまとめ］

**図 14-2　搬入物展開検査の実施状況**

**表 14-1　人口区分別の展開検査実施状況**

| 人口区分 | 回答市数 | 実施市数 | 実施率 |
|---|---|---|---|
| Ⅰ：12 万人以上 20 万人未満 | 71 | 59 | 83.1% |
| Ⅱ：20 万人以上 30 万人未満 | 33 | 27 | 84.8% |
| Ⅲ：30 万人以上 50 万人未満 | 43 | 41 | 95.3% |
| Ⅳ：50 万人以上 | 25 | 25 | 100.0% |

注）人口区分Ⅱの実施市数には焼却施設の改修で展開検査停止中の 1 市を加えた.
［出典：全国都市事業系ごみ対策アンケート調査（2019 年 2 月，著者実施）の回答結果とりまとめ］

が大きい都市ほど，①事業系ごみの比率が大きくなり対策の必要性が高まること，②担当職員の確保が容易になることを反映したものとみられる．

　展開検査を実施しない自治体でも，搬入車両のピットへのごみ投入時に双眼鏡を用いるなどして目視により不適正な搬入が行われていないか確認していることがある．また，展開検査を実施している自治体でも，目視検査を頻繁に実施している場合がある[1]．船橋市北部清掃工場では，搬入車両の「バックドアを上げて目視を行い，違反物があった場合のみ展開検査を実施」（調査票回答）することで検査効率を向上させたという．目視検査と展開検査を併用する取り組みは他の自治体でも行われている．

　**表14-2**の搬入物展開検査の実施状況一覧から展開検査の開始年度を抽出して年代別に整理したのが**図14-3**である．これを見ると，展開検査は，1976年に開始した沼津市が最も古く，次いで1983年の横須賀市，1992年の大阪市が早い時期の実施であるが，1990年代までの開始は13市にとどまる．2000年代に入り，事業系ごみ対策への関心が高まると，展開検査を導入する都市が増えるようになり，2000年代後半期に導入市数のピークを迎えた．2010年代に入ってからも，展開検査を開始する都市の数はかなり高水準である．今後は，より規模の小さな都市での開始件数が増えていくものとみられる．

　年間の検査回数（延べ日数）と検査車両台数は，市によってまちまちである．一般的に，人口規模が大きいほど，市の焼却施設に搬入される事業系ごみの量が増えることから，検査回数や検査台数も増える傾向が認められる．**図14-4**は，人口区分別に，展開検査を実施した車両の平均台数を示す．人口規模50万人以上の大都市で検査台数が突出している．事業系ごみの量，複数工場からなる焼却体制，そこでの検査機を用いた効率的な検査運用が，近年の事業系ごみ対策への注力と相まって，大都市の検査台数を押し上げている．

　展開検査の実施にあたり，労力軽減と時間短縮に力を発揮するのが検査機である．多数の搬入車両を効率的に検査することができる．近年，展開検査の効率化を狙いとして，検査機を導入する自治体が増えてきた．アンケート調査では，展開検査機導入の有無を尋ねた．その結果，**図14-5**に示すように，回答全体のお

---

1)　武蔵野市の場合，年間の検査回数は2回と少ないが，「ごみピット上方から搬入物を監視する搬入検査は毎日実施」（調査票記載）している．また，鎌倉市の2017年度の搬入検査実績は，検査機等による展開検査1,155台，目視検査10,962台であった．鎌倉市廃棄物減量化及び資源化推進審議会（2018年5月25日開催）議事録．

表 14-2　焼却施設での搬入物展開検査の実施状況一覧

| 都道府県 | 市 | 開始年度 | 年間検査回数<br>（延べ日数） | 検査車両<br>台数（台） | 展開検査機<br>（有／無） |
|---|---|---|---|---|---|
| 北海道 | 札幌市 | 2009 | 310 | 113,012 | 有 |
| 北海道 | 旭川市 | 2004 | 6 | 61 | 有 |
| 北海道 | 釧路市 | 2007 | 12 | 40 | 無 |
| 北海道 | 苫小牧市 | 2017 | 2 | 127 | 無 |
| 青森県 | 青森市 | 2005 | 72 | 288 | 無 |
| 青森県 | 弘前市 | 2016 | 229 | 827 | 有 |
| 青森県 | 八戸市 | | 10 | 50 | 無 |
| 岩手県 | 盛岡市 | 2008 | 12 | 60 | 無 |
| 宮城県 | 仙台市 | 2013 | 240 | 1,300 | 有 |
| 秋田県 | 秋田市 | 2013 | 25 | 125 | 無 |
| 山形県 | 山形市 | 2017 | 310 | 1,694 | 有 |
| 福島県 | 福島市 | | 2 | 21 | 無 |
| 福島県 | いわき市 | 2018 | 310 | 1,765 | 有 |
| 茨城県 | 日立市 | 2016 | 2 | 10 | 無 |
| 茨城県 | つくば市 | | 4 | 10 | 無 |
| 茨城県 | ひたちなか市 | 2012 | 1 | 11 | 無 |
| 栃木県 | 宇都宮市 | | 4 | 19 | 無 |
| 栃木県 | 足利市 | | 12 | 48 | 無 |
| 栃木県 | 小山市 | | 2 〜 3 | 20 | 無 |
| 栃木県 | 栃木市 | 2006 | 6 | 24 | 無 |
| 群馬県 | 前橋市 | 2015 | 250 | 2,917 | 無 |
| 群馬県 | 高崎市 | 2003 | 28 | 146 | 無 |
| 群馬県 | 太田市 | | | 10 | 無 |
| 埼玉県 | さいたま市 | 2014 | 26 | 200 | 有 |
| 埼玉県 | 川越市 | 2006 | 4 | 16 | 無 |
| 埼玉県 | 熊谷市 | 2007 | 4 〜 5 | 50 | 無 |
| 埼玉県 | 川口市 | | 16 | 38 | 無 |
| 埼玉県 | 所沢市 | 2008 | 24 | 100 | 無 |
| 埼玉県 | 上尾市 | 1998 | 適宜 | 数 10 | 無 |
| 埼玉県 | 狭山市 | 2005 | 2 | 10 〜 20 | 無 |
| 埼玉県 | 草加市 | 2004 | 13 | 109 | 有 |
| 埼玉県 | 越谷市 | 2004 | 80 | 666 | 有 |
| 埼玉県 | 戸田市 | 2008 | 3 | 30 | 無 |
| 埼玉県 | 入間市 | 2009 | 2 | 30 | 無 |
| 埼玉県 | 朝霞市 | 2007 | 6 | 6 | 無 |
| 埼玉県 | 新座市 | 2017 | 3 | 10 | 無 |

| 埼玉県 | 三郷市 | 2004 | 14 | 120 | 有 |
|---|---|---|---|---|---|
| 千葉県 | 千葉市 | 2005 | 定検27 | 13,667 | 有 |
| 千葉県 | 市川市 | 2016 | 12 | 34 | 無 |
| 千葉県 | 船橋市 | 1999 | 6 | 54 | 無 |
| 千葉県 | 松戸市 | | 25 | 282 | 無 |
| 千葉県 | 野田市 | 2015 | 132 | 216 | 無 |
| 千葉県 | 成田市 | 2016 | 12 | 100 | 無 |
| 千葉県 | 習志野市 | 2010 | 1〜2 | 5〜10 | 無 |
| 千葉県 | 柏市 | 2005 | 1 | 10 | 無 |
| 千葉県 | 市原市 | 2014 | 数回 | 10 | 無 |
| 千葉県 | 流山市 | | 2 | 6 | 無 |
| 千葉県 | 八千代市 | 2007 | 6 | 86 | 無 |
| 千葉県 | 浦安市 | 2015 | 12 | 24 | 無 |
| 東京都 | 北区（一組） | 2000 | 468 | 4,398 | 有 |
| 東京都 | 八王子市 | 2007 | | 116 | 無 |
| 東京都 | 立川市 | 2010 | 250 | 1,584 | 有 |
| 東京都 | 武蔵野市 | 2015 | 2 | 2 | 有 |
| 東京都 | 府中市 | 1998 | 2 | 10〜20 | 無 |
| 東京都 | 調布市 | 2013 | 30 | 107 | 無 |
| 東京都 | 町田市 | 2009 | 60 | 200 | 有 |
| 東京都 | 小平市 | | 1 | 5〜10 | 無 |
| 東京都 | 日野市 | 1989 | 12 | 35 | 無 |
| 東京都 | 東村山市 | 2009 | 20 | 71 | 無 |
| 東京都 | 多摩市 | | 12 | 22 | 無 |
| 東京都 | 西東京市 | 2000 | 12 | 33 | 無 |
| 神奈川県 | 横浜市 | 2004 | 随時 | 193,732 | 有 |
| 神奈川県 | 川崎市 | 2005 | 464 | 1,845 | 有 |
| 神奈川県 | 相模原市 | 2010 | 304 | 26,705 | 有 |
| 神奈川県 | 横須賀市 | 1983 | 7 | 22 | 無 |
| 神奈川県 | 平塚市 | 2009 | 12 | 40 | 無 |
| 神奈川県 | 鎌倉市 | 2012 | 306 | 1,155 | 有 |
| 神奈川県 | 藤沢市 | | 3 | 45 | 無 |
| 神奈川県 | 小田原市 | | 5 | 25 | 無 |
| 神奈川県 | 秦野市 | | 12 | 48 | 無 |
| 神奈川県 | 厚木市 | 2009 | 2 | 11 | 無 |
| 神奈川県 | 大和市 | 1999 | 2 | 10 | 無 |
| 神奈川県 | 海老名市 | 2010 | 179 | 4,590 | 有 |
| 神奈川県 | 座間市 | 2010 | 240 | 4,590 | 有 |
| 新潟県 | 新潟市 | 2005 | 60 | 310 | 有 |

| 新潟県 | 上越市 | 2006 | 12 | 12 | 無 |
|---|---|---|---|---|---|
| 富山県 | 富山市 | 1983 | 12 | 24 | 無 |
| 富山県 | 高岡市 | 2014 | 2 | 10 | 無 |
| 石川県 | 金沢市 | 1999 | 9 | 33 | 無 |
| 福井県 | 福井市 | 2006 | 5 | 10 | 無 |
| 長野県 | 長野市 | | 4 | 23 | 無 |
| 長野県 | 松本市 | 2004 | 32 | 184 | 有 |
| 岐阜県 | 岐阜市 | | 3 ～ 4 | 2 ～ 3 | 無 |
| 静岡県 | 静岡市 | 2005 | 2 | 180 | 無 |
| 静岡県 | 沼津市 | 1976 | 2 ～ 3 | 10 ～ 20 | 無 |
| 静岡県 | 富士宮市 | 1994 | 59 | 78 | 有 |
| 静岡県 | 富士市 | 2009 | 34 | 102 | 無 |
| 静岡県 | 磐田市 | 2008 | 4 | 10 | 無 |
| 静岡県 | 藤枝市 | 2007 | 40 | 249 | 無 |
| 愛知県 | 名古屋市 | 2017 | 1 | 10 | 無 |
| 愛知県 | 豊橋市 | 2002 | 2 | 20 | 無 |
| 愛知県 | 一宮市 | | 1 | 30 | 無 |
| 愛知県 | 瀬戸市 | 2003 | 1 ～ 3 | 20 | 無 |
| 愛知県 | 豊川市 | 2005 | 14 | 90 | 無 |
| 愛知県 | 豊田市 | 2004 | 24 | 38 | 無 |
| 愛知県 | 西尾市 | 2000 | 1 | 10 | 無 |
| 三重県 | 津市 | | 48 | 300 | 無 |
| 三重県 | 四日市市 | | 12 | 45 | 無 |
| 三重県 | 伊勢市 | | 24 | 24 | 無 |
| 三重県 | 松阪市 | | 5 | 30 | 無 |
| 三重県 | 桑名市 | 2003 | 3 | 19 | 有 |
| 滋賀県 | 大津市 | | 15 | | 無 |
| 滋賀県 | 草津市 | 2001 | 3 ～ 4 | 76 | 有 |
| 京都府 | 京都市 | | 186 | 364 | 無 |
| 大阪府 | 大阪市 | 1992 | 随時 | 20,883 | 有 |
| 大阪府 | 堺市 | 1997 | 325 | 1,540 | 有 |
| 大阪府 | 豊中市 | 2008 | 13 | 25 | 無 |
| 大阪府 | 吹田市 | 2010 | 40 | 214 | 有 |
| 大阪府 | 守口市 | 2009 | 1 | 20 | 無 |
| 大阪府 | 枚方市 | 2008 | 3 | 59 | 無 |
| 大阪府 | 茨木市 | 2011 | 26 | 62 | 有 |
| 大阪府 | 八尾市 | 2006 | 58 | 253 | 無 |
| 大阪府 | 寝屋川市 | 2017 | 24 | 48 | 無 |
| 兵庫県 | 神戸市 | | 18 | 172 | 無 |

| | | | | | |
|---|---|---|---|---|---|
| 兵庫県 | 姫路市 | | 4 | 20 | 無 |
| 兵庫県 | 明石市 | 1999 | 310 | 680 | 有 |
| 兵庫県 | 西宮市 | 2012 | 98 | 210 | 無 |
| 兵庫県 | 伊丹市 | 2003 | 5 | 6 | 無 |
| 兵庫県 | 加古川市 | 2014 | 250 | 1,000 | 無 |
| 奈良県 | 奈良市 | 2004 | 296 | 344 | 有 |
| 和歌山県 | 和歌山市 | 2014 | 6 | 6 | 無 |
| 鳥取県 | 鳥取市 | 2012 | 2 | 28 | 無 |
| 岡山県 | 岡山市 | | 12 | 2〜3 | 無 |
| 広島県 | 広島市 | 2004 | 24 | 190 | 無 |
| 広島県 | 尾道市 | | 1〜3 | 1〜3 | 無 |
| 広島県 | 福山市 | 2000 | 12 | 48 | 無 |
| 山口県 | 宇部市 | 2017 | 53 | 249 | 無 |
| 山口県 | 山口市 | 2007 | 200 | 900 | 有 |
| 山口県 | 岩国市 | 2016 | 12 | 12 | 無 |
| 香川県 | 高松市 | 2004 | 10 | 24 | 無 |
| 愛媛県 | 今治市 | | 12 | 50 | 有 |
| 高知県 | 高知市 | 2014 | 1 | 1 | 無 |
| 福岡県 | 北九州市 | | 52 | 1,400 | 無 |
| 福岡県 | 福岡市 | 2015 | 随時 | 215,318 | 無 |
| 福岡県 | 久留米市 | | 24 | 150 | 無 |
| 佐賀県 | 佐賀市 | 2017 | 10 | 10 | 無 |
| 長崎県 | 長崎市 | 2016 | 162 | 477 | 無 |
| 長崎県 | 佐世保市 | 2011 | 3 | 82 | 無 |
| 熊本県 | 八代市 | | 不定期 | | 無 |
| 大分県 | 大分市 | | 6 | 200 | 無 |
| 宮崎県 | 宮崎市 | 2011 | 182 | 1,165 | 有 |
| 宮崎県 | 都城市 | 2008 | 4 | 4 | 無 |
| 宮崎県 | 延岡市 | 2010 | 5 | 30 | 有 |
| 鹿児島県 | 鹿児島市 | 2015 | 11 | 60 | 無 |
| 沖縄県 | 那覇市 | 2006 | 12 | 48 | 無 |

［出典：全国都市事業系ごみ対策アンケート調査（2019年2月，著者実施）の回答結果とりまとめ］

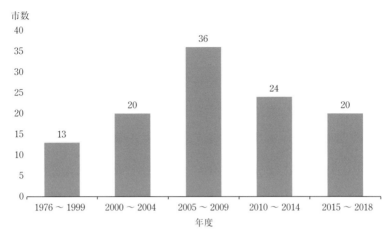

[出典：全国都市事業系ごみ対策アンケート調査（2019 年 2 月，著者実施）の回答結果とりまとめ]

**図 14-3　搬入物展開検査の開始年度**

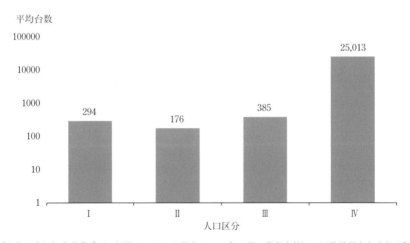

[出典：全国都市事業系ごみ対策アンケート調査（2019 年 2 月，著者実施）の回答結果とりまとめ]

**図 14-4　人口区分別の検査車両平均台数**

よそ4分の1にあたる市が検査機を導入していた．

　これまでにプラットホーム上，ダンピングボックス，検査機の各展開検査に立ち会った限りでは，それぞれに長短があるように感じる．プラットホーム上やダンピングボックスによる展開検査は鳶口で破袋して内容物を丁寧かつ精確に検査できる．しかしどうしても時間がか

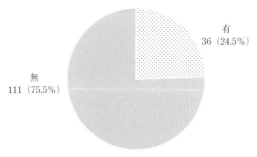

有
36（24.5%）

無
111（75.5%）

N＝147

［出典：全国都市事業系ごみ対策アンケート調査（2019年2月，著者実施）の回答結果とりまとめ］

**図 14-5　展開検査機導入の有無**

かる．プラットホーム上の展開となると，後始末や清掃の手間も要する．これに対して，最近導入が進む検査機の場合は，車両から自走式ベルトコンベアにごみを徐々に落とさせて，棒でごみ袋をならしながら側面から目視で検査するから，時間効率が高く，検査台数をこなせる．ただし，量はこなしやすいものの，コンベアの速度が速いと，丁寧な検査ができにくい．それでも，車両運転者に対してかなりのプレッシャーを与えることになる．

　著者は2019年2月に大阪市内にある大阪市・八尾市・松原市環境施設組合（2019年10月に守口市が加入し，現在の名称は「大阪広域環境施設組合」）鶴見工場の検査機を用いた展開検査を視察させてもらった（**写真14-1** と **14-2**）．その大阪市から，検査機を用いた検査のコツについて次の意見が寄せられた．

**写真 14-1　展開検査機（大阪市内）**

　「車両からの排出時は，できるだけゆっくり排出させる．ゆっくり排出させることによって，不適物の上にごみが重ならず，不適物を発見しやすくなる．（プレスパック車およびダンプ式パッカー車は注意．運転手の車両操作によっては，車両より大量に排出される．）不適物が，車両のどのあたりに積まれ

**写真 14-2　展開検査の様子（同上）**

表 14-3　人口区分別の展開検査機導入ありの市数

| 人口区分 | 回答市数 | 導入市数 | 導入率 |
|---|---|---|---|
| Ⅰ：12 万人以上 20 万人未満 | 71 | 13 | 18.3% |
| Ⅱ：20 万人以上 30 万人未満 | 33 | 4 | 12.1% |
| Ⅲ：30 万人以上 50 万人未満 | 43 | 9 | 20.9% |
| Ⅳ：50 万人以上 | 25 | 10 | 40.0% |

［出典：全国都市事業系ごみ対策アンケート調査（2019 年 2 月，著者実施）の回答結果とりまとめ］

ていたのかを把握し，運転手への聞き取り時に排出先を特定しやすくする」（調査票回答）

　検査機はとりわけ，搬入ごみ量の多い大都市や一組にとって導入メリットが大きいとみられる．**表 14-3** は，人口区分別の展開検査機導入率を示す．人口規模 50 万人以上の大規模都市での導入率は 40％と高くなっている．広域処理の関係もあって人口規模と導入率は必ずしも比例していないが，概ね人口規模の大きな都市から導入が進んでいる．また，検査機を導入している市では，当然ながら，展開検査の延べ日数，検査車両台数とも多くなる傾向がみられる．

## 2.　違反ごみの搬入規制

　**図 14-6** は，展開検査において最も多くあぶり出される違反ごみについての回答結果（2 つまで選択可）を示す．最も多かった回答は「廃プラスチックや金属，ガラスなど産業廃棄物」で 135 市，次いで「資源化できる紙類」の 101 市であった．危険・有害ごみ，長尺物，他自治体のごみを挙げた回答は，それぞれ数市程度と少なかった．大部分の自治体搬入施設において，プラスチックなど産業廃棄物と資源化可能な紙類が主要な違反ごみとして認識されていた．

　各自治体は焼却施設への搬入物について受入基準を定めている．参考までに，大阪市と千葉市の受入基準を確認しておこう．

　大阪市では廃棄物処理条例に，一般廃棄物を焼却施設に搬入する場合には，市規則で定める搬入基準に従わなければならない，とする規定を設けている．規則では搬入基準を次のように定めている．

　①　産業廃棄物を混入させないこと
　②　一般廃棄物処理計画に従い適正に分別すること

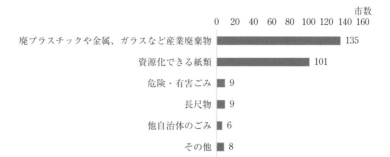

[出典：全国都市事業系ごみ対策アンケート調査（2019年2月，著者実施）の回答結果とりまとめ]

**図14-6　展開検査において最も多くあぶり出される違反ごみ（2つまで選択）**

③　廃棄物の性状に応じ，あらかじめ切断し，梱包し，悪臭の発散を防止すること

④　前3号に掲げるもののほか，市長の指示に従い搬入すること

　一般廃棄物処理基本計画（2016年策定）には「事業所等から排出される紙類の資源化を促進する観点から，環境施設組合と連携して，資源化可能な紙類の焼却工場への搬入を禁止」することが明記されている．

　千葉市でも廃棄物処理条例において，事業系一般廃棄物を焼却施設に搬入する際の，規則で定める受入基準の遵守について定めている．規則では搬入基準を次のように定めている．

①　市外で発生した廃棄物でないこと

②　焼却することが困難な形状または寸法のものでないこと

③　再利用することが適当であると認められるものでないこと

④　廃棄物の性状に応じ，あらかじめ切断し，梱包する等必要な措置を講じること

⑤　前号に掲げるもののほか，市長の指示に従い搬入すること

　両市とも近年，受入基準の運用を厳格化している．大阪市の基本計画には，「搬入物検査において，資源化可能な紙類が発見されれば，収集業者に排出状況等の確認，指導を行い，状況に応じて排出事業者に対して，個別に適正処理方法の啓発と指導を行います」と記載されている．大阪市と近隣市で構成する環境施設組合は，年間の搬入台数約40万台のうち約4万台について展開検査を実施して約1,000件の不適正搬入を発見し，適正搬入の指導をするとともに持ち帰りを指示

している[2].

　千葉市の条例には，受入基準遵守規定のすぐあとに，「受入基準に従わない場合には，当該事業系一般廃棄物の市の施設への受入れを拒否することができる」とする規定が置かれている．実際に受入れ拒否に至った事例はないが，展開検査において搬入違反が見つかった場合，軽微な違反については車両運転者に対する口頭注意，より大きな違反となると許可業者に注意文書を交付，許可業者を通じた注意内容の排出事業者への伝達，排出事業者を特定できたときの立入指導を行っている．許可業者に違反ごみを持ち帰らせることもある[3].市が毎年発行する清掃事業概要には，搬入物検査台数，不適正台数，それに持ち帰り台数も記載されているので，**表 14-4** に示す．数年前から検査体制を強化し，不適正台数が減少傾向にある．

　**図 14-7** は，今回のアンケート調査に回答した都市における「展開検査において許可業者車両に搬入違反があった場合の対応」（複数回答可）を示す．回答市数が最も多かった対応は「許可業者に違反ごみを持ち帰らせることもある」で126 市，次いで「許可業者を通じて注意内容を排出事業者に伝えてもらう」の 98市，「許可業者の車両運転者に口頭注意するにとどめる」の 82 市，「許可業者に注意文書を交付する」の 74 市と続き，「許可業者からの聞き取り調査により排出事業者を特定して，市が排出事業者を指導する」との回答も 65 市からあった．

　条例の規定を踏まえて，「搬入違反が改善されない場合，搬入禁止措置をとることもある」とする市も 36 市あった．近年における条例の改正による搬入規制強化の動きが反映されている．

**表 14-4　千葉市の搬入物検査台数と不適正台数**

| 年　度 | 2012 | 2013 | 2014 | 2015 | 2016 | 2017 | 2018 |
|---|---|---|---|---|---|---|---|
| 検査台数 | 17,920 | 20,017 | 18,122 | 18,356 | 15,032 | 13,667 | 13,119 |
| 不適正台数<br>（持帰り台数） | 120<br>(15) | 339<br>(232) | 277<br>(196) | 263<br>(211) | 203<br>(151) | 194<br>(116) | 185<br>(84) |

［出典：千葉市環境局「清掃事業概要」各年度版］

2)　大阪市・八尾市・松原市環境施設組合「経営計画年次報告書 2017 年度版」2018 年 1 月.
3)　アンケート調査回答と市産業廃棄物指導課からの電話ヒアリング（2019 年 8 月）による.

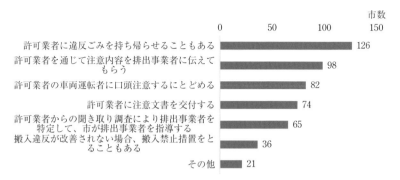

[出典：全国都市事業系ごみ対策アンケート調査（2019年2月，著者実施）の回答結果とりまとめ]

**図14-7　展開検査において許可業者車両に搬入違反があった場合の対応（複数回答可）**

# 3. 搬入物展開検査のコツ（自由記述から）

　回答各市から，展開検査を行う上でのコツについて自由記述で回答してもらった．回答文章をベタ打ちすると，A4用紙で4枚にもなる．一読すると，展開検査の現場に通暁した担当者によって書かれたことがわかる．その中から，著者の関心を引いた意見を中心に紹介する．

【予告なしの抜き打ち検査】

　展開検査のタイミングについて，北は旭川市から南の都城市まで20余りの市が不定期かつ抜き打ちで実施すること，と答えている．その狙いについて都城市は「許可業者に緊張感を与えることができる」としている．春日井市からも「許可業者に直前まで検査実施中ということを悟られないようにする」ことがコツとの指摘があった．

　携帯電話が普及した現状では，「業者間で連絡を取り合うことがあるため，1日当たりの検査回数を増やさず，日を変えて行う」（富士宮市），「車両ごとに検査日を記録し，対象車両の検査抜けを防いでいる」（調布市，越谷市，宮崎市），「検査を実施しているとの情報が流れると搬入をやめる業者もあるので，朝，搬入開始前に搬入待ちで待機している車両を検査すると，搬入不適物を積載している車両を発見できる可能性が高い」（船橋市）など，抜き打ち検査にも工夫が凝らされている．

　毎月，検査日の曜日，時間帯を変えるなど，調査対象とされる許可業者が偏らないようにしているとの回答が，高崎市，上尾市，所沢市，松戸市，野田市，松

本市，豊田市，大分市など多くの市から寄せられた．

**【問題車両を絞り込んだ検査】**

　目視での検査を日常的に行い，不適正なごみの搬入車両を絞り込んだ上で，搬入物展開検査を実施している市（豊中市，岩国市）もある．松阪市では「事前にどの許可業者がどういった物を搬入しているかなど，ピット投入時等に確認しておき，展開検査を行う業者を特定しておく」そうである．福岡市からは「過去の違反履歴があれば特に注意して検査する」との回答があった．

　また，意外にも，ベテランとおぼしき検査担当者は「音」に敏感なようである．福岡市から「ごみ搬入時に金属音やびんの音がすれば，ごみの内容を確認する」との回答があり，京都市からも「見た目，重さ，音などから不適物を適切に見極めること」がコツ，との指摘があった．八王子市からも，「通常の搬入時から車両の様子や投棄する時の音に注意し，検査対象に目星をつけておく」との意見が寄せられた．

**【検査現場での情報収集】**

　武蔵野市からは「搬入検査時に許可業者運転者と契約事業者の排出情報等の情報交換をするように努めること」がコツとの指摘があり，調布市や町田市，小田原市からも検査担当者と許可業者のコミュニケーションを重視する意見が寄せられた．許可業者から，排出事業者とそのごみの特性や分別状況に関する情報を得ておけば，搬入規制がやりやすくなる．岐阜市からは「排出元がどういった業種の事業所かを事前に把握しておく」ことが重要との指摘があった．四日市市は展開検査の際，「運転手にヒアリングを行い，できるだけ詳細に回収先等の情報を聞き出す．運転手が把握していない場合は，許可業者の責任者に連絡して確認する」そうである．

**【検査担当者のスキルアップ】**

　町田市は，「検査員（指導員）についてはできるだけ専任とし，指導の方針や注意の方法について統一」している．佐世保市からも，職員のスキル向上に力を入れているとの回答があった．

**【検査時間を短縮する運用】**

　検査機を導入せずに作業員2人で検査している佐賀市からは，車両1台を展開検査するのに2，3時間はかかるとの意見が寄せられた．車両からプラットホームに落とされたごみの全量について丁寧な破袋検査を実施すれば，それくらいの時間がかかるかもしれない．

　一方で，検査機を導入せずに職員1名，委託業者3名で検査を実施する豊川市からは「短時間で検査するようにしている（目標10分）．長いと苦情がある」との回答が寄せられた．久留米市も「展開検査時は無駄のない迅速な対応」をしている．

【排出事業者指導への結びつけ】

　展開検査を排出事業者指導に結びつける取り組みも行われている．横浜市からは，「できる限り展開検査装置を用いて，一台ずつ細かく確認し，排出事業者指導につながるよう検査を実施している」との回答があった．秦野市や久留米市も展開検査で違反が見つかった場合，許可事業者に注意するだけでなく，排出事業者を特定して指導している．仙台市や立川市は，違反ごみの開封調査にあたって排出者情報や違反内容が分かりやすいよう写真撮影を行い，排出事業者への立入指導に役立てている．また北区からは，展開検査の限界を踏まえ，「清掃工場側での搬入検査を維持しつつ，事業系ごみを排出する事業者への普及啓発が重要」との意見が寄せられた．

【検査姿勢のアピール】

　展開検査を厳正に実施していることを搬入事業者にもっとアピールする必要があるとの指摘もあった．豊川市からは「清掃工場が違反ごみを見逃さないという姿勢を見せることで，許可業者が排出事業者へ注意をし，分別精度が向上すればよい」との意見が寄せられた．札幌市からも，「事前に直接搬入の問い合わせがあった場合は，搬入指導員が内容物の検査を実施することをお伝えするなど，検査していることをアピールすることが重要」との回答があった．

## 4. おわりに

　事業系ごみ搬入時の展開検査は，焼却施設のプラットホームでの許可業者や自己搬入事業者に対する指導で終わったら，その意義が半減する．産業廃棄物や資源ごみの混入を見つけたら，軽微な混入なら搬入者に注意するにとどめるにしても，少なからぬ混入があった場合には，排出事業所に対する直接指導に結びつけることが展開検査活用のコツである．直接指導にあたっては，改善計画書の提出を求めることになる．

　搬入規制の一方で，違反ごみとされる資源化可能な紙類については，正しい搬入先としての資源化ルートに関する情報提供を行い，焼却施設のスペースに余裕があれば紙類を無料で回収する場所を設けて資源化を促進することが望ましい．

第 15 章

# 事業系ごみ搬入手数料改定と減量効果

　2000 年度以降に事業系搬入ごみ処理手数料を改定した有効回答 118 市の値上げ率と減量効果のクロス集計分析を行った．手数料値上げ率が 30％以上のケースで平均して 11％程度の減量率が出ていた．また，事業系ごみの搬入を有料化した市についても，2 桁％の大きな減量効果が上がっていた．減量効果を左右する要因として，手数料値上げ率の大きさだけでなく，搬入規制の強化，排出事業者指導の充実といった併用事業も重要である．手数料改定と併用事業の合わせ技が減量効果を高めるのに有効であることを確認できた．

## 1. 事業系ごみ搬入手数料と改定状況

　著者が 2019 年 2 月に実施した全国都市事業系ごみ対策調査で得られた搬入手数料の現行水準とその改定，手数料制度の改正状況については，一覧表にとりまとめて著者のホームページに掲載したので，参照していただきたい．

　そのとりまとめ結果について若干解説を加える．手数料改定の方向はほとんどのケースで値上げ改定であった．搬入手数料を無料とする都市は近年少数になってきており，本調査回答市の中では岐阜市のみにとどまった．また，手数料の改定が無料からの有料化であったケースが，青森市，東広島市，延岡市の 3 市存在した．

　消費税の扱いについては，内税とする市の方が多いが，外税の扱いとする市もあった．消費税の扱いについて環境省は，消費税の手数料への転嫁が円滑に行われることが必要として，「速やかに条例改正等の所要の手続きを進めること」という通知を都道府県や政令市に発出し，市町村への周知指導を依頼している．市町村が内税または外税扱いの手数料関連消費税分を国に納税するわけではないが，消費税増率により市町村の廃棄物処理にかかわる諸経費が増加する分はきちんと排出事業者に負担を求めないと，適正かつ円滑なごみ処理ができなくなる，

との趣旨とみられる.

　回答市について直近の手数料改定の実施年月を5年の時期区分で示すと**図15-1**のようになる. 2010年代に入ってから直近まで, 手数料改定を実施する市が増加傾向にあることを確認できる. 2010～2014年度に手数料改定市の数が69市と突出しているが, これについては24市が2014年4月に消費税の増税率を反映した手数料改定（外税の2市含む）を行っていることに留意する必要がある. 消費税増率分の転嫁を目的とした改定を除く, いわば実質的な手数料改定は45市となる.

　事業系ごみ対策調査の回答に基づいて作成した搬入手数料の価格帯別市数を**図15-2**に示す. 全国的にみると, 1kgあたり単価を10円台に設定する市が約半数を占めている. 30円以上の高い手数料を設定する11市の内訳は, 10市が東京多摩地域, 1市が千葉県の市であった. 手数料水準20円台45市の内訳をみると, 埼玉県, 千葉県, 神奈川県など関東地方の市が36市を占め, 中部地方にも5市ある. 西日本では10円前後に価格設定する市が多い. 事業系ごみ手数料については,「東高西低」が顕著である. その背景に, 手数料設定のクラスター効果（広域的な横並び行動）, 原価算定方法や受益者負担率の考え方の違い, があるとみている.

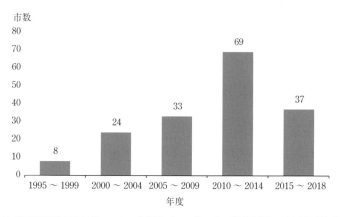

[出典：全国都市事業系ごみ対策アンケート調査（2019年2月, 著者実施）の回答結果とりまとめ]

**図 15-1　前回手数料改定の実施年月**

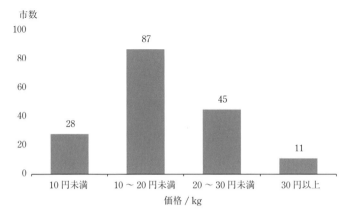

注）無料の1市を除く171市の集計.

[出典：全国都市事業系ごみ対策アンケート調査（2019年2月，著者実施）の回答結果とりまとめ]

**図15-2　事業系ごみ搬入手数料の価格帯別市数**


## 2. 3割以上の搬入手数料値上げで11%の減量効果

　事業系ごみ対策調査の結果をもとに，2000年度以降に手数料を改定した有効回答118市の値上げ率と減量効果（その一覧は市名を匿名にして**表15-1**に掲載）のクロス集計分析を行った．「有効」のスクリーニングにあたっては，手数料水準値上げ改定前後の事業系ごみ量を記入した市の中から，搬入ごみ有料化の実施（P.200，**表15-3**に集計），手数料水準改定を伴わない少量減免廃止，複数年度連続した手数料改定，手数料制度の改正，車両積載量制による計量，市町村合併や近隣町村ごみの受入れによるごみ量変動などのケースを除外した．

　減量効果分析の対象を2000年度以降の手数料改定に限定したのは，それ以前には①全国的に事業系ごみ量が増加傾向にあり，近年の減量局面に移行した状況下では参考になりにくいこと，②かなりの数の都市において，計量器を用いた実量制ではなく，車両積載量制がとられており，ごみ量データの信頼性が低いこと，による．

　手数料値上げ率と減量効果のクロス集計の結果を図示する．**図15-3**の横軸には手数料値上げ率，縦軸にはサンプル市（市数N）の平均減量率をとってある．この図から，基本的に，手数料値上げ率が大きいとごみ減量効果が出る傾向を確認できる．手数料値上げ率が30%以上の56市について平均減量率をみると11%

表 15-1　事業系ごみ搬入手数料値上げの減量効果

| 市（区） | 手数料（円 / kg） | | 改定率 | 改定前年度 A（t） | 改定年度 B（t） | 改定翌年度 C（t） | 変化率 [（C − A）/ A] |
|---|---|---|---|---|---|---|---|
| | 改定前 | 改定後 | | | | | |
| X1 | 9.5 | 13 | + 36.8% | 681,261 | 678,199 | 662,226 | − 2.8% |
| X2 | 5.8 | 9 | + 55.2% | 708,617 | 687,168 | 627,597 | − 11.4% |
| X3 | 10 | 20 | + 100.0% | 11,275 | 8,810 | 7,796 | − 30.9% |
| X4 | 17 | 20 | + 17.6% | 216,455 | 213,483 | 217,435 | + 0.5% |
| X5 | 3.456 | 5.616 | + 62.5% | 43,641 | 42,882 | 40,717 | − 6.7% |
| X6 | 16 | 17 | + 6.3% | 15,049 | 14,693 | 15,187 | + 0.9% |
| X7 | 8 | 8.2 | + 2.5% | 17,015 | 17,131 | 18,049 | + 6.1% |
| X8 | 11 | 14 | + 27.3% | 25,816 | 24,323 | 23,141 | − 10.4% |
| X9 | 5 | 10 | + 100.0% | 30,380 | 27,659 | 26,523 | − 12.7% |
| X10 | 9 | 9.2 | + 2.2% | 30,466 | 29,508 | 28,690 | − 5.8% |
| X11 | 5 | 10 | + 100.0% | 52,926 | 51,849 | 49,469 | − 6.5% |
| X12 | 11.2 | 11.5 | + 2.7% | 45,559 | 45,904 | 45,343 | − 0.5% |
| X13 | 9 | 11 | + 22.2% | 17,507 | 17,171 | 15,854 | − 9.4% |
| X14 | 18 | 18.5 | + 2.8% | 24,949 | 24,447 | 25,371 | + 1.7% |
| X15 | 3 | 13 | + 333.3% | 22,158 | 21,420 | 17,827 | − 19.5% |
| X16 | 21.6 | 22.2 | + 2.8% | 49,000 | 48,000 | 47,000 | − 4.1% |
| X17 | 15.75 | 21 | + 33.3% | 21,779 | 21,076 | 19,473 | − 10.6% |
| X18 | 15 | 25 | + 66.7% | 14,483 | 13,934 | 13,028 | − 10.0% |
| X19 | 15 | 25 | + 66.7% | 17,582 | 16,001 | 16,163 | − 8.1% |
| X20 | 15 | 18 | + 20.0% | 35,996 | 34,352 | 34,258 | − 4.8% |
| X21 | 10 | 17 | + 70.0% | 29,381 | 29,212 | 29,672 | + 1.0% |
| X22 | 15 | 18 | + 20.0% | 26,181 | 24,807 | 25,464 | − 2.7% |
| X23 | 15 | 22 | + 46.7% | 48,317 | 47,130 | 46,877 | − 3.0% |
| X24 | 20 | 24 | + 20.0% | 21,465 | 20,289 | 19,427 | − 9.5% |
| X25 | 17 | 23 | + 35.3% | 14,088 | 7,279 | 5,829 | − 58.6% |
| X26 | 17 | 21 | + 23.5% | 9,318 | 8,703 | 8,561 | − 8.1% |
| X27 | 18 | 21 | + 16.7% | 18,763 | 18,631 | 17,405 | − 7.2% |
| X28 | 18 | 21 | + 16.7% | 79,562 | 76,412 | 72,447 | − 8.9% |
| X29 | 17.85 | 18.36 | + 2.9% | 12,555 | 13,627 | 13,330 | + 6.2% |
| X30 | 15 | 23 | + 53.3% | 8,805 | 8,625 | 8,774 | − 0.4% |
| X31 | 22 | 22.5 | + 2.3% | 8,903 | 9,019 | 9,051 | + 1.7% |
| X32 | 18 | 21 | + 16.7% | 10,115 | 9,125 | 9,688 | − 4.2% |
| X33 | 20 | 27 | + 35.0% | 76,775 | 74,397 | 74,450 | − 3.0% |
| X34 | 18.9 | 21.6 | + 14.3% | 32,831 | 33,397 | 32,581 | − 0.8% |
| X35 | 17 | 20 | + 17.6% | 52,771 | 49,256 | 48,491 | − 8.1% |
| X36 | 15 | 27 | + 80.0% | 12,177 | 10,589 | 9,398 | − 22.8% |

| | | | | | | | |
|---|---|---|---|---|---|---|---|
| X37 | 21 | 21.6 | + 2.9% | 17,862 | 18,636 | 18,682 | + 4.6% |
| X38 | 25 | 35 | + 40.0% | 10,614 | 11,051 | 8,864 | − 16.5% |
| X39 | 19 | 22 | + 15.8% | 15,219 | 15,254 | 15,320 | + 0.7% |
| X40 | 18.9 | 19.44 | + 2.9% | 31,561 | 32,120 | 33,356 | + 5.7% |
| X41 | 14.7 | 20 | + 36.1% | 23,621 | 23,306 | 23,143 | − 2.0% |
| X42 | 15.75 | 16.2 | + 2.9% | 12,786 | 13,273 | 13,818 | + 8.1% |
| X43 | 21 | 21.6 | + 2.9% | 24,364 | 24,535 | 24,226 | − 0.6% |
| X44 | 14.5 | 15.5 | + 6.9% | 18,888 | 18,250 | 18,057 | − 4.4% |
| X45 | 25 | 35 | + 40.0% | 33,226 | 29,574 | 27,725 | − 16.6% |
| X46 | 30 | 40 | + 33.3% | 12,660 | 11,600 | 9,990 | 21.1% |
| X47 | 20 | 40 | + 100.0% | 9,494 | 6,862 | 6,272 | − 33.9% |
| X48 | 30 | 42 | + 40.0% | 14,635 | 13,324 | 10,297 | − 29.6% |
| X49 | 25 | 35 | + 40.0% | 22,962 | 21,937 | 20,995 | − 8.6% |
| X50 | 25 | 42 | + 68.0% | 6,588 | 5,603 | 5,410 | − 17.9% |
| X51 | 25 | 35 | + 40.0% | 6,132 | 5,750 | 4,883 | − 20.4% |
| X52 | 25 | 35 | + 40.0% | 9,462 | 8,355 | 7,809 | − 17.5% |
| X53 | 35 | 38 | + 8.6% | 8,880 | 7,443 | 6,306 | − 29.0% |
| X54 | 18 | 23 | + 27.8% | 54,880 | 54,379 | 56,491 | + 2.9% |
| X55 | 20 | 22 | + 10.0% | 19,525 | 19,573 | 17,812 | − 8.8% |
| X56 | 13 | 21 | + 61.5% | 11,513 | 11,461 | 11,450 | − 0.5% |
| X57 | 20 | 25 | + 25.0% | 20,409 | 20,135 | 20,755 | + 1.7% |
| X58 | 12 | 20 | + 66.7% | 27,481 | 24,335 | 21,218 | − 22.8% |
| X59 | 21 | 25 | + 19.0% | 7,145 | 6,845 | 7,068 | − 1.1% |
| X60 | 12 | 13 | + 8.3% | 97,080 | 92,391 | 89,824 | − 7.5% |
| X61 | 8 | 12 | + 50.0% | 29,220 | 25,992 | 26,014 | − 11.0% |
| X62 | 12 | 18 | + 50.0% | 44,353 | 40,887 | 39,468 | − 11.0% |
| X63 | 12 | 12.4 | + 3.3% | 21,344 | 20,750 | 20,082 | − 5.9% |
| X64 | 8.4 | 8.6 | + 2.4% | 51,324 | 52,735 | 54,414 | + 6.0% |
| X65 | 13 | 16 | + 23.1% | 39,881 | 38,963 | 39,604 | − 0.7% |
| X66 | 10.5 | 15 | + 42.9% | 45,126 | 40,641 | 41,475 | − 8.1% |
| X67 | 9 | 10 | + 11.1% | 15,801 | 15,913 | 15,489 | − 2.0% |
| X68 | 10.5 | 10.8 | + 2.9% | 73,716 | 71,247 | 70,749 | − 4.0% |
| X69 | 6 | 6.1 | + 1.7% | 19,672 | 19,927 | 20,300 | + 3.2% |
| X70 | 12 | 12.3 | + 2.5% | 21,046 | 19,188 | 18,534 | − 11.9% |
| X71 | 10.5 | 14.4 | + 37.1% | 9,444 | 8,468 | 8,659 | − 8.3% |
| X72 | 10 | 14 | + 40.0% | 6,603 | 6,328 | 6,261 | − 5.2% |
| X73 | 8 | 10 | + 25.0% | 43,011 | 39,894 | 41,052 | − 4.6% |
| X74 | 7.8 | 10 | + 28.2% | 37,257 | 37,895 | 38,047 | + 2.1% |
| X75 | 15 | 20 | + 33.3% | 18,821 | 18,164 | 18,553 | − 1.4% |

| | | | | | | | |
|---|---|---|---|---|---|---|---|
| X76 | 17 | 20 | + 17.6% | 19,205 | 19,103 | 19,557 | + 1.8% |
| X77 | 8 | 12 | + 50.0% | 18,623 | 17,160 | 16,663 | − 10.5% |
| X78 | 8 | 10 | + 25.0% | 35,784 | 32,428 | 31,746 | − 11.3% |
| X79 | 8.4 | 11 | + 31.0% | 17,662 | 17,238 | 17,076 | − 3.3% |
| X80 | 10 | 15 | + 50.0% | 17,786 | 17,039 | 16,102 | − 9.5% |
| X81 | 15 | 20 | + 33.3% | 18,100 | 16,470 | 15,099 | − 16.6% |
| X82 | 15 | 18 | + 20.0% | 30,261 | 24,743 | 24,875 | − 17.8% |
| X83 | 8 | 10 | + 25.0% | 197,434 | 194,578 | 182,829 | − 7.4% |
| X84 | 6 | 8.7 | + 45.0% | 44,720 | 44,528 | 42,792 | − 4.3% |
| X85 | 7 | 10.5 | + 50.0% | 39,242 | 37,335 | 36,106 | − 8.0% |
| X86 | 4 | 9 | + 125.0% | 19,823 | 18,863 | 18,998 | − 4.2% |
| X87 | 7.5 | 9 | + 20.0% | 33,464 | 34,415 | 35,562 | + 6.3% |
| X88 | 12.9 | 14.2 | + 10.1% | 24,404 | 22,871 | 22,917 | − 6.1% |
| X89 | 6 | 9 | + 50.0% | 19,768 | 19,588 | 19,168 | − 3.0% |
| X90 | 11 | 15 | + 36.4% | 28,954 | 26,503 | 25,945 | − 10.4% |
| X91 | 4 | 6 | + 50.0% | 2,546,700 | 2,851,380 | 2,738,990 | + 7.6% |
| X92 | 7 | 8 | + 14.3% | 324,304 | 308,680 | 285,891 | − 11.8% |
| X93 | 8 | 10 | + 25.0% | 68,108 | 69,192 | 68,315 | + 0.3% |
| X94 | 5 | 7 | + 40.0% | 16,330 | 16,614 | 16,600 | + 1.7% |
| X95 | 6 | 8.7 | + 45.0% | 23,373 | 23,221 | 23,060 | − 1.3% |
| X96 | 8 | 13 | + 62.5% | 33,342 | 26,650 | 26,384 | − 20.9% |
| X97 | 19 | 19.5 | + 2.6% | 18,915 | 18,550 | 18,728 | − 1.0% |
| X98 | 10.5 | 15 | + 42.9% | 13,550 | 11,902 | 11,815 | − 12.8% |
| X99 | 9.2 | 13 | + 41.3% | 83,781 | 84,216 | 82,853 | − 1.1% |
| X100 | 13 | 13.3 | + 2.3% | 68,074 | 71,576 | 70,998 | + 4.3% |
| X101 | 9.8 | 10 | + 2.0% | 155,424 | 156,543 | 158,370 | + 1.9% |
| X102 | 10.5 | 13 | + 23.8% | 26,704 | 26,809 | 25,653 | − 3.9% |
| X103 | 8 | 8.2 | + 2.5% | 25,105 | 24,427 | 24,738 | − 1.5% |
| X104 | 10 | 15 | + 50.0% | 13,828 | 13,380 | 13,474 | − 2.6% |
| X105 | 10 | 12 | + 20.0% | 36,181 | 35,537 | 35,025 | − 3.2% |
| X106 | 15.5 | 15.54 | + 0.3% | 56,781 | 55,883 | 55,267 | − 2.7% |
| X107 | 15 | 17 | + 13.3% | 33,068 | 30,058 | 29,118 | − 11.9% |
| X108 | 8 | 10 | + 25.0% | 20,298 | 20,423 | 19,502 | − 3.9% |
| X109 | 5 | 12 | + 140.0% | 49,627 | 45,228 | 42,236 | − 14.9% |
| X110 | 7 | 10 | + 42.9% | 255,970 | 237,088 | 182,811 | − 28.6% |
| X111 | 11 | 14 | + 27.3% | 374,687 | 361,909 | 366,246 | − 2.3% |
| X112 | 8 | 15 | + 87.5% | 39,511 | 40,022 | 39,122 | − 1.0% |
| X113 | 4 | 6 | + 50.0% | 34,341 | 32,543 | 32,078 | − 6.6% |
| X114 | 5.3 | 9 | + 69.8% | 52,603 | 48,108 | 48,617 | − 7.6% |

| X115 | 8 | 10 | + 25.0% | 58,324 | 59,331 | 58,221 | − 0.2% |
| X116 | 3.15 | 3.24 | + 2.9% | 44,010 | 42,910 | 43,636 | − 0.8% |
| X117 | 6 | 8 | + 33.3% | 13,664 | 14,044 | 13,150 | − 3.8% |
| X118 | 9 | 11 | + 22.2% | 34,606 | 34,837 | 36,086 | + 4.3% |

注）手数料改定時に特殊な要因が生じた市を除外.
（調査対象）2000 年度以降手数料改定の市.
[出典：全国都市事業系ごみ対策アンケート調査（2019 年 2 月，著者実施）の回答結果とりまとめ]

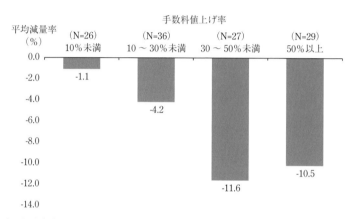

[出典：全国都市事業系ごみ対策アンケート調査（2019 年 2 月，著者実施）の回答結果とりまとめ]

**図 15-3　手数料値上げ率別の事業系ごみ減量効果**

減であった.

　それらの市を 30 〜 50％未満の値上げ率の 27 市と，50％以上の値上げ率の 29 市に区分すると，前者のグループの減量効果が 11.6％減と，後者のグループの 10.5％減を上回る効果が出ていた．このことは手数料値上げ率以外の要因も減量効果に影響を与えることを示唆する．事業系ごみの減量効果は，市ごとに値上げ率だけでなく，減量ポテンシャルの違い，地域ごとの人口動向や事業活動の盛衰，さらには改定のタイミングでの搬入ごみ展開検査や事業所立入指導といった各種併用事業の有無などの要因によって左右されることに留意する必要がある.

　10 〜 30％未満の値上げ率では，36 市の平均をとると 4.2％減の減量効果にとどまる．また，10％未満の値上げ率となると減量効果は 26 市の平均でわずか 1.1％

減にすぎない．この水準の値上げでは，ほとんど減量効果が出ないことが判明した．10％未満の値上げケースを具体的に点検すると，その大部分が2014年4月の改定であり，消費税増税率3％の手数料転嫁であった．

## 3. 手数料改定と搬入規制・事業者指導の合わせ技が減量のカギ

極めて大きな減量効果が出たケースについて，個別ヒアリングで取り組みの内容を把握した．最大の減量率を上げたのは2015年10月に1kgあたり単価を17円から23円に35％引き上げた上尾市（X25），次が2013年4月に単価を20円から40円に100％引き上げた武蔵野市（X47）であった．以下，X3市，X48市，X110市と続く．これらの都市に共通するのは，①手数料の引上げ幅が大きいだけでなく，②手数料引上げと併用して搬入ごみの展開検査，大規模事業所指導の強化に取り組んだことであった．

上尾市は，手数料改定に先だって，その前年10月から条例の改正による清掃工場への搬入規制の強化に取り組んだ．市は，最終処分を市外の施設に依存する状況のもとで，家庭系ごみと比較して減量化が進まない事業系ごみの削減を重要課題と位置づけていた．清掃工場への搬入物に違反ごみの混入が多い場合には，排出事業者に対して改善報告書の提出を求め，改善が認められない場合に公表，受入れ拒否の処分を設けただけでなく，許可業者に対しても違反ごみの持ち帰り指示や改善指導の強化だけでなく，新たな規定作成により許可更新の停止処分もあることを説明会で周知徹底した[1]．

武蔵野市は従来から事業系専従の「調査指導係」による大規模事業所への立入検査に注力し，産廃プラスチックの混入防止や古紙の分別資源化に成果を上げてきた．その実績を踏まえ，次の取組課題を食品ごみの資源化誘導に定めた．高い手数料水準への料金改定を行うと同時に，食品関連事業者に対して資源化ルートの情報提供や助言をきめ細かく行い，資源化量の増加に結びつけることができた[2]．

本調査では，手数料の値上げと展開検査の導入を同時実施したケースは野田市，東村山市，呉市の3市について確認できた．前2市については20％台のかなり大きな減量実績が記録されている（**表15-2**）．

---

1) 上尾市からの電話ヒアリング（2019年4月）および市ホームページ掲載の各種資料と条例に基づく．
2) 詳しくは，山谷修作『ごみゼロへの挑戦』（丸善出版，2016年），第4部5「事業系ごみ対策で大きな成果を上げた武蔵野市」を参照されたい．

表 15-2　手数料値上げ・展開検査同時実施の事業系ごみ減量効果

| 市名 | 実施年月 | 手数料改定の内容 | 改定率 | 展開検査の頻度 | 減量率 |
|---|---|---|---|---|---|
| 野田市 | 2015 年 7 月 | 15 円→ 27 円 / kg | ＋ 80.0% | 132 回，216 台 | － 22.8% |
| 東村山市 | 2008 年 4 月 | 25 円→ 35 円 / kg | ＋ 40.0% | 20 回，71 台 | － 20.4% |
| 呉市 | 2013 年 4 月 | 10.5 円→ 13 円 / kg | ＋ 23.8% | 2 回，40 台 | － 3.9% |

注）展開検査の頻度は，アンケート調査（2019 年 2 月実施）の回答から転記.
［出典：全国都市事業系ごみ対策アンケート調査（2019 年 2 月，著者実施）の回答結果とりまとめ］

　野田市は 2015 年 7 月に受益者負担率を 100％に引き上げて 80％の手数料値上げを実施した．それと同時に，条例改正により搬入規制と許可・排出事業者指導を強化した．搬入物のルール違反を確認すると，許可業者と排出事業者に対して口頭注意から始まって，改善勧告，改善命令，公表，受入拒否へと行政処分を順次強化して指導機会を増やすことで確実な改善を図る体制を整えた．展開検査で受入基準を満たさないごみの搬入が確認された場合，ルールを守らない排出事業者を特定するため，許可業者の収集作業に市の職員が同行し，排出状況を確認することもあるという[3]．こうした取り組みが功を奏して事業系ごみの量は実施前後の年度比較で大幅に減少した．

　なお，手数料値上げと展開検査を同時実施すれば必ず減量効果が大きく出るとは限らない．2013 年 4 月に手数料を 10.5 円 / kg から 13 円 / kg へ 24％引き上げた呉市については，同時に展開検査を開始したものの，3.9％減の減量率にとどまった．年間の検査回数がわずか 2 回，検査車両台数が 40 台にすぎなかったことが，その要因とみられる．

## 4.　特殊なケースについての考察

　手数料値上げが小幅でかつ併用事業の強化もなかったのにかなり大きな減量効果が出たとか，大幅な値上げをしたのにその前後の年度比較でごくわずかな減量にとどまったといった，かなりレアなケースも存在した．少し立ち入って検討してみよう．

### ⑴　西東京市のケース

　2009 年 10 月に実施された西東京市の手数料改定（35 円→ 38 円 / kg）では，

---

3)　野田市からの電話ヒアリング（2019 年 5 月）および市提供資料と条例に基づく．

値上げ率は 8.6％ と小さかった割に，そして特段の搬入規制や事業者指導の強化がなかったのに[4]，事業系のごみ減量効果が 29.0％ 減と大きく出た．同市は東久留米市，清瀬市とともに，一部事務組合で焼却処理を行い，搬入手数料の改定については組合の条例改正によっている．3 円の手数料値上げは，最終処分費の増加を反映させたものであった[5]．一組を構成する他 2 市の事業系ごみ量を確認すると，東久留米市で約 2 割減，清瀬市で約 1 割減の減量効果が出ていた[6]．

　小幅改定の割にかなり大きな減量効果が出た理由については，改定前の 35 円/kg という手数料水準が排出事業者にとって焼却処理と資源化の選択の分岐点であったところ，小幅ではあるが値上げにより事業系ごみのリサイクル処理に割安感が出て，従来一組の焼却施設に搬入されてきた紙類や食品ごみなどがリサイクルルートに移行するようになったものと推測される．手数料改定前後の一組焼却施設ピットごみ組成分析結果（湿ベース）では，紙類の比率が 40.2％ → 32.3％，厨芥の比率が 24.3％ → 19.9％ に低下している．

　3 市の中で西東京市において特に大きな減量効果が出たことについては，こう推測している．西東京市と東久留米市では家庭ごみ収集時に小規模事業所ごみの有料指定袋による併せ収集を行っていないことから，搬入手数料値上げの影響が小規模な事業所にも及んだ．また西東京市では，事業系ごみ搬入手数料の改定前年度に家庭ごみ有料化，戸別収集，プラスチック容器包装分別収集の 3 事業が実施され，市民・事業者のごみ減量意識が高まっていたことも考えられる．

### (2)　鎌倉市のケース

　2014 年 10 月に手数料を 13 円/kg から 21 円/kg へ 65.1％ 引上げた鎌倉市では，大幅な値上げにもかかわらず，事業系ごみの減量効果がわずか 0.5％ 減にとどまった．その最大の要因は，手数料改定に先立って，2012 年度から 13 年度にかけて条例改正による搬入規制の強化や排出事業者指導の拡充，清掃工場プラットホームへの展開検査機の導入が行われ，事業系ごみが大きく減量していたことにある．事業系ごみ量は，2011 年度の 13,402 t から 2013 年度の 11,513 t へと約 1,889 t 減少していた．減少率は 14.1％ で，搬入規制・排出事業者指導単独での減量効果を示すデータとして，著者は注目している．

　同市は市内に 2 カ所あった焼却施設が老朽化し，1 施設の焼却停止が間近に迫

4)　柳泉園組合と西東京市からの電話ヒアリング（2019 年 5 月）に基づく．

5)　柳泉園組合議会 2008 年 11 月 27 日開催定例会会議録．

6)　東京市町村自治調査会『多摩地域ごみ実態調査』各年度統計．

る状況下にあって，減量が進まない事業系ごみの削減対策を迫られていた．組成調査の結果では，事業系ごみの中に資源化可能な紙類や産業廃棄物であるプラスチックなどが約 3 割も混入しており，分別指導の強化に取り組むことになった．

2012 年 10 月には，搬入物検査等で分別が不適正と判明した場合に，改善勧告，公表，命令，受入拒否の行政処分を科することができる改正条例が施行された．また 2013 年 1 月には，検査の効率向上と検査頻度の増加を狙いとして，清掃工場に搬入物検査機を導入している．それと同時に，条例施行規則に基づき，収集運搬許可業者などに対して搬入ごみの排出事業者名と廃棄物の種類を記入した届出書の提出を義務づけた．このことにより，受入基準に違反したごみの排出事業者の特定化を容易にし，指導に入れるようにした．

その事業者指導であるが，警察 OB などの非常勤嘱託職員からなる「啓発指導員」が 3 人ずつの 2 チームに分かれて排出事業者を訪問指導する体制を整えた．分別の良くない事業者で改善が見られない場合には，受入拒否となる旨を伝え，改善を求める．排出事業者の中には許可業者任せでごみに関心を持たない者もいるので啓発により減量意識を高め，分別容器の設置などの指導，大型生ごみ処理機導入の推奨も行っているという[7]．

⑶　その他のケース

大幅に手数料を引き上げた割に減量効果が小さかった市が存在する．関西地域の X86 市は 2002 年 7 月に 4 円 kg → 9 円 / kg へ 125％ も手数料を引き上げたにもかかわらず，事業系ごみの減量率は 4.2％減にとどまった．問い合わせや市ホームページからアクセスできる資料から，当時まだ①事業所の開業が盛んで事業系のごみ量が増加していたこと，②展開検査や大規模事業所指導が開始されていなかったこと，を確認できた．一般的な傾向として，改定前の手数料水準が低いと，かなり大幅な値上げであっても，値上げ率の割には減量効果が出にくい．

手数料を値上げしたにもかかわらず減量効果が出なかった市も取り上げておこう．関東地域の X39 市の場合は 2014 年 4 月に 19 円 / kg → 22 円 / kg へ 15.8％ 手数料を引き上げたにもかかわらず，事業系ごみは微増している．市担当者によると，人口の増加傾向を背景に商業施設の立地が相次ぎ，事業系ごみ量が減らなかったとのことであった．

---

7)　鎌倉市からの電話ヒアリング（2019 年 5 月）および市ホームページ掲載の各種資料と条例に基づく．

# 5. 制度変更による減量効果

　従来無料としてきた事業系ご
み搬入の有料化，少量搬入ごみ
の無料措置の廃止，手数料改定
と剪定枝分別資源化の同時実
施，といった手数料や分別の制
度変更があったケースの事業系
ごみ減量効果を確認しておこう.

**表 15-3　搬入ごみ有料化市の事業系ごみ減量効果**

| 市　名 | 有料化の実施 | 手数料水準 | 減量率 |
|---|---|---|---|
| 青森市 | 2003 年 7 月 | 10 円 / kg | − 28.3% |
| 東広島市 | 2001 年 4 月 | 10 円 / kg | − 11.8% |
| 延岡市 | 2009 年 4 月 | 4 円 / kg | − 11.9% |

[出典：全国都市事業系ごみ対策アンケート調査（2019 年
2 月，著者実施）の回答結果とりまとめ]

## (1)　搬入ごみ有料化の減量効果

　**表 15-3** は，2000 年度以降に事業系ごみの焼却施設への搬入を有料化した青森
市，東広島市，延岡市について，有料化実施年月，手数料単価，実施前後の年度
比較での減量率を示す. この表から，有料化による減量率が 2 桁台とかなり大き
く出ることを確認できる.

## (2)　少量無料化廃止の減量効果

　一定量（10 kg 未満）までの少量ごみの無料措置を廃止して単純従量制（9 円
/ kg）とした西宮市では，改定前年度の 78,591 t から翌年度の 64,815 t へと
17.5％の事業系ごみ減量効果が出ている.

## (3)　剪定枝資源化の同時実施による減量効果

　加古川市では，2016 年 10 月に手数料を 8 円 / kg → 13 円 / kg へ 62.5％引き上げ，
同時に剪定枝資源化事業を開始した結果，改定前年度 33,342 t であった事業系ご
み量は，改定年度 26,650 t，その翌年度 26,384 t（改定前年度比 20.9％減）へと 5,500
〜 6,000 t もの大幅な減量効果を上げている.

# 6. おわりに

　この調査から，地方自治体の取り組みとして，事業系ごみ処理手数料について
人件費や減価償却費を含む処理原価をきちんと反映した水準に適正化すること，
それと併せて収集運搬許可業者や自己搬入事業者の搬入ごみ検査の機会を増やし
て分別の適正化を指導すること，排出事業所に対する分別やごみ減量の啓発・指
導を充実させることが，事業系ごみを資源化のルートに誘導し，減量を推進する
上で重要であることを把握できた.

# 第16章

# 事業系ごみ搬入手数料設定の考え方

　著者が2019年2月に全国主要都市を対象に実施した事業系ごみアンケート調査では，事業系ごみ搬入手数料は1kgあたり3.24円から42円まで幅広く分散し，地域的にも関東と関西で「東高西低」の傾向が顕著であった．どうしてこのような状況が生じるのであろうか．今回は，自治体により異なることがある事業系ごみ搬入手数料設定の考え方を整理した上で，資源化推進を狙いとした戦略的思考の取り込みを提示する．

## 1. 手数料設定のベースとなる処理原価の範疇

　事業系ごみ搬入手数料設定の基本的な考え方は，廃棄物処理法が定める「排出事業者処理責任の原則」に従って，焼却処理・最終処分に要した処理原価に基づく，というものである．だが，それにしては，第15章の**図15-2**「事業系ごみ搬入手数料の価格帯別市数」が示すように1kgあたり手数料単価は10円未満から30円以上までの広がりを見せ，しかも地域的に「東高西低」の傾向も顕著であった．

　いくつかの市からのヒアリングや提供資料，市ホームページ掲載資料などをもとに整理すると，手数料算定の基礎となる事業系ごみ処理原価の算定方法が自治体によって異なることを確認できた．手数料算定の基礎となる原価の範疇は概ね，①直接経費（またはランニングコスト），②減価償却費など間接経費を含む総原価，③廃棄物会計基準に準拠した総原価，に分類できる．

　まず直接経費に基づく手数料設定であるが，関西地域をはじめ多くの地域でこの算定方式が用いられている．関西のある市の場合，上記②の一般的な原価算定方式を用いて事業系ごみ処理原価単価を28.85円/kgと算定していたが，その中からランニングコスト単価13.52円/kgを取り出して手数料を設定していた．「西低」の都市にヒアリングすると，手数料は「原価相当」と返ってくるものの，その原

価は施設の建設や改良にかかる経費などを除外して算定されていることが多い．

　直接経費方式の典型例は伊勢原市に見られる．同市は人口規模約 10 万人で，著者が行ったアンケート調査の対象外であるが，その審議会会議録に直接経費に基づく手数料設定に関する担当者の説明が記載されているので，要約して示す[1]．市と隣接市のごみを処理する一部事務組合のごみ処理手数料が 2017 年 12 月に 19 円→ 22 円 / kg へ改定された．その改定前の手数料について市の担当者は一組が「ごみ処理にかかる直接経費をごみ量で割って算出したごみ処理原価をもとに算出しています」と説明している．直接経費の内訳については，「清掃工場の維持管理費，運営にかかる経費，焼却灰の資源化や最終処分にかかる経費，施設の管理を担当する職員の人件費，車両系など」とし，売電収益を差し引いて合計額としている．そこには，施設の減価償却費（または建設改良費）や起債利子が含まれていない．

　次に，減価償却費など間接経費を含む総原価に基づく手数料を取り上げる．この算定方式は，東京や千葉，埼玉，神奈川などキロ単価 20 円以上の「東高」の都県域自治体で一般化しつつある．総原価に基づく手数料設定では，焼却処理と最終処分に要する運転費や人件費，減価償却費を含む総コストをベースにする．

　東京多摩地域で 3 市から出るごみの焼却処理を行う一組，柳泉園組合の資料から，典型的な総原価方式についての記述を拾っておこう．同組合が組合条例を改正して 2009 年 10 月に事業系ごみ搬入手数料を 35 円→ 38 円 / kg へ改定するのに先だって，組合議会定例会で事務局担当者が行った説明の要約である[2]．「ごみ処理原価は，処理原価の平準化を図るため 2005 ～ 2007 年度の平均で算出しています．原価の平均は焼却処理について 24.53 円 / kg，最終処分について 13.77 円 / kg で，合計 38.3 円 / kg です．」焼却処理の経費については，「人件費，その他の経費，減価償却費，起債利子および共通経費の合計金額で，ここから歳入控除部分（著者注：売電や資源物売却の収益）を差し引いて処理量に対する原価を算出しています」とある．一方，最終処分費は，この地域の広域処分組合への負担金である．

　環境省が 2007 年 2 月に自治体のごみ処理会計方式について企業会計型の一般廃棄物会計基準を公表し，これの採用を推奨してから，新たにもう一つの総原価

1)　伊勢原市清掃美化審議会 2017 年度第 1 回（2018 年 1 月 16 日開催）会議録.
2)　柳泉園組合議会 2008 年 11 月 27 日開催定例会会議録.

**表 16-1　一般廃棄物会計基準による直接搬入分の原価（茅ヶ崎市，2016 年度）**

|  | 経費（円） | 発生量（t） | 原価単価（円 / kg） |
|---|---|---|---|
| 中間処理部門 | 1,484,235,494 |  |  |
| 最終処理部門 | 390,440,777 |  |  |
| 管理部門 | 33,169,539 |  |  |
| 合　計 | 1,907,845,810 | 58,612 | 32.55 |

［出典：茅ヶ崎市資源循環課資料より抜粋して作成］

算定方式が出現した．しかし，この原価算定方式の採用事例はまだ少数にとどまっている．この算定方式の際立った特徴として，ごみ減量課といった管理部門の職員人件費，物件費や諸経費なども，共通費配賦ルールに従って，直接搬入分の総原価に算入されることが挙げられる．

　最近従来の原価算定方式を補完する形で一般廃棄物会計基準を試行的に導入した茅ヶ崎市の 2016 年度の部門別経費仕分けによる処理原価総括表を**表 16-1** に示す．各作業部門経費合計金額の比に応じて直接搬入分に配賦された管理部門経費が算入されている．中間処理・最終処分の原価単価は間接費を含め 32.55 円 / kg と試算されている．

## 2.　受益者負担率の決定要因

　総原価を算定したとして，そのすべてをカバーする手数料を自治体が設定するとは限らない．むしろ，全国を眺めれば，総原価の一定比率を排出事業者の受益者負担率として決めて，手数料で回収する自治体の方が多い．受益者負担率を低く設定する自治体では，50％程度に設定するところもある．この場合，残り50％のコストは自治体の財政負担となる．

　受益者負担率を決定する要因として，区域内の中小企業の育成・振興や手数料水準の激変緩和への配慮が働きやすい．先述の茅ヶ崎市でも，検討中の事業系処理手数料の改定について，原価相当を目指しつつも，排出事業者に対する激変緩和を図るため 24 円→28 円 / kg と，値上げ幅を原価相当への改定幅の半額に抑え，受益者負担率を 86.0％とする案を審議会に示している[3]．

---

3)　茅ヶ崎市廃棄物減量等推進審議会 2019 年度第 1 回（2019 年 5 月 31 日開催）資料 4「ごみ処理手数料の改定について」

激変緩和をルール化している都市もある．相模原市は，値上げ幅を現行水準の1.3 倍を超えない範囲とする「受益者負担のあり方の基本方針」を定めている．市の事業系ごみ処理手数料についての解説によると[4]，総原価に算入する経費として，焼却・最終処分にかかる人件費，物件費（運営費，維持管理費，維持補修費等），および減価償却費を合計し，これを処分量で除したものを原価単価とすると 25.3 円が算出されるのに対し，2016 年 4 月の手数料改定は基本方針が許容する限度上限の 18 円→ 23 円 / kg に収められた．受益者負担率は 90.9％となる．

　近年，自治体が設定する受益者負担率は，引き上げられる傾向にある．全国各地の自治体において，受益者負担率を引き上げ見直しすることで，できるだけ原価相当に近い水準に手数料水準を改定して，事業系ごみの減量・資源化を推進する取り組みが積極化してきた．第 15 章の**図 15-1**「前回手数料改定の実施年月」に見られる手数料改定市数の増加傾向はこのことを物語っている．

## 3.　手数料水準決定要因としてのクラスター効果

　事業系ごみ搬入手数料は，近隣自治体の手数料水準を参考にして設定される傾向が見られる．近年では，特に高い水準の近隣自治体の手数料にサヤ寄せして，事業系ごみの減量・資源化を推し進めようとする動きが出ている．その結果として，県内の広域ブロック内の自治体間ではほぼ横並びの手数料水準となりやすい．

　これを著者はクラスター効果（cluster effect）と呼んでいる．クラスターは葡萄の房のことであるが，地域内自治体群の手数料水準が熟した葡萄のように粒ぞろいになるイメージからか，米国で家庭ごみ有料化について廃棄物専門家からヒアリングしたときに，耳にした．

　地域的なクラスター効果が働く理由として，近隣自治体とのバランスをとるための値上げは負担者としての排出事業者の理解を得やすいし，手数料格差に起因するごみの区域内への流入も防げることが挙げられる．特に一部事務組合の構成団体間では手数料水準の均衡が図られることが多く，一部の地域では一組の条例改正により複数自治体区域の手数料が一斉に改定されている．

　手数料の水準が地域内や一組構成の自治体群で平準化する傾向を多摩地域 26市について確認しておこう．**表 16-2** は，事業系ごみ搬入手数料の水準が全国一

---

4)　相模原市ホームページ掲載「一般廃棄物処理手数料に係る処理原価（コスト）について公表します」（2019 年 6 月閲覧）．

表 16-2　多摩 26 市の事業系ごみ搬入手数料（2020 年 4 月現在）

| 手数料水準<br>（kg あたり） | 市数 | 市　　　　名 |
|---|---|---|
| 42 円 | 7 | 稲城市，狛江市，府中市，国立市，日野市，国分寺市，小金井市 |
| 40 円 | 3 | 立川市，武蔵野市，あきる野市 |
| 38 円 | 3 | 東久留米市，西東京市，清瀬市 |
| 35 円 | 6 | 三鷹市，調布市，東村山市<br>八王子市，町田市，多摩市 |
| 30 円 | 4 | 羽村市，青梅市，福生市，昭島市 |
| 25 円 | 2 | 武蔵村山市，東大和市 |
| 24 円 | 1 | 小平市 |

（一組）多摩川衛生組合 ▭，柳泉園組合 ⬚，ふじみ衛生組合 〔 〕
　　　多摩ニュータウン環境組合 ▭，小平・村山・大和衛生組合〔 〕
　　　西多摩衛生組合 ◯，浅川清流環境組合 ⬚
（構成団体中で市数 1 市の組合は除外）
［出典：「多摩地域ごみ実態調査」と各市ホームページの確認により作成］

　高い多摩地域各市の手数料水準の一覧であるが，一組構成団体群がわかるように枠線を施した．この表から，一組が条例で手数料を決める柳泉園組合の 3 市，ふじみ衛生組合の 2 市がそれぞれ同水準となることは当然であるが，西多摩地区では西多摩衛生組合の 3 市と地区内の昭島市が同水準，また南多摩地区で多摩ニュータウン環境組合を構成する 3 市，2020 年 4 月に施設が本格稼働した浅川清流環境組合を構成する 3 市がそれぞれ同水準，小平・村山・大和衛生組合を構成する 3 市もほぼ同水準となっている．

　現在同水準のグループでも，多摩ニュータウン環境組合構成団体のように，先行して値上げした 2 市の水準に，後発の 1 市が 1 年遅れで改定して追いついたケースもある．また，多摩川衛生組合構成団体の中で国立市の搬入手数料だけが低水準であったが，2020 年 4 月に他市と同水準への改定が実施された．

　多摩地域クラスターの中で，小平・村山・大和衛生組合構成 3 市の手数料水準の低さが際立っているが，そう遠くない時期に改定される見込みである．組合の焼却施設が立地する小平市の一般廃棄物処理基本計画（2018 年策定）には「事業系一般廃棄物の持込手数料を構成 3 市共同で見直します」が新規施策として盛

り込まれている[5].

# 4. 戦略志向の手数料設定に向けて

　搬入手数料を引き上げることにより，事業所から排出される食品残渣や雑がみを資源化ルートに誘導することに，自治体が関心を寄せている．ごみの減量・資源化を促すことを狙いとして価格インセンティブを用いる取り組みは，ごみ減量戦略を志向した攻めの手数料設定と言ってよい．従来からの地域横並び志向の手数料設定を脱して，排出事業者が清掃工場から資源化施設へごみの持込先を切り替える動機付けを提供できる価格を戦略的に設定するのである．

　排出事業者にとって，これまでの清掃工場での処分から資源化ルートに切り替えるには，事業所内での分別排出システムの構築が欠かせないし，より長距離となる運賃と資源化施設への持込料金の追加負担が避けられない．だから，ごみの処分から資源化への流れを開鑿する搬入手数料の水準は，かなり高いものとなる．

　武蔵野市は 2013 年 4 月に，当時多摩地域の最低水準 20 円 / kg であった搬入手数料を 40 円 / kg へ改定した．その際のターゲットは，事業系生ごみの資源化施設（登録再生利用事業者）への誘導であった[6]．同市の原価計算には廃棄物会計基準が用いられているが，原価単価 48 円 / kg に対して改定後の手数料単価の受益者負担率は 80 % となり，それまでの 40 % から大幅に上昇した．手数料値上げと併せて，Eco パートナー認定制度（市の優良事業所認定制度）も活用してスーパーや飲食店等に対して食品残渣の資源化を働きかけ，手数料改定年度に事業系生ごみの資源化量を倍増させている．その後，生ごみ資源化施設の容量逼迫の影響を受けたが，現在も改定前を 4 割近く上回っている（**図 16-1**）．

　著者が行った全国都市アンケート調査では，近隣の民間食品リサイクル施設の受入れ料金単価（円 / kg）について回答してもらった．回答の一覧を**表 16-3** に示す．複数の資源化処理ルートが存在するケースなどでは値幅での受入れ料金単価が記入されていた．上述の武蔵野市の場合，堆肥化，バイオガス化，飼料化など資源化のルートに応じて 23 〜 35 円と記述されていたが，中央値を集計する必要上，調査者の方で平均価格 29 円に直して作表した．

　回答市近隣の食リ施設の受入れ料金単価は，地域ごとの状況の差を反映して，

---

5)　小平市「一般廃棄物処理基本計画（改訂）」2018 年 3 月.

6)　市担当者からのヒアリング（2019 年 4 月）による．生ごみの食リシフトを狙った手数料設定であったが，結果として処理原価を反映した水準となったという.

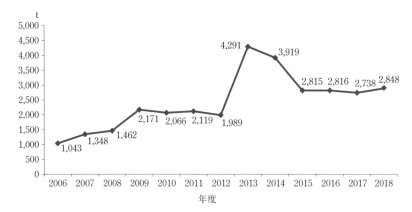

注）収集運搬許可業者からの報告に基づく市のとりまとめ.
[出典：［武蔵野市清掃事業概要］より作成]

**図 16-1　武蔵野市の事業系生ごみ資源化量**

**表 16-3　回答市近隣の民間食品リサイクル施設の受入れ料金**

| 都道府県 | 市 | 受入れ料金（円／kg） | 処理方法 |
|---|---|---|---|
| 北海道 | 苫小牧市 | 14 | 堆肥化 |
| 青森県 | 青森市 | 25 | 堆肥化 |
| 岩手県 | 盛岡市 | 12 | 堆肥化，飼料化，バイオガス化 |
| 秋田県 | 秋田市 | 11.5 | バイオガス化 |
| 山形県 | 山形市 | 20 | 堆肥化 |
| 山形県 | 鶴岡市 | 11 | 堆肥化 |
| 福島県 | 福島市 | 15 | 堆肥化 |
| 茨城県 | 土浦市 | 23 | バイオガス化 |
| 茨城県 | ひたちなか市 | 12.5 | メタン発酵，発酵堆肥化 |
| 埼玉県 | 熊谷市 | 20 | 堆肥化，飼料化 |
| 埼玉県 | 狭山市 | 35 | 堆肥化 |
| 埼玉県 | 入間市 | 24 | 堆肥化及び人工軽量土壌化 |
| 千葉県 | 成田市 | 31 | 飼料化 |
| 千葉県 | 佐倉市 | 18 | （液状）堆肥化 |
| 東京都 | 北区 | 40 | 堆肥化，飼料化 |
| 東京都 | 立川市 | 35 | バイオガス化 |
| 東京都 | 武蔵野市 | 平均29 | 堆肥化，飼料化，バイオガス化 |
| 東京都 | 西東京市 | 27 | 堆肥化 |
| 神奈川県 | 横須賀市 | 40 | 堆肥化 |
| 神奈川県 | 藤沢市 | 25 | 飼料化 |

| 神奈川県 | 小田原市 | 平均47.5 | 飼料化，肥料化 |
|---|---|---|---|
| 神奈川県 | 座間市 | 34 | 飼料化 |
| 新潟県 | 新潟市 | 平均22.5 | 堆肥化 |
| 新潟県 | 長岡市 | 8 | バイオガス化 |
| 新潟県 | 上越市 | 30 | バイオガス化 |
| 富山県 | 富山市 | 16.5 | バイオガス化 |
| 石川県 | 金沢市 | 30 | 堆肥原料化 |
| 福井県 | 福井市 | 30 | 堆肥化 |
| 長野県 | 松本市 | 28 | 堆肥化 |
| 静岡県 | 富士市 | 21.8 | 堆肥化 |
| 静岡県 | 焼津市 | 30 | 堆肥化 |
| 静岡県 | 藤枝市 | 平均47.5 | 堆肥化 |
| 愛知県 | 名古屋市 | 平均32.5 | 堆肥化，飼料化 |
| 愛知県 | 一宮市 | 平均40 | 堆肥化 |
| 愛知県 | 瀬戸市 | 平均27.5 | 堆肥化，飼料化 |
| 愛知県 | 春日井市 | 20 | 堆肥化 |
| 愛知県 | 豊川市 | 12 | 飼料化 |
| 京都府 | 京都市 | 平均20 | 飼料化，堆肥化，バイオガス化 |
| 大阪府 | 堺市 | 平均20 | 炭化，エタノール発酵 |
| 兵庫県 | 神戸市 | 平均25 | 堆肥化，炭化 |
| 兵庫県 | 姫路市 | 平均22.5 | 堆肥化，炭化 |
| 鳥取県 | 鳥取市 | 平均18.5 | 堆肥化，液肥化 |
| 島根県 | 松江市 | 平均12.5 | 堆肥化，飼料化 |
| 広島県 | 広島市 | 15 | 堆肥化 |
| 山口県 | 宇部市 | 30 | 飼料化 |
| 愛媛県 | 今治市 | 20 | 堆肥化 |
| 高知県 | 高知市 | 2.5 | 堆肥化，飼料化 |
| 福岡県 | 北九州市 | 10 | 堆肥化 |
| 福岡県 | 福岡市 | 35 | 堆肥化 |
| 大分県 | 大分市 | 平均12 | 堆肥化 |
| 宮崎県 | 都城市 | 18 | 堆肥化 |
| 宮崎県 | 延岡市 | 3.8 | 飼料化 |
| 鹿児島県 | 霧島市 | 7 | 堆肥化 |

注）1. 学校給食残渣の資源化など特殊なケースとみられる4市からの回答を除く.
　　2. 資源化方法の違いなどによる値幅での回答は平均値に換算表記.
[出典：全国都市事業系ごみ対策アンケート調査（2019年2月，著者実施）の回答結果とりまとめ]

1 kg あたり 2.5 円から 47.5 円まで広く分散している．そこで参考までに，中央値を集計すると 22.5 円となる[7]．今回のアンケート調査回答市の中で食リ施設受入れ料金単価の中央値以上の水準の手数料単価を設定する市の数は 28 市にとどまる．食リ施設へのアクセス条件が地域により異なるため一概には言えないものの，全回答の 84% にも及ぶ市が，排出事業者に対して食品リサイクルへの取り組みの経済的インセンティブを十分に提供できていない可能性がある．

2019 年に策定された食品リサイクル法基本方針では，自治体の事業系ごみ搬入手数料について，処理原価相当を徴収することが望ましいとした．これを契機として，全国の自治体が食リをにらんだ戦略的な手数料設定に踏み込むことを期待している．全国の自治体の手数料水準が底上げされれば，食リ事業の採算が向上し，不足している施設の整備への誘因が働くに違いない．

## 5.　おわりに

近年，地域の自治体が自区域の事業系ごみ搬入手数料よりも高い水準の近隣自治体の手数料を意識して，値上げ改定する動きが全国各地で見られる．その結果，事業系ごみの手数料は全体として底上げされる傾向にある．そこからさらに一歩踏み込み，地域内横並びの状況を打破し，先行して資源化推進戦略の観点から手数料の見直しに踏み込む自治体が増えてくることを期待している．

---

7)　受入れ料金は，雑紙でも生ごみでも，持込物の分別状態によって異なるもので，一律ではない．ちなみに東京都内の飼料化施設の視察（2018 年 8 月）では，分別が良好な場合で 23 円 / kg，弁当ガラ付きの場合 14 ～ 15 円 / kg 追加との説明を受けた．

# 第17章

## 連携による事業系ごみの減量推進

　自治体による事業系ごみ減量の取り組みは，処理手数料の水準改定や体系見直しなどの経済的手法，多量排出事業所や収集運搬許可業者に対する法令に基づく義務づけなどの規制的手法だけでなく，事業者との連携の強化，減量や資源化の奨励を狙いとした認証・表彰制度の設定，分別方法や資源化ルートなどの情報提供や啓発を目的としたガイドブックの作成や講習会の開催など，その手法に広がりが見られる．本章では，著者が2019年2月に実施した全国主要都市アンケート調査や自治体のアンケート調査の結果を引きながら，行政と事業者との連携や各種奨励的手法の取り組みを論じる．

## 1. 収集運搬許可業者との連携

　自治体の事業系ごみ減量対策において，日常的に排出事業者と接する機会を持つ収集運搬許可業者との連携は極めて重要である．排出事業者は分別方法や資源化ルートについて，ごみや資源に豊富な知見を備えた許可業者に相談することが多い．日頃から排出事業者に対して助言できる立場にある許可業者に，行政の減量化情報を排出事業者に伝達する仲介者としての役割を担ってもらうことが減量化への近道と言える．

　著者のアンケート調査では，全国の主要都市に対して，許可業者に対する協力依頼や連携の内容を聞いた．その回答結果（回答都市172市，複数回答可）を**図17-1**に示す．最も多かったのは「排出事業者に対して分別排出の徹底を助言するよう指導している」の138市，次いで「大規模災害発生時の協力支援を依頼している」の60市，また「分別の悪い排出事業者に関する情報を提供させている」が40市，「廃棄物減量等推進審議会への委員出席や市主催イベントへの出展参加を依頼している」が26市，「一般廃棄物管理票の運用・提出を求めている」が20市，ほかに「その他」の自由記述が13市であった．「許可業者に対して特段

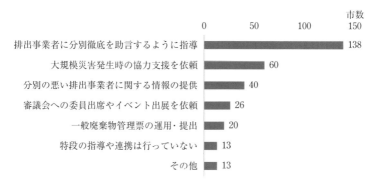

［出典：全国都市事業系ごみ対策アンケート調査（2019 年 2 月，著者実施）の回答結果とりまとめ］

**図 17-1　許可業者に対する指導や連携の内容（複数回答可）**

の指導や連携は行っていない」は 13 市にとどまる．

　「その他」のうち 8 市からの記述回答が，許可業者向けの講習会や意見交換会の開催であった．年 1 回の開催が多いが，横浜市や松本市では年 2 回開催している．講習会の場で許可更新手続きを行っている市もある．**図 17-2** に示すように，許可業者に対して許可更新時に助言や情報提供，講習などを実施しているか尋ねたところ，全体の 6 割近い市が実施していると回答している．前述の許可業者に対する指導や連携の内容で最も多かった回答「排出事業者に分別徹底を助言するように指導」する場として，講習会が活用されている．講習会では，交通ルール

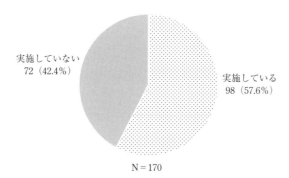

［出典：全国都市事業系ごみ対策アンケート調査（2019 年 2 月，著者実施）の回答結果とりまとめ］

**図 17-2　許可業者に対する許可更新時の助言，情報提供，講習**

の遵守や有害物の混入防止など行政の指導だけでなく，許可業者サイドから行政による排出事業者への分別啓発の強化，処理施設の搬入物受入れ日数の増加といった要望が出ることもあり，両者の意見交換の場にもなっている[1]．

ユニークな指導をしているのは和歌山市である．市では許可業者に対してすべての収集車両を計量器付きパッカー車とし，収集時に毎回計量することを求めている[2]．計量機能付き一体型車両だけでなく，既存車に計量器を後付け改良した車両もあるという．許可業者は積み込むたびに計量レシートを発行する．

許可業者指導・連携の「その他」記述の中から，政令2市の指導状況を紹介する．仙台市からは「開封調査で違反が疑われた排出事業者の収集状況を提供させている．許可業者の誤収集が確認された場合は，社内教育の徹底を指導し，必要な報告を求めている」，福岡市からは「交通法規等，業務に関連する研修会の実施，業務に必要な情報等を適宜提供，不適切物の搬入があった際など必要に応じて改善するように指導している」との記載があった．

許可業者が行政と排出事業者との間に介在して事業系ごみの適正排出や行政のごみ処理事業に果たす役割は，自治体によって範囲に差はあれ，排出事業者への適正排出ガイドブックの配布から，搬入物展開検査時の注意や持ち帰り指示などのプレッシャーも背景とした分別適正化の働きかけ，大規模災害時の協力支援，多量排出事業所を対象とした一般廃棄物管理票の運用（東京特別区など一部運用市区），行政の違反排出注意文書の通知と対応文書の回収（広島市など一部都市）などに至るまで，多岐にわたっている．

許可業者の役割の重要性を示唆する意識調査がある．大阪市が2014年に実施した排出事業者（排出月量5t未満）アンケート調査の結果（回答数129件）によると，分別・リサイクルへの取り組みを強化した事業所の取り組み強化のきっかけとして，「ごみ収集業者からの要請」が57%と最も多く挙げられ，2位の「広報等による市からの呼びかけ」の26%を大きく上回っていた[3]．

自治体として，許可更新時には許可要件確認の立入検査や事業実績の評価を厳格に実施するとしても，許可更新後は許可事業者に対する指導・連携を心がける必要がある．横浜市は，優良な許可業者の育成を目的として，「一般廃棄物収集運搬業優良事業者認定制度」を設け，法令遵守，事業の継続性，3R活動などを

---

1)　東京都内で営業する収集運搬許可事業者からの最近の聞き取りによる．
2)　調査票の回答と和歌山市一般廃棄物課への電話確認（2019年10月）による．
3)　宮崎善春「大阪市における事業系一般廃棄物の実態調査について」『都市清掃』2016年7月．

基準として，毎年度複数の事業者を認定し，その取り組みをホームページで紹介している．行政と許可業者の間で連携を強固にする試みと言えよう．

## 2．排出事業所での取り組みの組織化：減量チームの立ち上げ

　行政の指導対象とされる多量排出事業所については，事業所が選任して行政に届け出た廃棄物管理責任者が中心となって，行政への提出が義務づけられた減量計画書を作成する．減量計画書には前年度の品目別ごみ量実績の記入欄が設けられている．排出事業者はごみ排出量の把握を求められることになる．どのようにしてごみ量を確認しているのであろうか．

　ごみ排出量を確認する方法として，①計量器を用いた計量，②みなし（または簡易）計量，③許可業者の計量伝票，の3つが考えられる．①はごみ保管場所に計量器を設置して，排出されたごみの量を品目別に計量して，記録するもので最も推奨される方法である．②は，ごみの品目別計量が煩瑣であることから，紙くず45L袋で約3kg，調理くず45L袋で約8kg，新聞1か月1紙購読なら約10kgなどと，品目ごとの重量の目安を決めておき，簡易に計量する方法である．この場合も一度実測して，重量を確認することが望ましい．

　③は許可業者から実測された，あるいはみなし計量された計量伝票を請求書記載の月報または収集時の日報で受け取り，排出事業者自らの計量に置き換える方法である．近年，計量機能付きの収集車両を導入する許可業者が増加する傾向にあるといわれている．理想から言えば，排出事業者サイドで全品目のごみ排出量を計量・記録し，許可業者から毎月受け取る計量伝票と突き合わせて確認することが望ましい．

　著者は最近，川越市で廃棄物管理責任者の研修講演を行った．その中で，どのような方法でごみ量を把握しているか，挙手で答えてもらった．その結果，圧倒的多数の排出事業者が許可業者から受け取る伝票でごみ量を把握していることを確認できた．

　この研修講演において著者が特に強調したのは，事業所内における「減量チームの立ち上げ」と「ごみ減量はもうかる！」であった．研修会の終了後に市が実施した受講者アンケートの感想欄には，「キーワードは減量チームの立ち上げですね」「チームの立ち上げに興味があり，早速議題にあげることにする」とか「ごみを減らすことは事業の利益につながることが理解できた」「ごみを減らすこと＝経費削減＝もうかるということを意識して社会貢献したいと思う」「（講演の内

容を）忘れないで，職場に持ち帰って広めたいと思う」といった，頼もしい意見が寄せられていた[4]．

　「減量チームの立ち上げ」から説明する．廃棄物管理責任者は事業所内における減量・資源化の取り組みを主導し，各部署の従業員や各テナントにおける取り組みを支援し，コーディネートする立場ではあるが，ともすると事業所として廃棄物管理責任者任せになりかねない．減量・資源化はあくまでも組織的な取り組みでなければならない．取り組みを組織化する受け皿が減量チームである．チームの構成員は，全体のコーディネーターとしての廃棄物管理責任者，ビルのオーナーまたは管理会社の担当者，各部署かフロアまたはテナントのごみ管理者，それに部署に関係なく減量に関心のあるボランティア，などとすることが考えられる．

## 3.　排出事業所における PDCA サイクルの運用

### ⑴　減量チーム活動の始点はごみ調査

　減量チームの仕事は，ごみ調査，減量計画策定，成果検証，改善方策の検討，啓発ニュースの配布，活動企画などである．つまり，ごみ減量化をめざしたPDCAサイクルの運用を主導する．PDCAサイクルの運用イメージを図示すると，**図 17-3** のようになる．組織として継続的に PDCA サイクルを回していくが，年

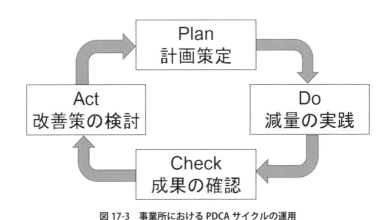

**図 17-3　事業所における PDCA サイクルの運用**

---

4)　川越市資源循環推進課「事業系一般廃棄物排出事業者研修会アンケート集計結果」2019 年 10 月．

度内に一回りしたときに，その前の年度の実績を上回る減量成果が上がっているように減量目標を踏まえた実践にすべての従業員が努め，そして次年度にはさらに高い実績が上がるように点検結果と改善方策を踏まえた目標を設定する．

PDCAサイクルのステップごとに，減量チームの活動をさらに詳しく見てみよう．チームの活動の前提となる作業は，事業所におけるごみの発生場所別の種類と量の調査である．事業者から排出されるごみの計量を収集運搬許可事業者任せにしてはいけない．当初は，計量器によらないみなし計量（品目別袋数 × 目安重量）でもよい．そして，できれば部署別またはテナント別にごみ量を把握する．その役目は，各部署，各テナントのごみ管理者が担う．清掃会社の協力を得て記録してもらっても差し支えない．

記録された部署やテナントごとのごみ量情報は，チームが発信するニューズレターを通じて月報あるいは四季報として，全従業員に伝達され，全社で共有する．そのことにより，部署ごとのごみ排出量が「見える化」されるとともに，減量への競争意識も醸成され，取り組みが強化される．理想論から述べたが，取り組み開始当初は，事業所全体の品目別ごみ量の調査から開始して，運用に習熟した段階で部署別のごみ量把握に進むことで差し支えない．その際でも，部署別ごとのごみ管理者は，部署内での分別状況の点検，分別方法の周知徹底に努める．

(2)　**計画の策定から減量の実践へ**

PDCAサイクルの最初のステップは減量計画の策定（PLAN）である．前年度のごみ減量・資源化の実績，改善方策の検討結果を踏まえ，また減量・資源化可能ごみの抽出作業に基づいて減量・資源化方法を検討し，減量・資源化の目標数値を盛り込んだ減量計画を立案する．この計画は事業所が行政に提出する減量計画書にも落とし込まれるとともに，その概要についての情報を全従業員が共有できるように，減量チームが発信する．

次のステップは減量の実践（DO）となる．策定した計画に基づいて，すべての従業員が減量・資源化に取り組めるように，減量チームとして，分別容器設置場所へのポスター掲示やニューズレター，所内広報紙などを通じて，発生抑制や分別の方法について分かりやすい啓発情報を発信する．減量の工夫で特筆すべき従業員がいれば取材して，その取り組みを紹介することも有益である．減量成果を上げた従業員や部署を表彰する制度もあるとよい．

減量チームとして，年に1回は従業員に対してごみ減量研修を実施し，新入社員には必ず受講してもらう．また，チームメンバー自身の研修として，行政や資

源回収業者と連携して，ごみ処理・資源化施設を見学しておくことが望ましい．そして社内研修の場で分別排出したごみがどのように処理され，資源化されているかを写真付きで紹介できれば，従業員のごみ減量意識の醸成に寄与するはずである．

### ⑶　成果の確認から改善策の検討へ

3つ目のステップは，減量成果の確認（CHECK）である．減量の取り組みの成果が上がっているか，目標値と見比べて進捗状況を確認する．進捗状況については，目標値や前年同期の実績との比較など，具体的な数値を分かりやすく従業員に発信し，さらなる取り組みを促すことが望ましい．年度終了後には，年間の品目別ごみ排出量をすみやかに取りまとめる．

4つ目のステップは，改善策の検討（ACT）である．減量の取り組みの結果を踏まえ，目標と比較して十分な成果が達成されなかった場合は，減量チームとしてその原因を究明し，改善方策を検討する．取り組みの結果や改善方策については，ニューズレターなどを通じて従業員に知らせる．

月極定額でごみ処理契約が行われている事業所において，契約形態が減量を妨げているなら，管理会社や許可業者と意見交換のうえ，ごみ量比例の契約への見直しを減量チームとして検討する．

## 4.　行政と排出事業者の連携と支援

### ⑴　行政と減量チームの連携

行政は事業所の減量チームと密接に連携し，その活動を支援することが望ましい．行政は年に1回は廃棄物管理責任者研修会や施設見学会を開催し，責任者だけでなく減量チームメンバーの参加も認める．排出事業者訪問指導にあたっては，減量チームとの意見交換も実施する．その席に，必要部数の啓発ポスターや冊子を持参して，各部署の回収容器設置場所への掲示や部内での回覧を依頼する．

排出事業所訪問調査や資源回収事業者，先進自治体からの情報収集を通じて，行政として事業系ごみの減量方法について十分な知見を蓄積した上で，できれば業種別のごみ減量方法を解説した冊子も用意できるとよい．また，機密書類の溶解リサイクルの提案，地区内の複数事業所に対するオフィス町内会結成の働きかけなど，リサイクルのコーディネーターとしての役割も，行政に期待したい．

### ⑵　優良事業所認定・表彰制度

分別の徹底など優れた取り組みにより，ごみ減量に大きな成果を上げた事業所

に対して，表彰や認定の制度を設けて顕彰することも，やる気を引き出せて有益である．著者が実施したアンケート調査では，優良事業所に対する認定・表彰制度を設けている市は，**図 17-4** に見られるように，全回答のおよそ 2 割にとどまっていた．認定・表彰制度の一覧を**表 17-1** に示す．認定や表彰を受けることで，事業所の環境意識が高まり，社会的なイメージアップにもつながる．

(3)　**管理会社やテナントへの働きかけ**

月極定額契約がとられがちなテナント事業所については，ごみ減量・分別強化を推進する経済的な誘因が欠如していることがあるから，行政から重点的に減量の取り組みを働きかける必要がある．行政からのビル管理会社やテナントへの働きかけの実施について尋ねた著者のアンケート調査の結果を**図 17-5** に示す．

主要都市からの回答は，「ビル管理会社やテナントへの働きかけは特に実施していない」が最も多く 114 市，「ビル管理会社との連携や働きかけを実施している」と「テナントに直接啓発などの働きかけを実施している」はそれぞれ 30 市と 23 市にとどまった．その働きかけの内容については，啓発チラシ・冊子の配布や分別の助言などが多いようである．

「その他」の中には，「ビル管理会社が廃棄物管理責任者に選任されている場合は，テナントを含めビル全体の管理を行うように働きかけをしている」（宮崎市回答，町田市や松本市もほぼ同じ），「多量排出事業者であればビル管理会社やテナントに立入りを行っている」（枚方市），「立入検査時にビル管理会社に対し，分別指導に対する働きかけを実施している」（川崎市），「複合商業施設の店舗な

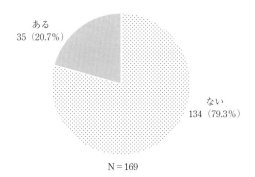

ある
35（20.7%）

ない
134（79.3%）

N＝169

［出典：全国都市事業系ごみ対策アンケート調査（2019 年 2 月，著者実施）の回答結果とりまとめ］
**図 17-4　優良事業所に対する認定・表彰制度の有無**

## 表 17-1　優良事業所に対する認定・表彰制度一覧

| 都道府県 | 市区 | 制度名称 |
|---|---|---|
| 北海道 | 旭川市 | 旭川市ごみ減量等推進優良事業所認定制度 |
| 青森県 | 弘前市 | 弘前市エコストア・エコオフィス認定制度 |
| 秋田県 | 秋田市 | 事業系一般廃棄物減量等優良事業者表制度 |
| 山形県 | 山形市 | 山形市ごみ減量推進功労者感謝状贈呈 |
| 埼玉県 | 川越市 | 川越市エコストア・エコオフィス認定制度 |
| 埼玉県 | 川口市 | 川口市エコリサイクル推進事業所登録制度 |
| 千葉県 | 千葉市 | 千葉市ごみ減量・再資源化優良事業者表彰 |
| 千葉県 | 船橋市 | ごみの減量及び資源化推進事業者認定制度 |
| 千葉県 | 柏市 | 3R 推進事業所，3R 推進店 |
| 千葉県 | 浦安市 | 浦安市エコショップ認定制度 |
| 東京都 | 立川市 | 立川市ごみ処理優良事業所認定制度 |
| 東京都 | 武蔵野市 | Eco パートナー認定表彰制度 |
| 東京都 | 調布市 | 調布エコ・オフィス |
| 東京都 | 町田市 | まちだ 3R 賞 |
| 神奈川県 | 横浜市 | 横浜市 3R 活動優良事業所 |
| 神奈川県 | 川崎市 | 優れた取組事例 |
| 神奈川県 | 相模原市 | エコショップ等認定制度 |
| 新潟県 | 新潟市 | 3R 優良事業者認定制度 |
| 福井県 | 福井市 | ふくいマル優エコ事業所認定制度 |
| 長野県 | 長野市 | ながのエコ・サークル |
| 静岡県 | 富士宮市 | ごみ減量・リサイクル推進に関する宣言書（ごみダイエット宣言） |
| 愛知県 | 名古屋市 | エコ事業所認定制度 |
| 愛知県 | 豊橋市 | 豊橋市ごみ減量リサイクル推進店制度 |
| 京都府 | 京都市 | 2R 及び分別・リサイクル活動優良事業所認定制度，2R 特別優良事業所認定制度 |
| 大阪府 | 大阪市 | ごみ減量優良建築物市長表彰・局長表彰 |
| 鳥取県 | 鳥取市 | 鳥取市ごみ減量等推進優良事業所認定制度 |
| 島根県 | 松江市 | 松江市ごみ減量等優良事業所認定制度 |
| 岡山県 | 岡山市 | 岡山市事業系ごみ減量化資源化推進優良事業者等表彰 |
| 広島県 | 広島市 | 広島市ごみ減量優良事業者表彰 |
| 広島県 | 福山市 | ふくやま環境賞 |
| 山口県 | 宇部市 | 宇部市ごみ減量等優良事業所認定制度 |
| 香川県 | 高松市 | エコシティたかまつ優良事業者表彰 |
| 高知県 | 高知市 | 高知市ごみ減量・リサイクル推進事業所制度 |
| 福岡県 | 北九州市 | 北九州市 3R 活動推進表彰，北九州市産業廃棄物排出事業者・処理業者認定制度 |
| 福岡県 | 福岡市 | 福岡市環境行動賞 |

［出典：全国都市事業系ごみ対策アンケート調査（2019 年 2 月，著者実施）の回答結果とりまとめ］

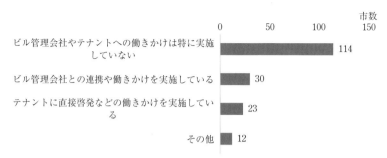

［出典：全国都市事業系ごみ対策アンケート調査（2019 年 2 月，著者実施）の回答結果とりまとめ］

**図 17-5　ビル管理会社やテナントへの働きかけ**

どのテナントに働きかけている」（草加市，佐世保市）などの記述回答があった.

## 5.「ごみ減量がもうかる！」わけ

　事業所にとってのごみ減量・分別のメリットについて，自治体は適正排出ガイドブックや廃棄物管理責任者研修においてどのように説明しているのであろうか.　著者が実施したアンケート調査における全国主要都市の回答（2 つまで選択可）を**図 17-6** に示す.　最も多かった回答は「ごみ処理経費の削減」で 103 市，次いで「環境保全への社会的貢献」の 67 市，「企業のイメージアップ」の 51 市，「従業員の意識改革」の 35 市，「その他」の 10 市であった.「その他」には 6 市

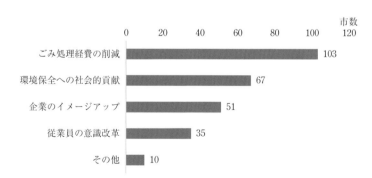

注）「その他」には，「法令遵守」とする 6 市からの記述回答を含む.

［出典：全国都市事業系ごみ対策アンケート調査（2019 年 2 月，著者実施）の回答結果とりまとめ］

**図 17-6　市が説明する排出事業所にとってのごみ減量・分別のメリット（2 つまで選択可）**

からの「法令遵守」とする記述回答が含まれていた.

　ごみ減量が経費削減, ひいては事業者のもうけにつながることが分かれば, 取り組みの励みになる. このことを, 数値例を引いて分かりやすく解説しているのは, 多摩市の事業系ごみガイドブックである[5]. いま, 売上高利益率5%の排出事業所で年間のごみ処理費用が500万円かかっているとする. この事業所が10%のごみ減量に成功すれば50万円の経費を節減できる. つまり50万円の得になる. 一方, 本業で50万円の利益を出すには, 1,000万円の売上増が必要となる. 10%のごみ減量は, 競争市場での懸命な営業努力により1,000万円売上高を伸ばすことと等しい利益を事業所にもたらすのである.

　しかし, 事業所のごみ処理が排出量と関係のない月極定額契約で行われている場合には, 「10%のごみ減量 = 1,000万円の売上増」の図式が当てはまらず, 減量インセンティブが働かない. 行政からの研修会等の機会を通じた一般的な啓発, それと事業所内の減量チームによる見直しの検討が望まれるゆえんである.

## 6.　多量排出事業所指導のコツ

　最後に, 著者のアンケート調査に対する主要都市の回答の中から, 「多量排出事業所指導のコツ」の一部を紹介しておこう. 本章のタイトル「連携による事業系ごみの減量推進」の重要性を指摘する意見が仙台市, 秦野市, 豊橋市, 草津市, 西宮市から寄せられた. 排出事業者だけでなく, ビル管理会社や許可業者と連携して指導・啓発を進めている, とあった.

　具体的な指導方法についての意見も見られた. 八王子市から「過去の指導履歴や内容物検査から問題点を抽出し, 減量計画書から資源化できそうな品目を洗い出す」, 立川市から「指導の意図を説明し, 事業者の理解を得ること. 事業所の現状について事前に調べ, 当日の聞き取りから具体的な改善提案を行うこと」, また豊中市からは「業種別に特化したごみ減量の情報を集め, 指導時には事業者へ利益になるような提案をする」(旭川市, 金沢市, 佐世保市, 那覇市も同趣旨の回答) といった工夫がしるされていた.

　小田原市は訪問調査にあたって減量計画書の記載内容を精査し, 「昨年度と比較し, 排出量に大幅に増減があるときは, 事業形態が変わったなどの理由がないか確認している. 昨年より少しでも排出量が増えた場合は理由を聞き, 指導して

---

5)　多摩市ごみ対策課「事業系ごみの減量化・リサイクル推進のガイド」2015年10月.

いる．また，リサイクル可能なものを廃棄処分しているときは，リサイクルするよう指導している．」また町田市は，訪問調査時に，廃棄物管理責任者に限らず，できるだけ権限のある人に同席を依頼し，理解を深めてもらうようにしている．

　船橋市と佐賀市からは，ごみ減量による経費節減のメリットを事業者に伝え，適正排出を促しているとの回答があった．また，高崎市，武蔵野市，千葉市，流山市，大分市は，法令に基づく検査や指導であることの認識を持ってもらうことが大切としている．

　また京都市からは，「行政から説明が一方的なものにならないよう，納得いただいたか確認しながら進めている」（焼津市も同趣旨）の回答があった．先駆して事業系ごみ減量実績を上げたことで知られる松山市は，多量排出事業所の管理部門だけでなく，社員教育を活用して全従業員に適正処理を周知してもらうよう働きかけている．高松市からは優良事業者の取り組みをホームページに掲載するなど，事業者に対して情報を発信していくことが大事との意見が寄せられた．

　最後に，事業系ごみ減量化実績で定評のある政令2市の取り組み姿勢を確認しておこう．横浜市は訪問指導を「事業所ごとの問題点を話し合う」場と捉え，大阪市からは「理解を得るために根気強く排出事業所と対峙することが重要」との考えが示されていた．

　この他にも，参考になると思われる取り組みや考え方が多数寄せられていた．全国主要都市における多量排出事業所指導とステイクホルダーとの連携・情報共有が進化し，また深化しつつあることをアンケート調査から確認できた．

## 7．おわりに

　家庭系ごみについては，町内会や自治会，減量等推進員，集団回収登録団体，連携市民団体，収集委託業者など，行政によるごみ減量・リサイクル推進の取り組みを支援してくれる基礎的な組織が存在する．事業系ごみ減量の分野においても，多量排出事業所廃棄物管理責任者の情報交換の場づくり，事業所内減量チームに対する支援，複合ビル内テナント事業者連絡協議会の設置，地域共同リサイクルシステムの構築，商工会や商店街連合会，収集運搬許可事業者や資源回収事業者との連携など，行政がステイクホルダーとの協力関係を積極的に構築することが望まれる．

# 第18章

# 減量手法としての事業ごみ有料指定袋制

搬入手数料を「見える化」することで排出事業者のごみ減量意識を高めるための制度的工夫として，事業ごみ有料指定袋制が注目されている．この制度の意義と運用の仕組みを整理し，先駆的な取り組みを行う広島市と神戸市でのヒアリング調査で得られた知見や資料をもとに，両市における事業系ごみ減量化の成果をとりまとめた．

## 1. 見えていなかった搬入手数料

事業系ごみ対策を調査するにあたって，十数年前に読んで衝撃を受けた京都市環境政策局排出・許可事業者アンケート調査結果[1]に再度目を通してみた．この調査は，事業系ごみ減量施策のあり方について検討する審議会の参考資料とするために，市が2005年3～4月に排出事業者（回答421事業所）と収集運搬許可業者（回答85社）に対して実施したものである．

排出事業者アンケート調査では，次の知見が得られた．

① 約半数の排出事業者がごみ排出量を把握しておらず，ごみ減量への関心が薄いことが示された．

② 許可業者との契約料金に清掃工場への搬入手数料が含まれていることについて，半数の事業者が「知らない」と回答しており，契約料金の仕組みに対する理解が不足していることが明らかになった．

③ 契約料金の決め方は，ごみ袋の容量や数，ごみの重量といった量的根拠をもとに契約している事業者が約4割あるが，他方で月極めなど事業者が自らのごみ量を意識しにくい契約も約4割となっていた．

---

1) 京都市廃棄物減量等推進審議会ごみ処理手数料等検討部会「今後のごみ減量施策のあり方—クリーンセンター等への許可業者搬入手数料のあり方について（最終まとめ）—」（2005年7月）付属資料.

④　搬入手数料の値上げ改定があったにもかかわらず，6割の事業者が許可業者との「契約料金に変化がない」と回答し，手数料改定による事業者の料金負担が進んでいないことが窺えた．

一方，許可業者アンケート調査では，手数料改定分の排出事業者への負担転嫁について，ほとんどまたはある程度の契約先負担を転嫁できていると回答した業者は合わせて約2割にとどまっており，転嫁できておらず，自社で負担を吸収しているとした業者が約7割もあった．転嫁できない理由については，不況による影響，行政による指導・啓発不足，他社との料金格差や競争の激化などが挙げられていた．

記述式回答の中には，「一部を除き，排出事業者の方々は，自ら出したごみが収集後どこに運ばれ，どのようにして処理され，費用がどのくらいかかっているのか等を気にしない方がほとんどのようで，代金は全部私たち（著者注：許可業者）のものになっていると思っている方もおられる．処理料金が年々値上がりしていることをわかってもらえない」とする意見，「ごみ処理費は市で排出事業者に請求し，許可業者は収集運搬費のみを請求する仕組みをつくってほしい」という要望もあった．

近年，多くの自治体が事業系ごみ対策の強化に取り組むようになり，京都市調査の頃からはある程度改善されているとみられるが，排出事業者の契約料金についての認識不足や搬入手数料改定分の契約料金転嫁の遅滞などは，現在でも引き続き問題視されている．

## 2.　搬入手数料を「見える化」する事業ごみ有料指定袋制

排出事業者が許可業者にごみの収集運搬を委託する場合，搬入手数料と収集運搬料金とからなる契約料金を，区分せずに一括して支払う．そのため，排出事業者は従量制で課金される搬入手数料の存在を認識しづらく，ごみの排出時に減量の誘因が働きにくくなっている．

こうした問題への対応策として，まだ実施事例は少ないが，条例の制定により，事業所規模の大小にかかわらず一般廃棄物としての事業系ごみ全量（一部資源を含むケースもある）の排出について有料指定袋の使用を制度化する自治体が存在する[2]．この制度を最も早い時期に導入したのは，福岡市を除く福岡都市圏各市

---

[2]　許可業者への収集運搬委託に困難が伴う小規模事業所向けに行政が有料指定袋制や有料処理券貼付制を導入するケースは，東京都内をはじめ，全国各地の一部自治体でみられる．

町とみられる．太宰府市，大野城市，筑紫野市，宗像市，春日市など圏域の市町は 1990 年代前半から順次導入を開始した．この地域では家庭ごみ有料化も比較的早い時期に実施されているが，太宰府市や春日市では事業系可燃ごみ指定袋の価格は家庭系可燃ごみの倍の水準に設定されている．

　福岡都市圏の事業ごみ有料指定袋制度が全国的に大きな関心を呼ぶことはなかった．だが，2000 代半ばに政令指定市の広島市が，そしてその 1 年半後に神戸市がこの制度を導入すると，搬入手数料を「見える化」することにより排出事業者のごみ減量意識を高めるための手法として注目されるようになってきた．両市に次いで，泉北環境整備施設組合（和泉市，泉大津市，高石市），松原市も事業ごみ有料指定袋制を導入している．

　事業ごみ有料指定袋制度が導入されると，許可業者に収集運搬を委託する排出事業者は，特別なケースを除き，自治体施設への搬入手数料を含む有料指定袋を購入し，これに入れてごみを排出することになる．この制度のメリットを整理すると，次のようになる．

① 　ごみを排出する者が負担すべき搬入手数料をきちんと排出事業者に負担させることができる．有料指定袋制が導入されると，排出事業者は自らの負担で購入した指定袋に入れてごみを排出することになるから，手数料改定時に零細な許可業者が搬入手数料の一部を吸収負担させられるような事態を回避できる．

② 　ごみの中間処理費用と最終処分費用を反映した搬入手数料が有料指定袋の販売価格として「見える化」されることにより，排出事業者のごみ減量意識を高めることができる．ごみの発生を抑制し，きちんと分別して資源化ルートに乗せれば，有料指定袋の購入経費が減るから，ごみ減量に対する意識づけ効果が大きい．

③ 　有料指定袋を使用することから，周辺自治体とのごみの流入や流出を防止しやすくなる．

一方，この制度の運用上の課題として次のことが考えられる．

① 　有料指定袋の作製・流通経費の負担が発生する．この経費は自治体が当初負担するが，有料指定袋の販売価格に転嫁され，最終的には排出事業者が負担することになる．

② 　許可業者と収集運搬契約を結ぶ集合住宅については，ごみの排出者が一般家庭であるから，事業ごみ有料指定袋での排出を求めることはできない．許

可業者と管理組合や管理会社との間での，搬入手数料・収集運搬料金込みの契約料金とならざるを得ない．この場合，許可業者の車両は，事業系有料指定袋制が適用されるごみと混載しないようにして自治体の焼却施設へ搬入し，計量課金されることになる．こうした処理に伴う取引費用が許可業者に発生する．

③　テナントビル入居でビル管理会社と契約するケースでは，固定的な管理料のもとで，ビル管理会社がテナントから排出されるごみを有料指定袋に入れて許可業者に引き渡していることが多い．これではテナントにとって，ごみ排出量とごみ処理費が関連性を持たず，ごみ減量の誘因が生じない．実際にごみを排出するテナントが有料指定袋を購入して分別排出するよう自治体が管理会社やビルオーナーに働きかけ，ごみ減量の誘因が働くようにする必要がある．

④　搬入手数料を含む有料指定袋制が導入されると，許可業者が排出事業者からもらい受ける料金は収集運搬料金だけになる．制度を導入した自治体からの聞き取りでは，「収集運搬料金がはっきりしてやりにくくなった」と言う許可業者も出ているという．だが，業者間の競争は価格面だけではない．排出事業者のニーズにきめ細かく対応するなどサービス面で差別化を図ることが求められている．

## 3.　広島市の事業ごみ有料指定袋制

　広島市は，排出事業者が処理責任を再認識して，ごみの減量やリサイクルが推進されることを目的として，2005年10月から事業ごみ有料指定袋制を導入した．この制度の設計にあたっては，福岡都市圏市町ですでに実施されていた制度も参考にしたようである．

　この制度の仕組みを**図18-1**に示す．許可業者に収集運搬を委託する排出事業者は，搬入手数料を含む有料指定袋を市が販売委託する取扱店（スーパー，コンビニ，ホームセンターなど）で購入し，この袋に入れたごみを許可業者に収集運搬してもらう．市の処理施設へ自らごみを搬入する排出事業者も有料指定袋を用いるが，搬入手数料を即納する場合には適用除外としている．

　有料指定袋の現在の販売価格単価を**表18-1**に示す．指定袋には可燃ごみ用，不燃ごみ用，プラスチックごみ用があり，容量種は可燃ごみが10 L，30 L，45 L，70 L，90 Lの5種，不燃ごみが10 L，30 L，45 Lの3種，プラスチックご

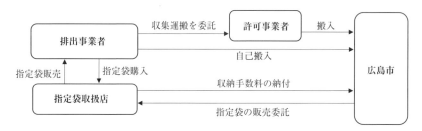

［出典：広島市ホームページ「事業ごみ有料指定袋制度」より作成］
**図 18-1　広島市事業ごみ有料指定袋制度**

**表 18-1　広島市事業系ごみ有料指定袋の販売価格単価**

| 容量 | 可燃ごみ | 不燃ごみ | プラスチック |
|---|---|---|---|
| 10 L | 23 円 | 14 円 | — |
| 30 L | 71 円 | 43 円 | — |
| 45 L | 107 円 | 65 円 | 65 円 |
| 70 L | 168 円 | — | 101 円 |
| 90 L | 216 円 | — | 131 円 |

注）2020 年 4 月現在.

みが 45 L, 70 L, 90 L の 3 種である．プラスチックごみの指定袋は 2020 年 4 月
から使用が開始された．従来埋立処分されてきた「不燃ごみ」の分別区分が「プ
ラスチックごみ」と「不燃ごみ」に変更されたことに伴うものである．これによ
り，プラスチックごみはサーマルリサイクルされ，不燃ごみの埋立量が激減する
と見込まれている．

　有料指定袋の価格は容量にほぼ比例して設定されている．現在の価格は 2019
年 10 月に，消費税率引き上げによる経費増を反映させて，小幅に値上げ改定し
たものである．指定袋の価格には，搬入手数料と袋の製造・流通費が含まれてい
る．売れ筋容量の可燃ごみ用 45 L 袋 1 枚の価格 107 円の内訳は，搬入手数料分
91 円プラス袋製造流通費 16 円である．

　広島市有料指定袋のデザイン上の大きな特徴は，排出事業者名の記名欄が設け
られているところにある（**写真 18-1**）．市はすべての排出事業者に社名の記入を
指導している．収集を行う許可業者も，社名記入を排出事業者に助言する．また，
大規模事業所が市に提出する減量計画書の裏面には，「管理体制等チェック事項」
の欄が設けられており，その中に，「事業ごみ指定袋に排出者名を記入」してい

るか, していないかのチェックを求める項目があり,
記名していない場合にはその理由を記述してもらっ
ている.

　会社名が指定袋に記載されていると, 市の焼却施
設での搬入時展開検査で資源化可能物の混入など違
反ごみが見つかった場合の指導がやりやすくなる.
開封した社名付き指定袋の写真を撮り, 市が不適正
搬入の内容について記載した「事業ごみ分別指導報
告書」に状況写真を添付して, 許可業者を介して排
出事業者に通知する. 報告書と状況写真を受け取っ
た排出事業者は, 報告書の回答欄に市の指摘内容に
対する改善方策を記入し, 許可業者を経由して市に提出する.

写真 18-1　広島市の事業系可燃
ごみ指定袋

　このように, 広島市有料指定袋制の運用上の1つの特徴は, 排出事業者による
指定袋の使用や記名の確認, 市の排出事業者指導の仲介機能など, 許可業者に重
要な役割を担わせているところに見いだせる.

　有料指定袋制導入による事業系ごみ量の減量効果を確認したいところである
が, その際に留意しなければならないのは, 指定袋制導入と同時に事業系ごみの
搬入手数料が 8 円→9.8 円 / kg に値上げ改定されていることである. 従って減量
効果は, 有料指定袋制導入と手数料改定の併用効果ということになる.

　**表 18-2** に示すように, 有料指定袋制導入前の 2004 年度と導入翌年の 2006 年
度を比較すると, 事業系ごみの量は 11.6% 減少した. 減量効果は有料指定袋制導
入 5 年後の 2010 年度まで拡大を続けた.

## 4.　神戸市の事業ごみ有料指定袋制

　広島市に次いで, 神戸市が 2007 年 4 月から事業ごみ有料指定袋制を導入した.
制度導入の目的について市の資料は, ①排出区分に応じた指定袋での排出による
分別の推進, ②ごみ処理料金の透明性の確保と減量・資源化の促進の 2 点を挙げ

表 18-2　広島市の有料指定袋制導入前後の事業系ごみ量

| 年　　度 | 2004 | 2005 指定袋制 | 2006 | 2007 | 2008 | 2009 | 2010 |
|---|---|---|---|---|---|---|---|
| 事業系ごみ量（t） | 191,833 | 184,885 | 169,629 | 163,226 | 153,332 | 148,227 | 143,122 |

［出典：広島市環境局提供資料］

ている[3]．この制度の仕組みは，広島市のそれと基本的に共通している．

　**表 18-3** は，有料指定袋の排出区分，容量，販売価格単価を示す．排出区分は現在，可燃ごみ，資源ごみ，粗大（不燃）ごみ，カセットボンベ・スプレー缶の4区分である．カセットボンベ・スプレー缶の区分は，缶の穴空け時の爆発事故を防止する狙いで，2020年4月から導入された．

　排出区分について広島市と大きく異なるのは，資源ごみ用の有料指定袋が設けられている点である．広島市では事業系の資源ごみについては，他の多くの自治体と同様，民間ルートで再生処理されている．これに対して神戸市では，排出事業者は缶・びん・ペットボトルについて資源ごみ用の有料指定袋に入れて，許可業者への収集運搬委託または自己搬入により，中間処理を行う市の資源リサイクルセンターに搬入できることとしている．事業者の資源物分別を促進するのが狙いである．そのため，資源ごみ袋の価格は可燃や粗大（不燃）よりも低く設定されている．

　可燃ごみ用の有料指定袋の容量種は，30 L，45 L，70 L，90 L の4種で，広島市の容量種にあった10 L袋の小袋は存在しない．可燃ごみ袋の価格は，広島市より安い水準に設定されている．可燃ごみ有料指定袋単価の経費内訳を単価84円の45 L袋でみると，搬入手数料が72円，袋の製造流通費が12円である．なお，神戸市の有料指定袋には，排出事業者の社名を記入する欄は設けられていない（**写真 18-2**）．

　**表 18-4** は，神戸市事業系ごみ量の推移を示す．まず，2003年1月に実施された7円→8円/kg（値上げ率14.3％）の搬入手数料改定の効果からみておこう．改定前の2001年度と改定翌年の2003年度を比較すると，事業系ごみの量は

表 18-3　神戸市事業系ごみ有料指定袋の販売価格単価

| 容量 | 可燃ごみ | 資源ごみ | 粗大（不燃）ごみ | カセットボンベ・スプレー缶 |
|---|---|---|---|---|
| 30 L | 57 円 | 19 円 | 93 円 | 93 円 |
| 45 L | 84 円 | 27 円 | 138 円 | 138 円 |
| 70 L | 131 円 | 42 円 | 215 円 | — |
| 90 L | 169 円 | — | — | — |

注）2020年4月現在．

---

3)　神戸市環境局提供資料（制度導入時作成）．

11.8％減少している.

　次に, 事業ごみ有料指定袋制導入の減量効果を確認しよう. 制度導入前の2006年度と導入翌年の2008年度を比較すると, 事業系ごみの量は30.7％減と大幅に縮減している. 広島市よりも大きな減量効果が出たのは, 両市の減量ポテンシャルの違いに起因するとみられる[4]. 神戸市の減量効果は有料指定袋制導入3年後の2010年度まで拡大を続けた.

　有料指定袋制の導入は, 事業系ごみの組成にも大きな変化をもたらした. 制度導入前の2006年度と導入翌年の2008年度の事業系ごみ組成を比較する

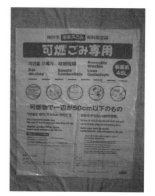

写真18-2　神戸市の事業系可燃ごみ指定袋

と, 可燃ごみの中の資源化可能物の比率が導入前の37％から導入後に25％に低下した. 粗大ごみについても, 資源化可能物の比率が制度導入の前後で13％からわずか2％にまで低下している[5]. 事業系ごみの減量効果とともに, 分別改善効果も大きかったことを確認できる.

# 5. おわりに

　事業ごみ有料指定袋制を導入することにより, 搬入手数料の負担が適正化され, 排出事業者のごみ減量意識も高めることができる. この制度の運用においては, 収集時の指定袋使用の確認, 不適正排出に対する対応など, 許可業者の協力が欠かせない. 許可業者は, 契約先事業所のごみ排出状況を熟知しており, 排出事業者に分別の仕方や資源化の推進について適切な助言ができる立場でもある. 事業ごみ有料指定袋制を円滑に運用するためのキーポイントは, 行政と許可業者の連携, 許可業者の活用にある.

表18-4　神戸市の手数料改定・有料指定袋制導入前後の事業系ごみ量

| 年　　度 | 2001 | 2002 値上げ | 2003 | 2004 | 2005 | 2006 | 2007 指定袋制 | 2008 | 2009 | 2010 |
|---|---|---|---|---|---|---|---|---|---|---|
| 事業系ごみ量 (t) | 324,304 | 308,680 | 285,891 | 291,329 | 301,373 | 297,504 | 215,943 | 206,241 | 201,335 | 199,073 |

［出典：神戸市一般廃棄物処理基本計画年次レポート（2018年10月）］

---

4)　減量ポテンシャルの指標として両市の有料指定袋制導入前年度の1人1日あたり事業系ごみ量を用いると, 広島市468.0g, 神戸市543.8gで, 神戸市の減量余地が大きかった.

5)　神戸市環境局ホームページ掲載資料「各施策実施前後のごみ組成比較」（2019年7月閲覧）より.

# 第19章

# 事業系ごみ対策で残された課題

　これまで 6 章にわたって事業系ごみ対策の政策手法について考察してきたが，本章はその締めくくりとして，手つかずあるいは立ち遅れたままの課題を取り上げる．ビルテナントやチェーン店などの月極定額契約の見直しと，小規模事業所のごみと資源物の扱いである．どちらも自治体にとって対応の難しい課題であるが，自治体が実施したアンケート調査を手がかりとして，問題点を明確化し，先進的な取り組みを示すことを通じて，再検討の必要性を指摘する．

## 1. 月極定額契約の見直し

　著者（現在，東洋大学名誉教授）は東洋大学で多摩市と協働して，市民・事業者アンケート調査（2011 年 6 月実施）を行った[1]．事業者アンケートについては，調査票発送数 500 件，回収数 256 件であった．事業所の従業員規模については，10 人未満 39％，10 ～ 50 人 32％，50 人以上 27％と，比較的バランスがとれていた．延べ床面積については 1,000 m² 以上の事業者数が 32％，500 m² 未満が 47％を占めていた．大規模事業所から中小事業所まで，ほぼ万遍なく包摂されていた．

　この調査において，ごみ処理費の負担方法について，次のように尋ねた．「事業所がごみ減量・資源化に取り組むうえで最も必要なことは，減量・資源化を進めれば処理費用が軽減される仕組みになっていることだといわれています．貴事業所から排出されるごみの処理費用はごみの量に比例する仕組みになっていますか？」

　この問に対する回答は，**表 19-1** の通りであった．なお，多摩市を含め，東京多摩地域の自治体の多くは，家庭ごみの有料化を実施しており，許可業者との収集契約に困難が生じる恐れのある小規模事業所に対して，事業系の有料指定袋を

---

1)　多摩市「ごみ減量方策に関する市民・事業者アンケート調査」2011 年 6 月実施.

**表 19-1　事業所のごみ排出方法（多摩市アンケート調査）**

| | |
|---|---:|
| ・ごみの量に比例する契約をごみ処理業者と結んでいる | 84 件 (32.8%) |
| ・他の要素とともに，一部ごみ量も反映する契約をごみ処理業者と結んでいる | 8 件 (3.1%) |
| ・固定された月極めの費用負担の契約をごみ処理業者と結んでいる | 65 件 (25.4%) |
| ・事業系の有料指定袋で市の収集日に排出している | 83 件 (32.4%) |
| ・家庭系の有料指定袋で市の収集日に排出している | 2 件 (0.8%) |
| ・その他 | 8 件 (3.1%) |
| ・無回答 | 6 件 (2.3%) |

［出典：多摩市「ごみ減量方策に関する事業者アンケート調査」（2011 年 6 月実施）の回答とりまとめ］

用いて行政収集を受けられることとしている.

　収集運搬許可業者に収集を委託している排出事業所と明確に確認できるのは，「ごみの量に比例する契約をごみ処理業者と結んでいる」「他の要素とともに，一部ごみ量も反映する契約をごみ処理業者と結んでいる」「固定された月極めの費用負担の契約をごみ処理業者と結んでいる」と回答した 157 件である.

　これらの排出事業所が許可業者と結ぶごみ収集運搬の契約形態は，**図 19-1** に示すように，ごみ量に比例（一部比例も含む）が 92 件で 58.6%，月極定額が 65 件で 41.4% を占めていた.月極定額契約が収集運搬契約全体の 4 割程度を占めることは，第 18 章で紹介した京都市の排出事業者調査の結果と合致するし，著者による東京都内の許可業者からの聞き取りでも確認できた.

　なぜ月極定額契約が選択されているのか.まず第 1 に，制度的な要因が挙げら

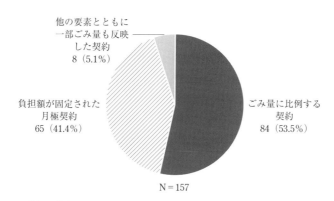

他の要素とともに
一部ごみ量も反映
した契約
8 (5.1%)

負担額が固定された
月極契約
65 (41.4%)

ごみ量に比例する
契約
84 (53.5%)

N＝157

注) 回答者は，許可事業者と収集運搬の契約をしている排出事業者.
［出典：多摩市「ごみ減量方策に関する事業者アンケート調査」（2011 年 6 月実施）の回答とりまとめ］
**図 19-1　ごみ収集運搬の契約形態（多摩市アンケート調査）**

れる．排出事業所がビルテナントとしてオーナーや管理会社と家賃や管理費との包括契約を結ぶとか，チェーンの飲食店舗で本部が一括契約をするケースなどでは，ごみ排出量に比例しない月極定額負担としていることが多い．第2に，学校・病院・官公庁などの業種では，定額負担であると予算の計画が立てやすく，執行も容易と考え，月極定額契約を指向する傾向がある．それに，月極定額ならなんとなく安心感があり，ごみを計量する煩わしさもないと捉える事業者もあるのかもしれない．

　そこで，「固定された月極めの費用負担の契約をごみ処理業者と結んでいる」と回答した65件について業種を調べてみた．**図19-2**に見るように，業種別には「卸・小売・飲食業」（本調査全体におけるこの業種からの回答件数は2番目に多い64件）が最も多く26件と全体の40%を占め，次いで「学校・病院・サービス業」（本調査全体におけるこの業種からの回答件数は最も多い85件）が15件で23.1%を占めていた．先述した定額契約の理由の第1が当てはまりやすい小売や飲食業，第2の理由が当てはまりそうな学校や病院などがあぶり出されていた．

　ここで，府中市が2016年10月に実施した許可業者アンケート調査（回答数29件）の結果から気になる項目に触れておきたい[2]．「市内の契約事業所の分別に対する意識や取り組みはこの5年間で進んだと思いますか」との問に対し，「か

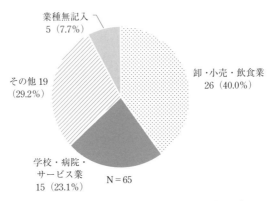

注）「その他」の業種には，製造業，建設業，金融・不動産業，公益事業が各5〜3件含まれている．
［出典：多摩市「ごみ減量方策に関する事業者アンケート調査」（2011年6月実施）の回答とりまとめ］

**図19-2　月極定額契約事業者の業種（多摩市アンケート調査）**

2)　府中市「収集許可業者に対するアンケート及びヒアリング調査」2016年10月実施．

なり」または「まあまあ」進んだとする回答が18社で62％を占めたが，4社（14％）が「あまり進んでいない」と回答していた．その分別の改善が進んでいない契約業種として許可業者が挙げたのは，3業者が飲食店，2業者がコンビニ・スーパー，医療・福祉施設であった．この状況について市の基本計画は「事業者の顧客である飲食店やコンビニが排出者の場合，その店舗等において一度排出されたものを再分別することができないため，継続して分別が悪い傾向が見られます[3]」と分析している．そのことに加え，多摩市調査との符合からすると，それら業種のごみ処理契約形態も分別意識の阻害要因になっていたと推察される．

　月極定額契約ではごみ減量への経済的誘因が全く機能しない．ごみ量比例の要素を取り入れた契約の意義について，多量排出事業所研修や許可業者講習会などの機会を捉えて，ごみ減量推進の一環として，一般的な啓発を行うことがあってよいと思う．ただし，個別の契約内容については，「契約の自由」のルールがあり，行政が口出しすることは差し控えておきたい．あくまでも，排出事業者の気づきを促し，自主的な契約見直しにつなげるというスタンスである．

　収集運搬について月極定額契約が行われている事業所において，契約形態が減量の阻害要因となっている場合には，ごみ量に比例する要素を契約に取り入れる方法について，ビルオーナーや管理会社，許可業者と意見交換のうえ，廃棄物管理責任者が中心となってチームを立ち上げて検討することが望ましい．

## 2.　小規模事業所ごみへの対応

　小規模事業所のごみの排出マナーが良くないと指摘されることが多い．まず，小規模事業所の規模イメージを確認しておこう．『小規模企業白書』では，「小規模企業」について，常時雇用する従業員数が卸売業，サービス業，小売業で5人以下，製造業・建設業・運輸業その他業種で20人以下（政令によりサービス業のうち宿泊業・娯楽業も該当）の企業と定義している．全国の小規模企業数は，2018年において大企業，中規模企業と併せた企業総数の85％を占める約305万事業者と推定されている[4]．

　廃棄物処理法は第3条で「事業者は，その事業活動に伴って生じた廃棄物を自らの責任において適正に処理しなければならない」と定め，ごみ処理事業を担う

---

3）　「府中市一般廃棄物処理基本計画」2018年1月．40頁．
4）　中小企業庁『小規模企業白書2019年版』

各市町村の条例にも同様の規定が置かれている．こうした法令に基づいて，事業所が排出するごみは，事業者自らが自治体のごみ処理施設に搬入するか，収集運搬許可業者と契約して処理してもらうことが基本である．しかし，事業活動に伴うごみの量がごくわずかである場合，許可業者との収集契約が難しいとか，料金負担が過重になるなどの問題が生じることがある．

木更津市が2012年に実施した事業所アンケート調査は，回答数全体の72%を従業員数10人未満，84%を20人未満の事業所が占めており，小規模事業所の意向や行動が汲み取れて興味深い[5]．この調査の質問項目に「お住まいを兼ねている場合，事業系ごみと家庭系ごみを分けて排出していますか」がある．この質問に答えた住居兼用151事業所からの回答結果は，「分けて排出している」が50.3%，「分けずに一緒に排出している」が46.4%であった．市の分別基準では事業系ごみは集積所に出せないにもかかわらず，全体の半数近い住居兼用事業所が家事区分をせず，事業活動に伴うごみを家庭ごみに混入して集積所に出していることが窺える．啓発・指導の状況などにより不適正排出の程度は自治体により異なるが，法令遵守を錦の御旗に押し立てるだけでは問題は解消されない．実態を踏まえた柔軟な制度対応が求められているのではなかろうか．

一部の自治体では，住居兼用などの小規模事業所に限定して，排出量にも限度を設けた上で，①家庭ごみ有料化に未着手のケースで，届出または登録制として無料で家庭ごみ集積所への排出を認める，②有料の専用指定袋またはごみ処理券を用いた集積所または事業所の道路ぎわへの排出を認める，などの対応をしている．また，少量排出事業所に配慮して一定量までの軽減措置を搬入手数料制度に設ける自治体もある．

届出により集積所への無料排出を認める代表例は横浜市である．対象となる事業所は，①住居と併置する事業所であること，②従業員が同居の親族等で構成されていること，③ごみの量が常時1日平均「家庭ごみ・事業ごみ」合わせて5kgまたは「事業ごみ」が3kg以下であること，の3要件すべてに該当しないといけない．要件②の確認は，世帯全員の続柄入り住民票の提出を求めて行っている．巨大な都市だけに，届出をしている小規模事業所は6,000件以上に達している[6]．

---

5)　木更津市廃棄物対策課「ごみ減量・リサイクルに関する事業所アンケート調査結果報告書」2012年10月．

6)　横浜市一般廃棄物対策課からの電話ヒアリング（2019年11月）および市ホームページ掲載資料に基づく．

　ごみの排出量が少ない事業所の負担を軽減するためのもう一つの方策として，小規模事業所向けの専用指定袋制の導入がある．比較的早い時期にこの制度を導入した自治体として，東京多摩地域の立川市が挙げられる．

　立川市は 1994 年 10 月からごみ排出量 1 日平均 10 kg 未満の少量排出事業所向けに可燃ごみ用と不燃ごみ用の専用有料指定袋を導入した．その後，プラスチック・ペットボトル用を追加して，専用指定袋は 3 種類となっている．袋の価格は 1 枚 330 円（税別）で，収集運搬料金の他に 80 円のごみ処理手数料が含まれている．収集運搬を行うのは，地域別の担当許可業者であり，収集曜日を決めて専用車両により，事業系ごみとして収集している．専用指定袋による排出であるが，小規模事業所と地域担当許可業者との契約制であり，袋は担当業者から購入する．この制度は，2013 年度に市が家庭ごみ有料化・戸別収集を導入して以降も継続されている．

　多摩地域において小規模事業所ごみ対応として多数の自治体で実施されているのは，登録制による有料指定袋排出で，専用の指定袋には家庭ごみよりもかなり高い手数料が設定されている．この地域では大部分の自治体で戸別収集が行われており，登録した小規模事業所は 1 日平均 10 kg 未満または 1 回に 2 袋までといった制限のもとで排出，家庭ごみの有料指定袋と一緒に収集されている[7]．専用指定袋には，事業所名の記名欄が付いている．

　戸別収集のもとでの専用指定袋排出であると，小規模事業所ごみの適正排出指導はやりやすくなる．武蔵野市の場合，2004 年度に実施された家庭ごみ有料化以降，一部小規模事業所が事業系ごみを専用指定袋よりも安価な家庭用有料指定袋で排出する傾向が認められたが，市が収集委託業者と連携して開封調査を行って指導し，適正排出率を 2007 年度の 44％から 2018 年度には 86％に引上げている[8]．

　製造コストの観点から指定袋ではなく，有料ごみ処理券（シール）を用いて，券面に事業所名を記入の上，小規模事業所が家庭ごみ用の集積所にごみを一定量排出できる制度を設けてるのは，東京 23 区である．登録制が採用されていないことから，地区によっては券の貼付率がかなり低いことが問題視されてきた．そ

---

7)　1 日 10 kg 未満の小規模事業所の事業系ごみを家庭ごみと一緒に収集する府中市が行った調査によると，収集ごみに占める事業系ごみの排出割合は 5％未満であった．府中市「家庭系ごみに含まれる事業系ごみ（少量排出事業所）の組成調査結果」2016 年 11 月．

8)　武蔵野市ごみ総合対策課『事業概要』2019 年 8 月．

こで，中野区は 2016 年度から有料処理券を用いて区の収集を利用する小規模事業所について届出制の導入を開始した．区内すべての事業所に排出状況調査書を郵送し，区の収集を希望する場合には従業員数や事業系ごみ排出量を記載した届出書の提出を求めた．届出を行った事業所には，事業者番号を記載した届出済証を郵送し，処理券に番号を事業所名と共に記載してもらう．

　届出のない事業所への訪問調査も実施して，区内約 12,000 事業所の 7 割近くを占める区収集利用事業所をデータベース化した．区は届出制の導入により，①郵送調査を通じて，事業系ごみが有料であるとの認識を高めることができた，②有料処理券の貼付状況が改善し，収納率（処理券販売額 / 適正歳入額）が実施前後の年度比較で 24.07％から 25.65％へと高まった，③データベース化により適正排出の指導をしやすくなった，としている[9]．

　それでも集積所収集のもとでは小規模事業所ごみの適正排出の指導には限界がある．有料処理券の貼付率を大幅に引上げるには，戸別収集への切り替えしかない．東京特別区で全区域戸別収集を実施したのは，品川区と台東区である．直営職員が収集を担当するから，有料処理券の無貼付や排出マナー不良については，収集の現場で直接指導できる．小規模事業所ごみの有料処理券貼付率は極めて高くなっている．とはいえ，一部にごみ袋の容量に適合しない処理券の貼付や家庭ごみへの事業系ごみ混入などが認められることから，清掃事務所の指導班が毎日巡回して，指導に当たっている．

　戸別収集を導入している多摩地域の自治体の多くは，民間の収集業者に家庭ごみの収集を委託しており，家庭ごみと一緒に小規模事業所専用の有料指定袋を収集している．不適正に排出された事業所ごみについては，まず収集業者が注意シールを貼付して残置することで気づきを促し，改善しない場合には地区担当職員が訪問指導に入り，「事業系ごみ排出の手引き」を手渡している．

## 3.　小規模事業所資源物の適正処理

　小規模事業所は，資源物の排出でも困難に直面している．ごみと同様，資源物についても地域のごみ集積所への排出を認めていない自治体が多い．資源化できる新聞・雑誌・段ボールなど古紙類，びんや缶については民間の資源回収業者に依頼するよう求められている．だが排出量が少量であると，引き取ってもらうこ

---

9)　中野区ごみゼロ推進課からの電話ヒアリング（2019 年 11 月）および区ホームページ掲載資料に基づく．

とが難しいこともある.

　先に取り上げた木更津市のアンケート調査では，全事業所の回答結果として，新聞・雑誌・雑がみ・段ボールについて15〜18%程度，びん・缶・ペットボトルについて25〜28%程度の事業所が集積所に排出していると答えていた．小規模な事業所ほど集積所への排出が占める割合が高くなると推測される.

　小規模事業所については，資源物を資源化のルートに乗せることに困難が伴うから，行政として何らかの支援策を講じることが望ましい．ごみについて小規模事業所専用の有料指定袋・シール排出制度を設けている東京多摩地域や東京特別区などでは，資源物についてもその制度の中で対応している.

　最もきめ細かな専用指定袋制度を運用しているのは国立市である．事業系ごみの排出量が1日平均10 kg 未満の小規模事業所について専用の有料指定袋での排出を認めているが，指定袋の種類は3種類あり，可燃ごみ，不燃・プラスチック類，小型家電製品，危険物をそれぞれ区分して排出する緑色の袋，びん，缶，ペットボトルをそれぞれ区分して排出する黄色の袋，新聞紙，本・雑誌，雑がみをそれぞれ区分して排出する白い紙袋からなる．指定袋の単価は，緑色の大袋（45 L）＝280 円，小袋（22.5 L）＝140 円，黄色の大袋＝90 円，小袋＝45 円，紙袋＝45 円で，家庭ごみよりも割高となるが小規模事業所が処理責任をきちんと果たせるよう配慮がなされている.

　比較的資源化ルートに乗せやすい古紙類については，行政が古紙回収業者と連携して，地域の小規模事業所が排出する段ボールなどの古紙類を引き取ってもらえる「共同リサイクルシステム」を構築する取り組みが一部の自治体で行われている．一例として，台東区が古紙回収の制度として中小規模の事業所に対して利用を奨励する「台東オフィスリサイクルシステム」では，古紙回収業者で組織する台東リサイクル協同組合の加盟業者が排出量に応じた頻度で事業所まで出向き，区の収集料金と比べ3分の1程度の料金で回収してくれる．この制度の利用事業者はまだ100 社程度にとどまっており，区では認知度の引き上げが課題としている.

　地域別の担当許可業者が小規模事業所専用指定袋で排出されたごみやプラスチック資源を事業系ごみとして契約収集する立川市では，2019 年10月から「紙資源処理券」の運用が始まった．これは小規模事業所の古紙資源化ニーズに応える形で許可業者の協議会が運用するもので，許可業者の方も資源物を一括して回収することで費用を低減できる．地域担当許可業者から5枚綴り1,000 円の処理

券を購入し，段ボールの場合なら10枚の束に処理券を1枚貼付して排出すると回収してもらえるから，少量でも出しやすくなる．新たな処理券制度は，少量排出事業者から排出される古紙の事業者責任のもとでの資源化に寄与すると考えられる．

　中小規模事業所による古紙資源化の受け皿として，公共施設などを活用して事業系古紙を無料で持ち込める回収庫を設置する自治体もある．千葉市や八王子市は，十数年前から清掃事務所や公共施設など数カ所に古紙を持ち込める回収庫を設置している．年間の回収量は，八王子市が清掃工場のストックヤード回収量と合わせて400 t以上，千葉市が150 t程度となっている[10]．

　多くの自治体において，びん・缶・ペットボトルなどの資源物については，排出量が少なく資源回収業者への引き渡しが難しい小規模事業所にとって，回収の受け皿が整備されていない状況にある．回収費用の事業者負担を前提に，東京の多摩地域や特別区などで行われているように，家庭系資源物の分別回収システムまたは地域担当許可業者の収集ルートに乗せることは，検討に値する．

## 4. 分かりやすい分別情報の提供

　冒頭で取り上げた多摩市事業者アンケート調査では，「市から事業所に対してごみ減量や資源化の方法について分かりやすい情報が提供されていると思いますか？」との問に対して，事業所から回答は「分かりにくい」が52%，「分かりやすい」が33%を占めていた．行政として十分な情報を提供しているつもりでも，事業者にとって必要な情報がうまく伝わっていないことが窺える．

　前出の木更津市事業所アンケート調査では，「今後，ごみ減量やリサイクルをさらに進めていくためには，行政側がどのような施策・取組を行うことが必要だと思いますか」（複数回答可）と聞いている．多かった回答は，「ごみ減量やリサイクルの方法を示したマニュアルの配布」（全体の39.2%），次いで「ごみ処理業者やリサイクル業者に関する情報提供の充実」（34.4%），「ごみ減量・リサイクル手法や先進事例の紹介」（24.3%），「事業者が古紙や厨芥ごみなどを持ち込むことができるリサイクル拠点の整備」（19.8%）などの順であった．

　これらの調査からは，行政からの情報提供が十分との認識は薄く，多くの事業者が行政からの分別や回収業者に関する情報提供の充実を求めていることが窺え

---

10) 八王子市『資源循環白書 2019 年度版』，千葉市『清掃事業概要 2019 年度版』に基づく．

る．自治体のホームページや広報紙への掲載のほか，商工会議所や商店会連合会と連携した「事業系ごみ排出の手引き」の配布など，あらゆる機会を捉えて中小規模事業所への情報提供を充実させる必要がある．

## 5.　おわりに

　ビルのテナント事業者，チェーン展開の飲食店舗，介護施設などではごみ処理料金が月極定額負担となっているケースがある．事業所内での PDCA サイクルによるごみマネジメントの中で，事業所のごみ減量チームが定額契約から従量契約への見直しを主導して，ごみ減量のインセンティブが働くシステムに変えていくことが望ましい．行政として，廃棄物管理責任者や許可業者に対する講習会で従量契約のメリットを説くことも推奨したい．

　小規模事業所が排出するごみや資源物については，適正処理への対応が後手に回っている．事業系ごみについては「排出事業者処理責任」で，というのが多数の自治体の立ち位置で，少量排出事業所によるごみ減量や資源化，適正排出に向けた自治体の基盤づくりが遅れている．地域の少量排出事業者の意識と排出状況を調査した上で，家族経営で住居兼用の小規模な事業所が処理責任を果たせる仕組みの検討を行う必要がある．

# 第III部（事業系ごみ減量化）の小括

　事業系ごみ減量対策は，多量排出事業所や収集運搬許可業者に対する検査や指導など規制的手法，処理手数料の水準適正化や有料指定袋制の導入など経済的手法，減量や資源化の奨励を狙いとした認証・表彰制度など奨励的手法，分別方法や資源化ルートなどの情報提供や啓発など，その手法に広がりが見られる．これら多様な手法を体系化，総合化することにより政策効果を高めることが，これからの事業系ごみ対策の取り組みに求められる．

　政策手法ごとに要点をまとめておこう．まず，規制的手法については，展開検査や立入調査などの規制をきめ細かな指導や助言に結びつける視点が肝要である．展開検査を排出事業者指導につなげるには許可業者との日頃の連携が欠かせない．また，多量排出事業所への立入検査の機会を，事業所ごとの問題点を根気強く，納得が得られるよう話し合うための場とする姿勢も大切である．

　多量排出事業所による組織的な減量の取組スキームの構築に向けては，奨励的手法としての優良事業所認定制度の認定要件とすることにより，廃棄物管理責任者を中心とした減量チームの立ち上げを奨励し，支援することも有益である．事業所内の減量チームが月極定額契約の見直しを含め，減量PDCAに取り組むことが望ましい．

　中小規模事業所も対象とする奨励的手法としては，小売店などを対象としたエコショップ制度がある．この制度は自治体が容器類の減量や回収などの取り組みを行う店舗を認定し，広報を行うことで，事業者と消費者双方の環境配慮行動を誘導する．近年は，食品ロス削減への社会的関心の高まりを受けて，飲食店を対象に「食べきり協力店制度」を開始する自治体が増えている．

　経済的手法としての搬入手数料については，間接費を含め処理原価を適切に反映した水準に設定することが最大の課題である．それにより，排出事業者に対して食品リサイクルへの取り組みの経済的誘因を提供できるようにし，主要なごみ品目である厨芥ごみの資源化推進と減量を図る必要がある．手数料値上げ改定を規制的手法や奨励的手法と併用すると，大きなごみ減量効果が期待できる．

第 IV 部

# ごみ収集システムの見直し

# 第20章

# 収集システムの効率化

　地方自治体の一般廃棄物処理基本計画には，ごみの処理システム計画と減量・資源化プログラムが盛り込まれている．これまで19章にわたって奨励的手法，経済的手法，規制的手法に区分して，代表的な減量・資源化プログラムについて考察してきた．これらの手法の他に，ごみ減量に結び付く施策として，ごみ処理システムの見直しが挙げられる．第Ⅳ部は，ごみ処理システムの中で最も市民生活に身近な収集運搬システムの見直しをごみ処理効率化やごみ減量につなげる施策について考察する．本章では，収集システム効率化の事例研究として，収集頻度見直しによる資源物収集の効率化，位置情報システム導入による収集効率化を取り上げる．

## 1.　収集システム見直しの背景

　自治体が収集する資源物や市民の集団回収資源物の減少傾向が10年近く続いている．一例として千葉市のこの5年間（2013〜2018年度）の資源物回収量をみてみよう．行政回収については，ペットボトルがほぼ横ばいであるが，びん・缶が11％減，古紙が15％減で，古紙の集団回収量については34％も減少している[1]．こうした傾向は，程度の差はあれ他の自治体でもほぼ同様に認められる．人口の減少や高齢化，容器の利便性指向，新聞雑誌購読部数の減少，新聞販売店の自主回収普及などが背景にあるから，今後もこの傾向は続くものと考えられる．

　その一方で，収集運搬費の上昇圧力が高まってきた．自治体のごみ・資源物の収集は民間業者への委託化が進んでいるが，収集業者から人手不足による人件費高騰を理由に委託料引き上げの要望が寄せられている．人件費の高騰を招いた主因は，東日本大震災からの復興事業やアベノミクスによる緩やかな景気回復によ

---

1)　千葉市環境局「清掃事業概要 2019 年度版」

る人手不足である．国税庁の「民間給与実態統計調査」で，2012 年までの 6 年間と 2013 年以降の 6 年間について給与所得の年平均伸び率を比較すると，前の期の 0.3％に対し後の期は 1.7％に高まっている．多くの自治体が委託料の算定にあたって参照する国土交通省「公共工事設計労務単価」の 2013 年以降の年平均上昇率は 6％に迫る勢いである[2]．

　こうした収集運搬事業をめぐる状況変化を受けて，自治体は収集頻度の引き下げ，収集地区割りやルートの最適化，店頭・自主回収ルートの整備など，収集システムの見直しに取り組み始めた．

　可燃ごみの収集頻度については全国的に週 2 回収集が定着してきたが，まだ週 3 回収集する自治体の週 2 回への見直しが続いている．収集頻度の引き下げは減量効果をもたらしている．最近の減量効果を収集頻度引き下げに取り組んだ各市のホームページ掲載資料から確認しておこう．実施前年度比の実施翌年度の減量効果は，家庭系可燃ごみについて川崎市（実施 2013 年 9 月）で 10％，市川市（同 2017 年 4 月）で 3％，家庭系ごみについて千葉市（同 2009 年 10 月），相模原市（同 2016 年 10 月）で 5％程度出ている．

## 2.　収集頻度引き下げで減少した資源物の行方

　資源物についても，収集システム効率化の取り組みが行われている．最近では，市川市が 2017 年 4 月に可燃・不燃ごみと同時に，びん・缶についても収集頻度を引き下げた．週 1 回から月 2 回への収集頻度見直し前後の年度で比較すると，びん，缶の収集量はそれぞれ 2,658 → 2,348 t の 11.7％減，1,318 → 1,144 t の 13.2％減となっていた．減少した資源物の行き先を確認するため集団回収された量を見ると，びんが 834 → 874 t，缶が 332 → 357 t に増加していたが，合わせても 66 t にとどまり，頻度引き下げ前後のびん・缶収集の減少量 484 t の 14％程度にすぎない[3]．

　2017 年 9 月に国立市が家庭ごみ有料化と併用して資源物の収集頻度を引き下げている．主な資源物の収集頻度は，週 1 回から 2 週に 1 回（新聞・紙パックは 4 週に 1 回）に引き下げられた．収集頻度見直し前後の年度で比較すると，びん，

---

2)　国の「民間給与所得実態統計調査」，「公共工事設計労務費調査」は，それぞれ国税庁，国土交通省のホームページを参照．

3)　市川市のデータは，収集量について第 87 回廃棄物減量等推進審議会（2019 年 5 月開催）資料 1，集団回収量について「じゅんかん白書 2019 年度版」（2019 年 11 月）を参照．

缶の収集量はそれぞれびんが 654 → 594 t の 9.2 % 減,缶が 216 → 202 t の 6.5 % 減,ペットボトルと古紙・古布がほとんど変わらずであった[4].集団回収量については,びん・缶が 5 t ほど増加したが,古紙・古布はほとんど変わらずであった.びん・缶収集の減少量 74 t のうち集団回収に流れた割合はごくわずかにとどまった.収集量が減らなかった古紙・古布については,家庭ごみ有料化で分別意識が高まったことが考えられる.

　2019 年 4 月から家庭ごみ有料化・戸別収集と併用して資源物の収集頻度を引き下げた小平市にも資源物量データを提供してもらった.同市では主な資源物の収集頻度が週 1 回から 2 週に 1 回に引き下げられた.収集頻度見直し後の 4 〜 12 月について前年同期と比較すると,主な資源物の収集量はびんが 975 → 894 t の 8.7 % 減,缶が 361 → 326 t の 9.7 % 減,ペットボトルが 521 → 342 t の 34.3 % 減,古紙・古布が 4,967 → 4,926 t で 0.8 % の小幅減であった[5].集団回収量については,上半期について対象品目を前年度と比較すると,缶が 2 t,古紙・古布が 60 t 増加していた.缶については収集の減少量 35 t のうち集団回収に流れた割合はごくわずかにとどまり,古紙・古布について有料化実施による分別意識の向上と行政収集から集団回収への移行が窺える.

　収集頻度引き下げによって各市で資源物の収集量が減少しているが,減少した資源物はどこへ行ったのだろうか.行き先として,①集団回収,②民間回収ルート,③発生抑制,そして④ごみへの混入が考えられる.まず集団回収については,対象品目が概ね古紙・古布・アルミ缶に限定されるが,行政回収の保管ルートとしての役割を担うことができる.民間回収ルートについては,行政による量の把握がないものの,収集頻度引き下げにより家庭での保管量が増えることから,ペットボトルや缶など容器類の店頭回収箱へのリターン,古紙類の新聞販売店回収へのシフトが生じているとみられる.

　発生抑制として,例えば缶やペットボトル入りのお茶からティーバッグや急須使用に切り替える行動などが考えられないわけではない.収集頻度引き下げにより排出が不便となり保管負担が増すこと,また自治体が収集システム見直しについて広報啓発を行うことから,市民の関心や意識が高まると推測されるが,発生抑制行動にまで結びつくかどうか,把握は難しい.

---

4)　国立市ごみ減量課資料.
5)　小平市資源循環課資料.

収集頻度の引き下げに伴い, 家庭内での資源物の保管負担が重くなり, 可燃ご みや不燃ごみに混入して排出されることが懸念される[6]. 収集頻度の見直しを含 む収集システムの効率化にあたっては, 丁寧な広報啓発により市民の理解を深め, 不適正な排出を招かないようにする必要がある. なお, 有料化自治体の場合は, 可燃・不燃ごみが有料であるから, 混入される可能性は小さくなるとみられる.

　また, 行政の資源物収集を補完する店頭回収ルートの充実を図ることも重要で ある. 最近有料化と同時に資源物の収集回数を削減した国立市や小平市は, 新た にエコショップ制度を創設して小売店との連携により市民の利便性を高める取り 組みに着手している.

　以下の2節では, 最近収集システム効率化に着手した自治体の中から, 節のタ イトルに示すような際だった特徴を持った武蔵野市と西東京市の取り組みを取り 上げる.

## 3. 環境負荷低減の理念を掲げた武蔵野市の収集効率化

　武蔵野市は, 2015年3月に策定した一般廃棄物処理基本計画に基づいて, 収 集システムの見直しに着手した.「環境負荷の少ない省エネルギー・省資源型の 持続可能な都市を目指す」を基本理念に掲げた基本計画には, ごみ収集や資源回 収について今後求められる取り組みとして, ①収集運搬コストの効率化・環境負 荷の低減, ②集団回収のあり方の検討, ③拠点回収のあり方の検討, が盛り込ま れていた.

　基本計画は, 収集の効率化について「ごみの収集方法・頻度については, ごみ 量の推移を見ながら, 市民に過剰な負担を強いることなく, また行政サービスが 過剰にならないよう, 適正化について検討します. また, 収集運搬業務について, 効果的・効率的なあり方について検討するとともに, 適正な委託化に努めます」 と記し, 具体的な事業案として, 資源ごみの収集頻度の見直し, 不燃物の収集頻 度の見直し, を挙げていた.

　また, 集団回収については, コミュニティ意識の育成に結び付くような補助金 のあり方を含め, 集団回収事業の意義の明確化とコストについての考え方の整理・ 検討を指摘していた. そして拠点回収については, 拡大生産者責任のもと, 自主 回収の拡大について, 事業者への働きかけ・提案を強化するとしていた.

---

6)　環境省「市町村分別収集計画策定の手引き（9訂版）」(2019年4月) でも指摘されている.

　収集システムの総合的な検討を行う検討委員会が 2016 年 1 月に立ち上げられた．およそ 2 年半にわたる 15 回に及ぶ会議とパブリックコメントを経て報告書がまとまり，これに基づいて，市民説明会を開催した上で 2019 年 4 月から環境負荷低減と効率化を狙いとした収集システムの見直しが実施された．集団回収や拠点回収，自主回収の検討も行われたが，ここでは立ち入らないこととする．

　見直しの具体的な内容に入る前に，武蔵野市のごみ収集の概要を簡単に確認しておこう．家庭系ごみは有料化されており，ごみ・資源物の収集は民間収集業者への業務委託により戸別収集で実施している．搬入先は，可燃ごみ・不燃ごみ・粗大ごみについて市内のクリーンセンター，資源物や有害ごみについては市外の民間処理施設である．

　市においては，行政収集の課題として，次の諸点が認識されていた．

・曜日ごとの必要車両台数の差異が大きいことによる各事業者の経営資源の非効率
・複数の事業者が収集品目，地区ごとに混在することによる収集システムの硬直化
・近隣他市と比べて頻回な収集サービス
・資源物の中間処理施設が遠方にあることによる業務非効率

　そこで，行政収集システムについて，収集品目の隔週化，および地区割りと収集品目の平準化を実施することとした．収集品目の隔週化は，これまで週 1 回収集してきたびん，缶，ペットボトル，危険・有害ごみ，それに月 2 回収集してきた不燃ごみを 2 週に 1 回の収集に切り替えた．すでに近隣他市は，主要資源物が減少傾向にある中で収集効率の向上を狙いとして資源物収集頻度の引き下げに取り組み始めていた．**表 20-1** に示すように，市の主な資源物の収集量も，ほぼ横

**表 20-1　武蔵野市　主な資源物収集量の推移**　　(単位：t)

| 年度 | 2013 | 2014 | 2015 | 2016 | 2017 | 2018 | 傾向線 |
|---|---|---|---|---|---|---|---|
| 古紙・古布 | 6,251 | 6,305 | 6,277 | 6,158 | 6,001 | 5,871 | ➘ |
| びん | 1,485 | 1,470 | 1,491 | 1,464 | 1,434 | 1,400 | ➘ |
| 缶 | 485 | 475 | 464 | 454 | 444 | 427 | ➘ |
| ペットボトル | 480 | 473 | 476 | 452 | 452 | 500 | ➡ |
| 4 品目合計 | 8,701 | 8,723 | 8,708 | 8,528 | 8,331 | 8,198 | ➘ |

［出典：武蔵野市ごみ総合対策課「事業概要」(2019 年 8 月) より作成］

ばい傾向のペットボトルを除き減少傾向にあり，このことも収集事業見直しを後押しした.

古紙・古布については，当初隔週化を検討したが，雨の日に出せなくなると次回4週分の排出となることから，市民の利便性や収集作業負担を考慮して，週1回のままとした. 不燃ごみの隔週化は，資源物の隔週化に合わせた業務の平準化を狙いとしていた.

地区割りについては，8地区から10地区に区分を再編し，地区間で生じていた世帯数の大きな不均衡を平準化した. また，収集品目についても，曜日ごとの収集量のばらつきが大きかったことから，1日単位の業務量を平準化する見直しを行った. 平準化により，1日に稼働する車両のばらつきが小さくなり，収集事業の運営効率が高まる.

**図20-1**にびん収集を例に，曜日別稼働車両台数の平準化イメージを示す. 全資源品目の平準化前後の週当たり稼働台数削減効果を集計すると，**表20-2**のようになる. 収集システムの見直しにより，資源物収集の週当たり稼働台数は7.5台削減された. 車両台数の削減で収集運搬費の削減効果が見込まれるところであるが，市は，人件費の上昇が続く状況のもとで，中長期的なコスト抑制に資するものと捉えている.

収集品目の隔週化と地区割り・平準化による環境負荷低減効果について，検討委員会の報告書は，年間ベースで車両走行距離が33,618km短縮され，それに伴っ

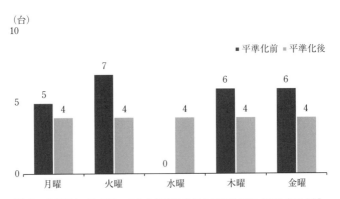

[出典：武蔵野市ごみ収集の在り方等検討委員会最終報告書（2018年9月）]

**図20-1　武蔵野市　びん収集の曜日別稼働車両台数の平準化**

表 20-2　武蔵野市　資源物収集車両台数の変化

(単位：台 / 週)

| | 平準化前 | 平準化後 | 増減台数 |
|---|---|---|---|
| びん | 24 | 20 | － 4 |
| 缶・有害 | 23 | 22.5 | － 0.5 |
| ペットボトル | 23 | 23 | 0 |
| プラスチック容器包装 | 53 | 50 | － 3 |
| 古紙・古布 | 62 | 62 | 0 |
| 合　　計 | 185 | 177.5 | － 7.5 |

[出典：武蔵野市ごみ収集の在り方等検討委員会最終報告書（2018 年 9 月）]

て $CO_2$ 排出量が 29.3 t 削減されるとの試算を示した[7]．基本計画が掲げる基本理念に沿った環境負荷低減の成果が得られるものと期待されている．

　収集システム見直し後 2019 年 4 月〜 11 月の主な資源物の排出状況は，前年同期比で隔週化の対象とされたびん・缶・ペットボトルが 7.7 〜 9.4％の減少と，対象外の古紙・プラスチック容器包装の減少幅 0.7 〜 1.9％を大きく上回っていた．資源物収集の隔週化で店頭回収利用などが促進されたものとみられる．

## 4.　位置情報システムを活用した西東京市の収集効率化

　西東京市は，2017 年 3 月に策定した一般廃棄物処理基本計画に基づいて，収集システムの見直し事業を実施した．基本計画には，①資源物の戸別収集の検討，②適正な収集回数の検討，③収集運搬車両の見直し，が盛り込まれていた．

　基本計画は，資源物の戸別収集について「家庭ごみの分別減量と資源化促進，高齢化の進展に伴う排出困難者対策等の市民サービスの向上や，置きカゴによる事故防止等に向けて，資源物の戸別収集を検討します」とし，適正な収集回数については「資源物の戸別収集の検討と併せ，市民に納得を得られる効率的な収集運搬，適正な経費と回収回数を検討していきます」としている．

　また，収集運搬車両の見直しについては「ごみの排出量，運搬車両の削減を考慮し，電子機器等を使用し，収集ルート等をデータ化することにより，収集運搬車両台数等の見直しを行います．また，収集運搬車両の排気ガスに含まれる温室効果ガス等の低減を図るため，新規導入にあたっては，低公害車の利用を推進し

---

7)　武蔵野市ごみ収集の在り方検討委員会最終報告書，2018 年 9 月．

ます」と記している.

資源物収集方式の戸別収集への切り替えの狙いは,収集カゴの強風による飛散,通行人によるごみの不法投棄,設置場所をめぐるトラブルなど集積所について多くの問題を抱える状況のもとで,戸別収集に切り替えることで資源物の分別の向上とごみ減量,安心安全や高齢化にも配慮した収集サービスの向上を推進することにあった.多摩地域の都市の大部分がごみだけでなく,資源物についても戸別収集としていることも切り替えの検討を後押ししたと思われる.

一方,ごみ・資源物収集回数の見直しについては,**表 20-3** に示すようにペットボトル以外の主要な資源物の収集量が減少傾向をたどっていたこと,資源物の戸別収集に合わせて収集の効率化を図る必要があったことから,検討課題とされた.

市はこうした基本計画の方針に基づき,来たるべき資源物収集の戸別化を見据え,まず民間委託で運用する収集運搬車両の見直しに着手した.なお収集運搬車両の収集品目別の搬入先は**表 20-4** に示す通りである.2017 年度から収集地区割りの 4 地区から 8 地区への見直しを含む収集ルート最適化事業の検討に着手し,2018 年 6 月から事業を実施した.

事業着手の契機となった要因として,基本計画に基づいて検討入りが予定された資源物戸別収集の実施に伴う収集経費増を収集業務の効率化によって縮減する必要に迫られたことに加え,2007 年度の家庭ごみ有料化,ごみ戸別収集,プラスチック容器包装分別収集の 3 事業実施以降の 10 年間に,4 つに地区割りされた収集地区間で世帯数に大きな不均衡が生じ,収集業務全般の作業効率や委託業者の作業負担について改善の余地が出てきたことが挙げられる.

事業の検討にあたっては,最新の IoT（モノのインターネット）技術を支援ツー

**表 20-3　西東京市　主な資源物収集量の推移**　　（単位：t）

| 年度 | 2013 | 2014 | 2015 | 2016 | 2017 | 2018 | 傾向線 |
|---|---|---|---|---|---|---|---|
| 古紙・古布 | 7,421 | 7,246 | 7,131 | 6,808 | 6,647 | 6,411 | ↘ |
| びん | 1,874 | 1,929 | 1,873 | 1,802 | 1,765 | 1,734 | ↘ |
| 缶 | 555 | 532 | 506 | 517 | 531 | 529 | ↘ |
| ペットボトル | 629 | 619 | 625 | 634 | 652 | 732 | ↗ |
| 4 品目合計 | 10,479 | 10,326 | 10,135 | 9,761 | 9,595 | 9,406 | ↘ |

［出典：西東京市「資源物戸別収集市民説明会」資料（2019 年 6 月）より作成］

表 20-4　西東京市　収集品目別搬入先

| 収集品目 | 搬入先 |
| --- | --- |
| 可燃ごみ | 柳泉園組合焼却施設 |
| 不燃ごみ | 柳泉園組合粗大ごみ処理施設 |
| プラスチック容器包装 | 資源化事業者 |
| ペットボトル | 柳泉園組合リサイクルセンター |
| びん | 柳泉園組合リサイクルセンター |
| 缶 | 柳泉園組合リサイクルセンター |
| 古紙・古布 | 資源化事業者 |
| 廃食用油 | 資源化事業者 |
| 小型家電 | 資源化事業者 |
| 金属類 | 資源化事業者 |

［出典：西東京市「一般廃棄物処理基本計画」（2017 年 3 月）より作成］

ルとして活用して，最適な収集ルートを検討することにより，長期的な視点から収集業務の効率化に取り組むこととした．全収集車両に GPS（位置情報システム）機能付きタブレット（**写真 20-1，20-2**）を搭載し，収集運搬作業データを取得した．取得した作業時間，収集ルート，走行距離，ごみ収集量などのデータはクラウドサーバーに蓄積され，地区割り見直しや新収集ルートの作成に活用された．

　地区割りや収集ルートの見直しにあたっては，GPS 端末で取得した軌跡データより，位置，ルートおよび時間を確認して収集状況を分析することで，適正な収集回数を導出した．地区割りについては，GPS 情報により地区別の収集時間

（写真提供）株式会社 BIOISM

**写真 20-1　収集車に搭載された GPS 端末**

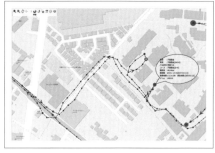

（写真提供）株式会社 BIOISM

**写真 20-2　GPS 端末の軌跡データ（西東京市内）**

を算出し，1日の収集作業が全車平準化するように地区を組み合わせた．また各地区内の収集ルート見直しについては，デジタル地図上の既存軌跡データを参照することで，新たなルートの検討が円滑に進められた．

**表20-5**に示すように，すでに戸別収集されていた可燃ごみ，不燃ごみ，プラスチック容器包装の収集について，位置情報システムを活用したルート最適化により，2018年度の合計車両台数は前年度と比べ7台縮減された．

収集ルート最適化を支援するツールとして有効に活用されたとみられる位置情報システムについて，市はその費用対効果を試算している．まず経費については2017年度に1,400万円の導入費用を要した．翌年度以降は年に60～100万円程度の維持管理費がかかる．一方，収集ルート見直しにより委託車両が7台削減されたことで，1台当たりの委託費用と掛け合わせると6,800万円の経費削減がもたらされた．導入年度について4,900万円の経費削減効果が得られた計算になる．

こうした事前の収集業務効率化への取り組みを経て，資源物収集の戸別化への見直し案について廃棄物減量等推進審議会で審議し，パブリックコメントを踏まえて答申をまとめ，市内18箇所の会場で市民説明会を開催した上で，資源物の

**表20-5　西東京市　収集ルート最適化前後の収集車両台数**

| 収集品目 | 2017年度 | 2018年度 | | 2019年度 | |
| --- | --- | --- | --- | --- | --- |
| | | 5月まで | 6月以降 | 9月まで | 10月以降 |
| 可燃ごみ | 28 | 28 | 26 | 26 | |
| 不燃ごみ | 28 | 28 | 26 | 26 | |
| プラスチック容器包装 | 15 | 15 | 12 | 12 | |
| ペットボトル | 5 | 5 | | 5 | 8 |
| びん | 5 | 5 | | 5 | 7 |
| 缶 | 4 | 4 | | 4 | 7 |
| 古紙・古布 | 11 | 11 | | 11 | 9 |
| 廃食用油 | 6 | 6 | | 6 | 8 |
| 小型家電 | 6 | 6 | | 6 | 8 |
| 金属類 | 7 | 7 | | 7 | 9 |
| 合　　計 | 115 | 108 | | 120 | |

注）1. ルート最適化実施：2018年6月，資源物戸別収集実施：2019年10月．
　　2. 2018年度と2019年度の合計台数は，それぞれ6月以降，10月以降ベースで表記．
　　3. 不燃ごみの欄は「危険物・有害ごみ」を含む．
［出典：西東京市ごみ減量推進課資料より作成］

戸別収集が導入された.

　資源物戸別収集の実施と同時に，従来 1 週に 1 回収集してきた資源物のうち，収集量が減少傾向にあったびん，缶，古紙・古布の 3 品目について，2 週に 1 回の収集に変更することとした[8]．収集頻度の引き下げ見直しは，収集効率の向上に寄与するだけでなく，排出量の減少をもたらしている[9]．

　2019 年 10 月から実施された資源物戸別収集においては，収集の戸別化に伴う年間の収集車両台数を 2017 年度比で 5 台の増加にとどめることができた．これは，前年度に収集ルート最適化事業を行ったことにより 7 台が縮減されていたことによる．それがなかったとすると，12 台の増加が必要になったと見込まれる.

　資源物の収集戸別化にあたっても位置情報システムが活用された．市職員によるモデル地区での GPS 搭載車両のテスト走行で得た 1 世帯当たり作業時間データなどの分析をもとに，必要車両台数を試算，地区割りを行った上で，最適な収集ルートを組み立てた．位置情報システムを活用した収集ルート最適化が資源物戸別収集実施による経費増を抑制する効果を上げたことは明らかである.

　収集車両にタブレットを搭載する位置情報システムは，西東京市において現在，最適な収集ルートの継続的な検証作業のほか，巡回ルート表示による収集もれへの即時対応や発生抑止，車両軌跡の確認による後出し苦情への対応，不適正排出や不法投棄の現場撮影，収集担当者の入れ替わりや突発的な収集ルート変更時のルート確認，車両間応援への対応などに役立てられている.

## 5. おわりに

　資源物の減少傾向，収集運搬作業者の人件費高騰，自治体財政効率化の要請といった状況に照らすと，収集システム効率化は全国の自治体にとって重要な取組課題となることが予想される．収集ルートや収集作業の最適化にあたっては，位置情報システムなど IoT 技術の活用が成果をもたらしつつあり，最新技術の動向に目配りしておきたい．また，収集頻度引き下げを伴う資源物収集システムの見直しには，家庭での保管量の増加について市民の理解と協力が欠かせないし，行政回収を補完する民間回収ルートの整備も課題となる．制度見直しに伴う得失両面の検討と議論を深め，制度設計に取り組むことが望ましい.

---

8)　西東京市では，古布について雨の日はできるだけ排出しないよう市民に伝えている.
9)　資源物戸別収集・収集回数削減実施直後 2019 年 10 〜 12 月における回数削減対象 3 品目の前年同期比の収集量は 8 〜 13％の減少，一方対象外のペットボトルについてはほぼ横ばいとなっている.

# 第21章

# これからの時代のごみ収集方式

　これからのごみ収集の方式として，家庭ごみ有料化の進展と歩調を合わせるように，戸別収集がごみ処理を担う一部自治体から選択されるようになってきた．戸別収集はごみ管理を「自分ごと」として排出マナーを改善できるだけでなく，老いる市民に寄り添ったきめ細かな収集サービスでもある．このサービスの運用上の論点を整理し，さらなるサービスの向上を展望する．

## 1．ごみを「自分ごと」にする

　ごみの減量や適正排出を推進するのに一番重要なキーフレーズから始めたい．「自分のごみに責任を持つ」．これは，ごみの発生抑制，分別適正化，水切りの徹底，排出日時順守などの心がけや取り組みを意味し，市民や事業者が地域社会に迷惑をかけずに営みを行う上での基本中の基本である．

　だが，実際には自分のごみに責任を持てない市民や事業者が少なからずいて，地域の生活環境を守る上で大きな課題となっている．「自分のごみに責任を持つ」には，まず「ごみに関心を持つ」必要がある．関心がないことには，人も企業も，自発的にごみに責任を持つようなアクションを起こせない．

　自治体の担当課は，ごみの発生抑制や分別の方法などさまざまな啓発事業に取り組んでいるが，普及啓発の弱点は「関心のない人には届かない」ところにある[1]．ごみに関心を持ってもらい，ごみを他人ごとではなく「自分ごと」と受け止めてもらうにはどうしたらよいか．

　ごみの「自分ごと」化を妨げているのは，ごみの「見えない化」であると著者は考えている．ごみを「自分ごと」とする上で有効な手法が，家庭ごみ有料化の

---

[1]　倉坂秀史「人を動かすためにはどうすればいいのだろうか―『自分ごと』の範囲を広げるためには―」『都市清掃』2018年9月，8頁．

実施や事業系ごみ処理手数料の適正化，そして建物ごとの戸別収集の導入といっ
た，ごみの「見える化」である．

　経済的手法や戸別収集を実施すると，ごみの処理コストや管理責任が「見える
化」されることで，ごみが自分ごとと意識されるようになり，ごみの減量や，分
別への関心が高まる．有料化が実施されと，ごみ減量の取り組みが経済的負担の
軽減につながるから，市民はごみの発生抑制や分別に関心を持つようになる[2]．

　戸別収集が導入されると，その対象となる家庭は公道に面した自宅の敷地内に
ごみを出すことになるから，適正な分別や水切りなどごみの管理をきちんと行う
ようになる．こうして人々の意識が高まると，自治体の啓発事業も市民や企業に
届くようになり，好循環の始まりが期待できる．

## 2. 「自分ごと」の収集システム

　戸別収集は，各戸収集とも呼ばれ，建物ごとの収集である．戸建て住宅につい
て，住宅の敷地内で道路に面した場所にごみを排出してもらうことにより，地域
の住民が共同して利用し，管理する集積所を廃止する．従来から馴染んできた収
集システムを戸別収集に切り換える最大の狙いは何か．それは，自分のごみに責
任を持ってもらうこと，である．

　集積所収集では，排出者が特定されないことから不適切な排出を防止できず，
設置する場所や清掃管理の当番をめぐるトラブルが絶えない地区も少なくない．
また，カラス被害や不法投棄などの問題に直面し，まちの美観を悪化させている
集積所もある．そこで，ごみを他人の家の脇にある「集積所に出しておしまい」
ではなく，自宅の敷地内の路面に出すことで，「自分ごと」としてきちんと分別
や水切りなどの管理をしてもらう戸別収集が編み出された．

　無論，高齢化の進展により，集積所へのごみ出しが負担となる世帯の増加が予
想されることも，戸別収集への切り換えを後押しする．これからの時代に対応で
きる持続可能な収集システムとして，戸別収集に関心が寄せられるようになって
きた．

　戸別収集を定期収集開始時など古くから実施し，現在まで区域全体で続けてい
る自治体は，少数である．2000年代に全国各地で実施された市町村合併（平成

---

[2]　家庭ごみ有料化による意識改革効果については，第9章「有料化に意識改革効果はあるか」で取り
　上げた．

の大合併)で,新市の収集システムを効率化の観点から集積所方式に統一したケースも複数報告されている[3]．近年実施された戸別収集は,大部分が家庭ごみ有料化がらみである．有料化の併用事業として実施されている．

　有料化と戸別収集は相性が良い．有料化を実施すると,有料指定袋を使用しないなど不適正な排出が懸念されるから,戸別収集を併用することで,有料指定袋の使用や分別の改善などを個別に指導できる．戸別収集の実施により収集経費が増加するが,その一部を有料化の手数料収入でまかなうことができる．

　併用事業として最初に導入したのは,1998年に有料化と戸別収集を同時実施した東京多摩の青梅市ではないかと思う．これを皮切りとして,多摩地域では有料化と戸別収集の併用が普及した．隣接する神奈川県の一部都市も有料化と戸別収集を併用実施している．

## 3.　戸別収集をめぐる論点

　一口に戸別収集といっても,その対象品目を資源物も含めたすべてのごみ品目を対象とするか可燃・不燃ごみのみとするかで異なるし,集合住宅居住者にとっての不公平感,収集漏れや待ち時間の問題,収集経費の増加など多くの課題も抱えている．決して良いことずくめではない．これらの論点を整理しておこう．

### (1)　対象品目の拡大

　**表21-1**に2020年4月時点で戸別収集を実施する多摩23市の戸別収集対象品目の一覧を示す．資源物（容器包装プラスチック以外の）を戸別収集の対象としていない市は2市にとどまっている．八王子市,東村山市,西東京市は,有料化との併用で戸別収集を開始した当初,収集経費の増加を抑制する観点から資源物を戸別収集の対象としていなかったが,その後,資源物集積所への不法投棄対策やまちの美観改善,資源物の品質向上などを狙いとして,資源物にも対象を拡大している．

　2019年10月から資源物の戸別収集を実施した西東京市では,審議会が「資源物戸別収集について[4]」の答申をとりまとめているが,そこには資源物戸別収集への移行の理由の一つとして「高齢化の進展に伴う排出困難者対策等の市民サービスの向上推進」が挙げられている．高齢者が重い古紙等を資源物集積所まで運

---

3)　著者がこれまでに実施した複数回の全国都市アンケート調査に付随して得た個別市からの情報であり,体系的に整理したものではない．

4)　西東京市廃棄物減量等推進審議会「資源物戸別収集について（答申）」2019年1月．

べず家にためてしまうような状況を回
避したいとの思いが込められている.
資源物への戸別拡大は経費増要因とな
るが, 市は収集地区割りの再編, 位置
情報システム（GPS）を用いた収集効
率化, 資源品目の収集回数の見直しな
どにより, 収集経費の増加を抑制した.
　可燃・不燃ごみ（＋容器包装プラス
チック）のみを戸別収集の対象とした
他地域の自治体においても, 将来こう
した見直しが検討課題になるとみられ
る.

### (2)　集合住宅居住者の不公平感

　戸別収集の実施を予定する自治体が
パブリックコメントや住民説明会を実
施すると必ず, 集合住宅の居住者から,
戸建て住宅だけが戸別収集の恩恵を受
け, 集合住宅は対象外とされるので,
不公平だとの意見が出される. 戸別収
集に切り替わった場合, 地域の集積所
を利用していた小さなアパートは敷地
内に新たに集積所を設置することにな
るが, すでに敷地内に集積所がある集
合住宅ではごみの出し方はこれまでと
変わらない[5].

**表21-1　多摩地域23市の戸別収集対象品目**
(2020年4月時点)

| 市　名 | 対象品目 |
|---|---|
| 八王子市 | 可燃・不燃＋資源 |
| 立川市 | 可燃・不燃＋資源 |
| 武蔵野市 | 可燃・不燃＋資源 |
| 三鷹市 | 可燃・不燃＋資源 |
| 青梅市 | 可燃・不燃＋資源 |
| 府中市 | 可燃・不燃＋資源 |
| 昭島市 | 可燃・不燃＋資源 |
| 調布市 | 可燃・不燃＋資源 |
| 町田市 | 可燃・不燃 |
| 小金井市 | 可燃・不燃＋資源 |
| 小平市 | 可燃・不燃＋資源 |
| 日野市 | 可燃・不燃＋資源 |
| 東村山市 | 可燃・不燃＋資源 |
| 国分寺市 | 可燃・不燃＋資源 |
| 福生市 | 可燃・不燃＋資源 |
| 狛江市 | 可燃・不燃＋資源 |
| 東大和市 | 可燃・不燃・容プラ |
| 東久留米市 | 可燃・不燃＋資源 |
| 多摩市 | 可燃・不燃＋資源 |
| 稲城市 | 可燃・不燃＋資源 |
| 羽村市 | 可燃・不燃＋資源 |
| あきる野市 | 可燃・不燃＋資源 |
| 西東京市 | 可燃・不燃＋資源 |

注）2020年10月に清瀬市が可燃・不燃＋資源の
戸別収集実施を予定.
［出典：「多摩地域ごみ実態調査」, 一部市に個別
確認］

5）　集積所を備えた集合住宅のごみ出しルールは変わらないが, 有料化するとごみ出しマナーは改善す
るようである. 全国規模で事業展開するある大手マンション管理会社からの著者への情報提供によ
ると, 地域別に分かれた管理員研修ワークショップにおいて, 東京, 大阪, 名古屋など多くの地域
で「ごみ出しマナー」が管理員の困りごとトップであったが, 家庭ごみが有料化されている京都や
福岡ではごみ出しを困りごとに挙げた管理員はいなかった（同社「2018年秋期研修グループ討議報
告書」, またこの集計結果を紹介した『マンション管理新聞』2019年1月25日付を参照）. 家庭ごみ
有料化により, 集合住宅居住者の分別意識が高まったものとみられる. 有料化が集合住宅のゴミ出
しマナー対策としても有効な施策であること示唆する.

集合住宅居住者にも何らかの恩恵を与えることはできないだろうか．このことについて，著者は，有料化と戸別収集を併用する場合には，有料化の手数料収入を特定財源と位置づけた上で，手数料収入の使途として，集合住宅の集積所改修の補助制度を設けることで，居住者の適正排出や通行人による不法投棄の防止を支援することが望ましいと考えている．

また，八王子市から始まり，西東京市や苫小牧市も導入している，ごみ管理が優良な集合住宅を市が認定する制度を活用することも推奨したい．認定を受けることにより，集合住宅の居住者と管理人によるごみ管理のモチベーションが強化され，地域社会からの評価も高まることが期待できる[6]．

(3)　**収集サービスについての懸念**

戸別収集への切り換え計画を自治体が説明するとき，必ず市民から出される新たな収集サービスに対する懸念について整理しておこう．

まず，戸別収集に切り換えると，収集作業時間が長くなり，収集に来る時間が後ずれすることを懸念する意見が市民から出ることがある．収集に要する時間については，基本的には増車や収集作業の効率化などで対応できるので，変化させないことが可能である．収集時間は，仮に増車しない場合でも，収集作業の習熟効果が働いて，収集作業者が各戸の排出場所を覚えるにつれ，徐々に短縮化する．

現有の直営収集要員と機材をもって，2014年6月に全区域戸別収集を実施し

表 21-2　葉山町の戸別収集実施当初の収集時間推移

| 週の経過 | 平均終了時間 | 最終終了時刻 |
|---|---|---|
| 1 週目 | 16 時 42 分 | 21 時 00 分 |
| 2 週目 | 16 時 25 分 | 20 時 00 分 |
| 3 週目 | 16 時 17 分 | 18 時 30 分 |
| 4 週目 | 16 時 12 分 | 18 時 45 分 |
| 5 週目 | 16 時 07 分 | 18 時 00 分 |
| 6 週目 | 16 時 03 分 | 18 時 00 分 |
|  | 以後　横ばい | 以後　短縮傾向 |
| 13 週目 |  | 17 時 15 分<br>（定時終了） |

［出典：葉山町環境課資料より作成］

---

6)　この制度については，山谷修作『ごみゼロへの挑戦』丸善出版，2016 年を参照されたい．

た葉山町（戸別収集の対象品目：可燃・容プラ，廃プラ）の資料によると，**表21-2**に示すように，戸別収集への切り換え当初は排出場所の確認に手間取り，収集作業時間が一定程度延伸したものの，収集作業員が作業現場に慣れるに従い習熟効果が働き，平均終了時間は6週間かけて39分短縮している．

　著者はいくつかの自治体で収集作業を観察したが，作業円滑化の決め手は，各作業班が収集ルートや各戸のごみ排出状況を熟知し，運転手と収集作業者が的確に連携すること，であるとみている．習熟度が高まるにつれ，収集効率は向上する．

　市民からは，違法駐車された時や路地奥の住宅で収集漏れになる恐れがあるとの懸念が寄せられることもある．この収集漏れの苦情については，収集後の後出しのケースもあり，同じ住宅から何度も寄せられる場合，収集作業者が現場写真を撮るなどの対応をする自治体もある．また，苦情が出て，取りに行く手間を省く狙いも込めて，ごみが出ていない場合にチャイムを押して家人に確認し，留守の場合はごみがなかった旨のメモ用紙を置いていく丁寧な自治体もある．

　葉山町の記録を見ると，取り残し対応などで最も遅くなった最終終了時間については，1週目に21時00分であったが，だんだんと習熟して取り残し件数が減り，13週目になると計画通りの17時15分にまで短縮されている．

　2007年9月に戸別収集を導入した西東京市（主に民間委託収集）は，収集漏れの発生件数を記録していた．市の資料によると，**表21-3**に示すように，戸別収集への切り換え当初は収集漏れが一定件数発生するが，収集作業員が作業現場に慣れるに従い習熟効果が働き，発生件数は減少している．

　戸別収集導入前の懸念，そして導入後に自治体に寄せられる苦情として市民から多く寄せられるのは，午後遅い時間の収集ルートとなる戸建て住宅の場合，午前8時に玄関先に出したごみが長時間置いたままになることである．当の家庭に

表 21-3　西東京市の戸別収集実施当初の収集漏れ発生件数推移

| 年　月 | 1か月当たり件数 | 1日当たり件数 |
|---|---|---|
| 2007 年 9 月 | 1,633 | 81.7 |
| 2007 年 10 月 | 863 | 43.7 |
| 2009 年 9 月 | 135 | 6.1 |
| 2009 年 3 月 | 87 | 4.0 |

［出典：西東京市ごみ減量推進課資料より作成］

ストレスを与えるだけでなく，まちの美観も損なわれる．現状は，道路工事など
で収集ルートを変更する場合に備えて収集区域全体について画一的に早朝の排出
としている．ごみが長い時間人目にさらされ，カラス被害にあうとの苦情に対し
て，自治体は蓋付きのごみ箱にごみ袋を入れることを推奨している．

　戸別収集を実施する自治体は，市民サービス向上の観点から，柔軟なごみ排出
時間の設定に取り組むべきではないか．ごみ出し時間柔軟化の取り組みは遅々と
して進まなかったが，最近ようやく一部の自治体が，収集車に GPS 機能の付い
たタブレットを搭載し，収集ルートを最適化するとともに，家庭がスマホから収
集ルート上の車両位置を確認できるシステムの運用に取り組み始めた．

### ⑷　収集経費の増加

　戸別収集への切り換えにより収集経費は増加する．平均的には 30% 程度の経
費増加が見込まれる．しかし，経費増加の程度は，直営収集か民間委託収集か，
委託先事業者の機材や人員の余裕度，資源物も戸別の対象とするかどうか，切り
換え前の集積所の平均利用世帯数が多いか少ないか，住宅密集地域か住宅が点在
する地域か，といった自治体ごとの状況によってかなり異なる．

　この数年の間に，有料化と戸別収集を同時実施した多摩地域の自治体をみても，
午前中の収集作業終了を前提としたある市の場合，委託事業者の機材や要員の集
中投入により 44% の経費増加となったが，別の市の場合には，資源物の対象除
外や狭小路地の集積所維持により，民間委託収集で 18% の経費増加に抑えてい
る．

　経費抑制方策として，収集頻度や地区割りの見直しが戸別収集と合わせて実施
されることもある．直営収集の場合には，予備車両の活用，収集作業時間の延伸，
車付収集作業者の減員，事業系有料処理券の貼付指導による増収化などの対応が
とられることもある．

### ⑸　戸別収集のごみ減量効果

　自治体が有料化と戸別収集の併用を計画するとき，経費増を懸念して戸別収集
に反対する市議会議員から，「大きな経費のかかる戸別収集に減量効果はあるの
か」という質問を受けることが，これまでに何度かあった．著者の答えは，戸別
収集の主たる目的は「排出者責任の明確化」，言い換えればごみの「自分ごと」
化にあり，ごみ減量にあるのではないというものだが，なかなか理解していただ
けない．

　戸別収集によるごみ減量効果は，自治体の区域全体でみると，概ね 1 桁 % にと

どまる．有料化などを伴わず単独事業として 2007 年 1 月に実施した国分寺市の戸別収集の減量効果をみてみよう．家庭系可燃ごみの量は，実施前年度（2005年度）の 19,096 t から実施翌年度（2007 年度）の 17,844 t へと 6.6％減少している[7]．だが，この時期すでに家庭系可燃ごみは減量局面に入っており，同市でも戸別収集実施直前の 2 年間に 2.5％減少していることを勘案すると，戸別収集実施による純減量効果は 4％程度ということになる．

　同じ自治体区域内の戸別・集積所地区間比較データも確認しておこう．第 11章で触れたが，2013 年度から 3 年間かけて全区域で戸別収集を実施した台東区について初年度の家庭系可燃ごみ減量効果をみると，戸別収集に切り換えた地区で前年度比 3％減，集積所地区で同 1.5％減と，その差はわずか 1.5％にとどまっていた[8]．

　戸別収集による減量効果は，自治体やその区域内の地区の特性によってかなり異なってくる．モデル収集事業の分析結果をみると，ごみ減量効果は整然とした住宅地区で大きく出る傾向があり，住商混在地区での効果は限られるようである．

## 4.　おわりに

　これからの時代にふさわしい収集システムとして戸別収集を考える上で，2016年 7 月から一部地区の戸建て住宅を対象に戸別収集のモデル事業を実施した苫小牧市が対象世帯に対して行ったアンケート調査[9]（回答総数 1,740 件）の結果は示唆に富む．

　「ごみの分け方や出し方を以前より注意するようになりましたか」との質問に，66％の回答者が「はい」と答えている．この回答結果は，戸別収集に切り替わって，市民が今まで以上にごみを「自分ごと」として意識するようになったことを示している．また，「戸別収集にどのような利点を感じましたか」との質問に対して，最も多かった回答（複数回答）は「自宅の敷地内に出せるようになり，ご

---

7)　東京市町村自治調査会『多摩地域ごみ実態調査』該当年度統計．

8)　台東区清掃リサイクル課資料．台東区が実施した別の調査では，戸別収集による分別改善効果が示されている．家庭から排出されるごみ・資源排出量についての過去 2 回の調査（各回 110 〜 120 件程度の協力世帯対象）の結果をたどると，排出量に占める資源の比率は 2014 年度調査（戸別収集一部区域実施）24.5％，2019 年度調査（戸別収集全区域実施）28.3％と高まってきており，戸別収集の導入によって分別が強化されたことが窺える．『台東区廃棄物排出実態調査報告書』各実施年度．

9)　苫小牧市「戸別収集モデル事業に関するアンケート調査について」（調査期間 2016 年 11 月〜 2017年 1 月）．

み出しが楽になった」で，本問の回答総数 1,618 人の 78% にあたる 1,257 人が答えており，その 8 割近く（874 人）を 60 歳以上の人たちが占めていた．

　ごみを「自分ごと」にするのに効果を発揮し，高齢者のごみ出し負担を軽減できる戸別収集がこれからの時代の「あるべきごみ収集のかたち」の一つであることは間違いない．GPS システムを活用した家庭のスマホからの車両位置確認など，戸別収集サービスのさらなる利便性向上を待望している．

# 第IV部　（ごみ収集システムの見直し）の小括

　人口の減少，新聞購読部数の減少，消費行動と販売形態の変化などを受けて家庭系のごみと資源物が減少傾向をたどっている．一方で，作業人件費の高騰により収集運搬費の上昇圧力にも直面している．ごみ出しマナーは地域社会の古くて新しい問題であるが，高齢化の進展に対応してきめ細かな収集方式の実施も課題となってきた．こうした状況のもとで，ごみ処理システムの中で最も市民生活に身近な収集運搬システムを見直して，ごみ処理効率化やごみ減量，排出者責任の明確化につなげる施策のあり方が問われている．

　環境負荷低減と効率化を狙いとした資源物収集システムの見直しについて，収集頻度の毎週からの隔週化への見直し，地区割りの再編，収集品目の 1 日単位業務量平準化を実施した武蔵野市の取り組みを事例研究の対象とした．また，ごみ・資源収集システム見直しの検討にあたって，全収集車両に位置情報機能付きタブレットを搭載し，取得した軌跡データを活用して最適な地区割りや収集ルートの見直しを行うことで収集車両数を削減した西東京市の取り組みをフォローアップした．

　最後の章では，ごみの排出者責任を明確化でき，また高齢者にやさしいごみ出し方式でもある戸別収集について検討した．戸別収集について，対象とするごみ品目の選択，集合住宅居住者の不公平感，収集漏れや待ち時間の問題，収集経費の増加，減量効果などメリットとデメリットを含め，論点の多面的な整理を行った．その上で，ごみを「自分ごと」にする効果があり，高齢者のごみ出し負担を軽減できる戸別収集がこれからの時代の「あるべきごみ収集のかたち」の一つであると結んでいる．

# 索　引

ごみ減量政策
自治体ごみ減量手法のフロンティア

令和2年9月30日　発　行

著作者　　山　谷　修　作

発行者　　池　田　和　博

発行所　　丸善出版株式会社
〒101-0051 東京都千代田区神田神保町二丁目17番
編集：電話(03)3512-3264／FAX(03)3512-3272
営業：電話(03)3512-3256／FAX(03)3512-3270
https://www.maruzen-publishing.co.jp

組版印刷・株式会社 日本制作センター／製本・株式会社 星共社

ISBN 978-4-621-30550-8　C 3060　　　　　Printed in Japan